高熵合金涂层制备及强化

谢芋江　王良　著

扫码看彩图

北　京
冶　金　工　业　出　版　社
2025

内 容 提 要

井下工具是油气田开发过程中的重要组成部分，在石油天然气开发中扮演着至关重要的角色，直接影响到油气田的开发效果和经济效益。本书针对井下工具表面的磨损和腐蚀问题，采用等离子熔覆技术在井下工具用钢 35CrMo 钢表面制备 AlCoCrFeNiCu 高熵合金涂层，并采用 CeO_2、Si、Sn 以及 WC 掺杂的方式对涂层进行强化，研究了 CeO_2、Si、Sn 以及 WC 对涂层组织和性能的影响，为井下工具表面耐磨耐腐蚀高熵合金涂层的开发及制备提供一定的理论依据和研究基础。

本书可供材料工程、井下工具的研发人员和技术人员使用，也可供大专院校相关专业的师生参考。

图书在版编目（CIP）数据

高熵合金涂层制备及强化 / 谢芋江，王良著.
北京 ：冶金工业出版社，2025. 8. -- ISBN 978-7-5240-0302-1

Ⅰ. TG17

中国国家版本馆 CIP 数据核字第 2025LT4858 号

高熵合金涂层制备及强化

出版发行	冶金工业出版社	**电　　话**	(010)64027926
地　　址	北京市东城区嵩祝院北巷 39 号	**邮　　编**	100009
网　　址	www. mip1953. com	**电子信箱**	service@ mip1953. com

责任编辑　郭冬艳　美术编辑　吕欣童　版式设计　郑小利
责任校对　石　静　责任印制　范天娇
唐山玺诚印务有限公司印刷
2025 年 8 月第 1 版，2025 年 8 月第 1 次印刷
710mm×1000mm　1/16；12. 75 印张；246 千字；192 页
定价 80. 00 元

投稿电话　(010)64027932　投稿信箱　tougao@cnmip. com. cn
营销中心电话　(010)64044283
冶金工业出版社天猫旗舰店　yjgycbs. tmall. com
(本书如有印装质量问题，本社营销中心负责退换)

前　　言

在现代工业朝着智能化、高效化、绿色化方向快速发展的进程中，能源勘探与资源开采领域作为工业发展的基石，其作业强度与复杂性与日俱增，这使得井下工具的服役环境变得越发严苛。井下工具在石油天然气开采作业中，不仅要承受来自地层的高压与高扭矩，还要长期暴露于含有氯化物、硫化物、酸性气体等多种腐蚀性介质的恶劣环境中，同时在频繁的机械运动下遭受剧烈摩擦。表面的磨损与腐蚀问题如同“隐形杀手”，严重制约着井下工具的使用寿命和工作效率。工具表面一旦出现磨损，其尺寸精度和力学性能会急剧下降，导致作业效率降低；而腐蚀现象的加剧，则可能引发工具的失效，甚至造成安全事故。行业统计数据显示，因表面磨损和腐蚀导致的井下工具过早失效，每年给全球能源与资源开采行业带来数百亿美元的经济损失。表面工程领域常用的钴基、镍基、铁基等传统堆焊涂层在应对这些复杂工况时逐渐显露出局限性，这些涂层往往难以同时满足高强度、高耐磨性、强耐腐蚀性等多重性能的要求，且涂层与基体的结合强度不足，在复杂应力作用下易出现剥落现象，难以满足现代石油天然气工业的快速发展，开采环境日益复杂对井下开采工具提出了越来越高的要求。因此，在井下工具表面开发新型的高性能涂层，已成为材料科学与工程领域亟待攻克的关键难题，对推动能源与资源开采行业的可持续发展具有重要的现实意义。

高熵合金理论的出现为解决上述问题提供了新的思路。高熵合金作为一种新兴的多主元合金材料，与传统合金不同，没有规定确定的主导元素，而是由5种及以上含量在5%～35%（原子数分数）的主要元素构成，也被称为多主元合金。因其独特的化学成分构成，高熵合金具有在热力学上的高熵效应、结构上的晶格畸变效应、动力学上的缓慢扩散效应，以及性能上的"鸡尾酒"效应。因此，高熵合金具有高强度、高硬度、高耐磨性、高耐腐蚀性等优异的综合性能，相较于铁基、钴基、镍基等传统堆焊材料具有显著的优势，在表面工程领域具有巨大的应用潜力。等离子熔覆作为一种高效的表面涂层制备技术，与手工堆焊、热喷涂等其他表面涂层制备技术相比，具有生产效率高、工艺可控性好、熔覆材料范围广、制备涂层质量高等优点。近年来，采用等离子技术制备高熵合金涂层逐渐成为了新的研究热点，但是，目前人们制备高熵合金等离子熔覆层主要是针对45钢、Q235钢等常用的钢种，而针对高温高压的恶劣工况下服役的井下工具用钢（如35CrMo钢、42CrMo钢等）表面制备高熵合金等离子熔覆涂层的理论研究几近空白。在井下工具用钢表面制备高熵合金等离子熔覆涂层，在提升井下工具表面性能的同时，兼顾了成本效益和生产可行性，为石油工程领域表面处理技术的发展开辟了新路径。

本书综述了井下工具用钢表面涂层研究现状以及高熵合金的国内外研究现状；指出了传统的铁基、钴基、镍基等涂层的发展瓶颈及其在井下工具表面应用的局限性；阐明了高熵合金的定义、组织性能特点以及高熵合金涂层制备技术的研究现状。并在此基础之上，采用等离子熔覆技术在井下工具用钢35CrMo钢表面成功制备了AlCoCrFeNiCu

高熵合金涂层，并深入系统地研究了 CeO_2、Si、Sn 元素以及 WC 颗粒相添加对涂层相结构、微观组织、显微硬度、纳米压痕、摩擦磨损性能以及耐腐蚀性能等的影响，旨在揭示不同掺杂物对 AlCoCrFeNiCu 高熵合金涂层组织和性能的影响规律及作用机理，为高熵合金涂层在井下工具领域的实际应用提供理论依据和技术支持。

本书研究成果不仅在理论上揭示了不同掺杂物对 AlCoCrFeNiCu 高熵合金涂层组织和性能的影响规律及作用机理，丰富了高熵合金涂层材料的理论体系，而且在实际应用方面，为井下工具表面性能的提升提供了切实可行的技术方案，有望显著提高井下工具的使用寿命和工作效率，降低工业生产成本，具有重要的科学意义和广阔的应用前景。

全书共分为7章。第1章介绍了高熵合金的概念、性能特点、高熵合金涂层的研究现状以及高熵合金涂层在井下工具用钢表面应用的前景和意义。第2章介绍了采用等离子熔覆技术在35CrMo钢表面制备AlCoCrFeNiCu系高熵合金涂层的制备方法，阐述了涂层的微观组织、力学性能以及耐腐蚀性能的表征手段和方法。第3章开展了AlCoCrFeNiCu高熵合金涂层的等离子熔覆工艺试验研究，通过设计正交试验得到了AlCoCrFeNiCu高熵合金涂层等离子熔覆的最佳工艺参数，并对该工艺参数下获得的涂层的相结构、显微组织、力学性能及耐腐蚀性能进行了分析。第4章研究了 CeO_2 添加对井下工具用钢表面制备的AlCoCrFeNiCu高熵合金等离子熔覆层微观组织和性能的影响。第5章研究了Si元素和Sn元素添加对井下工具用钢表面制备的AlCoCrFeNiCu高熵合金等离子熔覆层微观组织和性能的影响。第6章研究了WC添加对井下工具用钢表面制备的AlCoCrFeNiCu高熵合金等离子熔覆层微观组织和性能的影响。第7章对全书进行了总结与展望。

本书由西南石油大学谢芋江和王良合作完成，其中第1章和第2章由王良完成，第4章~第7章由谢芋江完成，第3章由两人共同完成。最后由谢芋江负责统稿与校对工作。希望本书的出版，能够为从事材料科学与工程、表面工程等领域的科研人员、工程技术人员提供有益的参考和借鉴，同时也期待更多的学者和研究团队能够关注和深入研究高熵合金涂层材料，共同推动该领域的发展与进步，为解决工业生产中的实际问题贡献力量。

由于作者水平有限，书中不妥之处，敬请读者批评指正。

作　者
2025年4月

目　　录

1 绪　　论

1.1 研究目的与意义

四川盆地具有丰富的油气资源，年产石油约 15 万吨、天然气约 160 亿立方米，2010 年，普光气田开启了向上海主输气干线沿线地区的供气工作，实现了“川气东送”。2016 年国家统计局数据显示，四川天然气储量达 13191.61 亿立方米，高居全国第一。2021 年 8 月，中国石化对外公布，西南石油局中江气田累计探明的天然气储量已达 1061 亿立方米，标志着中国首个千亿级天然气生产基地在该地区的建设取得了关键进展，迈出了重要的一步。近年来，为了支持国家经济的高速发展，四川盆地石油天然气开采的力度在不断加大，产量不断提高，这也对井下工具提出了越来越高的要求。油气开采过程中使用的井下工具主要包括钻杆、抽油杆、采油泵等。井下工具的工作环境极为严苛，它们常常处于高温、高压且具有腐蚀性的介质当中，井下压力可达数十兆帕。特别是在油田的开发阶段，随着含沙量的增加和地层结构状态的变化，井下工具的磨损会显著加剧，导致井下工具使用寿命较短[1]。如何提高井下工具表面的耐磨耐腐蚀性能，增加其使用寿命？这一直是石油工程当中的一个热点研究问题。较为传统的方法是采用手工堆焊、感应熔覆等方法在工具表面制备保护涂层。所使用到的熔覆粉末材料，以铁基、钴基、镍基等几类粉末为主[2]。随着石油天然气工业的快速发展，对井下工具表面性能的要求日益严苛，传统的表面涂层制备技术与工艺已逐渐难以满足需求。

高熵合金，也称作多主元合金，是指由 5 种及以上的主要元素构成的合金体系，其中各主要元素的含量在 5%～35%（原子数分数），没有规定确定的主导元素[3-5]。由于多个主元的共同存在，形成很高的混合熵，根据吉布斯自由能公式，在等温等压条件下，系统的熵值 S 越大，其吉布斯自由能 G 越低，所以高熵合金最重要的特点就是具有高熵效应，其具有的较高混合熵可以显著降低体系自由能，增加稳定性[6-7]。高熵效应使合金倾向于形成 FCC、BCC 等简单固溶体相，而不容易形成结构复杂的金属化合物，具有较高的热稳定性[8-10]。此外，高熵合金还具有动力学上的缓慢扩散效应、结构上的晶格畸变效应、性能上的“鸡尾酒”效应等[11-12]。因此，高熵合金具有高强度、高硬度、高耐磨性、高耐腐蚀性等优异的性能特点[13-16]。但是，由于高熵合金成本通常比较高，人们常常利用表面技术在价格低廉的传统钢铁材料表面制备高熵合金涂层，在获得优异的表面性能的同时还大大降低了生产成本[17]。目前，制备高熵合金涂层常采用的方法主要有激光熔覆、磁控溅射、等离子熔覆等[18-19]。其中，等离子熔覆技术与其他表面涂层制备技术相比，具有设备成本低、生产效率高、工艺可控性好、熔覆材料范围广、制备涂层质量高等优点[20-22]。虽然相对于激光熔覆等其他表面制备技术，等离子熔覆技术制备高熵合金涂层的研究尚处于起步阶段，但研究者们已成功利用等离子熔覆技术在不同的金属材料表面制备出了质量可靠、性能优异的高熵合金涂层，近年来逐渐成为高熵合金涂层制备技术的新热点[23-25]。

与钴基、镍基、铁基等传统堆焊材料及其自熔性合金相比，高熵合金熔覆层展现出显著优势。在韧性方面，传统涂层在极端工况下易因应力集中出现裂纹扩展，导致涂层失效；而高熵合金独特的多主元结构及晶格畸变效应，使其具有良好的应力分散能力，可有效抑制裂纹萌生与扩展，大幅提升涂层韧性。耐磨性上，传统涂层在高含沙量环境中，面对颗粒的冲刷磨损，材料磨损速率较快；高熵合金熔覆层凭借其较高硬度和韧性，能有效阻碍磨粒切削，降低磨损速率，耐磨性显著优于传统涂层。耐蚀性层面，传统涂层在高温、高压且具有腐蚀性的介质中，易发生局部腐蚀，导致涂层防护性能下降；高熵合金的高熵效应增加了体系稳定性，降低了元素选择性腐蚀的倾向，在复杂腐蚀环境下表现出更优异的耐蚀性能。另外，构成高熵合金涂层的主要元素（如 Al、Co、Cr、Fe、Ni、Cu 等）均为常见工业金属，资源丰富且价格相对稳定。与钴基、镍基涂层材料相比，高熵合金可有效降低材料成本。与自熔性合金相比，高熵合金的成分设计灵活性更高，可根据实际需求调整元素配比，在保证性能的前提下实现成本控制。将等离子熔覆技术与高熵合金涂层制备相结合，应用于 35CrMo 钢这一常用的井下工具材料表面，是一种全新的技术组合。这种技术组合在提升井下工具表面性能的同时，兼顾了成本效益和生产可行性，为石油工程领域表面处理技术的发展开辟了新路径。同时，将高熵合金理论应用于井下工具表面涂层，有望突破传统理论的局限。在 35CrMo 钢表面采用等离子熔覆工艺制备 AlCoCrFeNiCu 高熵合金涂层，从理论上分析，高熵合金的高熵效应可增加体系稳定性，晶格畸变效应能提高涂层硬度，从而显著提升涂层的耐磨耐腐蚀性能，为井下工具表面性能提升提供坚实的理论基础。

因此，针对恶劣工况下服役的井下工具表面采用等离子熔覆技术制备耐磨耐腐蚀的高熵合金涂层，并对涂层的组织演化规律及强化机理进行研究，可以为井下工具表面特殊性能涂层的制备、井下工具使用寿命的延长等方面提供相关的理论依据和研究基础，对节约石油天然气开采成本、提高开采效率等方面具有重要的现实意义；同时，也能够对高熵合金理论和等离子熔覆技术在石油天然气工业中的推广及应用起到积极的促进作用。

1.2　井下工具用钢表面涂层研究现状

在石油与天然气开采等井下作业领域，常见的井下工具用钢包括 35CrMo、42CrMo、4145H 等钢种。这些钢种凭借其特定的力学性能和工艺特性，被广泛应用于钻杆、抽油杆、钻铤、打捞工具以及稳定器等井下工具的生产制造中。由于井下作业环境通常具有高压力、高腐蚀、强磨损等恶劣工况特点，对井下工具的使用寿命和可靠性提出了严峻挑战。为有效提升井下工具在上述恶劣工况条件下的使用寿命，增强其服役性能，众多研究者围绕井下工具表面耐磨耐腐蚀涂层的开发与制备展开了一系列的研究工作。

（1）35CrMo 钢具有较好的综合力学性能，常用于制造石油天然气行业中的抽油杆、钻杆接头等部件，常发生磨损、腐蚀等失效。为了提高其表面性能，研究者们采用各种表面制备技术在其表面制备耐磨耐腐蚀涂层。周永宽等[26]采用超音速火焰喷涂（HVOF）技术在 35CrMo 钢表面制备了 WC-10Co4Cr 涂层，并通过研究发现涂层具有致密的微观结构和优异的力学性能，涂层孔隙率低，显微硬度高，比 35CrMo 钢基体具有更加优异的耐磨损性能。崔良等[27]采用等离子喷涂的方法在 35CrMo 钢表面制备了 Ni60A 基 TiB_2、Co、Cr 复合自润滑涂层。研究发现涂层与基体结合良好，涂层的显微硬度和耐磨性能都相较于 35CrMo 基体得到了显著提高，改善了 35CrMo 钢表面的耐磨性能。Li 等[28]利用激光熔覆技术在 35CrMo 钢表面制备了 Co-Ti_3SiC_2 金属基复合材料（MMCs）自润滑涂层，并研究了不同 Ti_3SiC_2 含量的 MMCs 涂层的相组成、显微组织、显微硬度和磨损性能。研究结果表明，在适当的激光加工参数下，可以获得与基体冶金结合良好且无裂纹和气孔等缺陷的涂层；涂层主要由 γ-Co、Ti_3SiC_2、Cr_7C_3 和 TiC 等相组成；涂层的显微硬度是 35CrMo 钢基体的 2.3 倍，耐磨性是 35CrMo 钢基体的 3.6~6.2 倍。Han 等[29]采用激光熔覆技术在 35CrMo 钢基体上制备了 Fe-Cr_3C_2 硬质涂层，研究发现涂层的显微硬度从底部到顶部逐渐增加，显著提高了 35CrMo 钢基体的耐磨性能。Wu 等[30]采用热浸镀的方法在 35CrMo 抽油杆表面制备了 Al-Zn-Si 合金涂层，在 5%（质量分数）NaCl 溶液中的静态腐蚀试验结果显示 35CrMo 抽油杆基体的失重速率远大于 Al-Zn-Si 涂层，基体的失重速率是涂层的 5.9 倍，Al-Zn-Si 热浸镀涂层提高了抽油杆表面的耐腐蚀性能。

（2）42CrMo 钢比 35CrMo 钢具有更高的强度和硬度，更好的淬透性和抗疲劳性能，常用于生产钻铤、加重钻杆等工具。为了提高其表面性能，研究者们采用激光熔覆、真空熔覆等技术在其表面制备各类涂层。田鹿岩等[31]利用激光熔覆技术在 42CrMo 钢表面分别制备了 Stellite6 和 Stellite6+5%B_4C（质量分数）两种熔覆层，涂层形成了细晶强化、固溶强化和第二相强化等多种强化效应，涂层显微硬度和耐磨性能均优于 42CrMo 基体，涂层的自腐蚀电位高于基体，而自腐蚀电流小于基体，Stellite6+5%B_4C 涂层具有最好的耐腐蚀性能。Lv 等[32]采用激光熔覆技术在 42CrMo 钢表面制备了 Fe-Mn-Si-Cr-Ni-X（VC）形状记忆合金复合涂层，涂层主要由 γ 奥氏体相和 ε 马氏体相组成，VC 的加入可以促进形状记忆合金中的 γ→ε 马氏体相变。涂层在 3.5%的 NaCl 溶液中的耐腐蚀性能优于 42CrMo 钢基体，添加 VC 以后，涂层耐腐蚀性能可以得到进一步的提升。Lv 等[34]在 42CrMo 钢表面制备了不同 WC 添加量的 WC/Co06 激光熔覆复合涂层，W、C 和 Cr 元素在涂层中起到了固溶强化的作用，涂层的硬度显著高于 42CrMo 钢基体，涂层的摩擦系数和磨损体积都低于 42CrMo 钢基体，具有优异的耐磨性。Zheng 等[33]采用真空熔覆技术在 42CrMo 钢表面制备了金刚石颗粒增强 NiCrBSi 复合涂层，涂层与基体之间形成了冶金结合界面，NiCrBSi/金刚石复合涂层显著提高了 42CrMo 钢的耐磨性，涂层的磨损机制以磨料磨损为主。

（3）4145H 钢因高强度和稳定的性能，常用于制造石油天然气行业中的打捞工具、稳定器等。刘珊珊[35]采用等离子转移弧堆焊工艺在 4145H 钢表面堆焊了不同 Cr_3C_2 含量的 Ni60-Cr_3C_2 复合涂层，涂层与 4145H 钢基体形成良好结合，涂层的显微硬度随着 Cr_3C_2 含量的增加而提高，耐磨性能逐渐增加。涂层的耐腐蚀性能随着 Cr_3C_2 含量的增加逐渐提高，Cr_3C_2 添加量 50%的涂层具有最好的耐腐蚀性能。Cao 等[36]在 4145H 钢表面制备了不同 Y_2O_3 添加量的 WC-Ni 复合涂层，结果表明，各涂层与基体形成良好结合，涂层的耐磨性能和耐腐蚀性能优于 4145H 钢基体，添加 Y_2O_3 可以进一步提升 WC-Ni 复合涂层的耐磨性和耐腐蚀性能。Cheng 等[37]采用 PTAW 堆焊技术在 4145H 钢表面制备了球形 NbC 颗粒增强的镍基涂层，涂层中主要包括 γ-Ni 固溶体相和 $Cr_{23}C_6$ 相，硬度高于基体，且随着 NbC 含量的增加而逐渐增加。涂层的摩擦系数随着 NbC 含量的增加而逐渐降低，NbC 添加量 40%的涂层的摩擦系数为 0.470，磨损率约为 4145H 钢基体的 1.6%，具有良好的耐磨性能。

综上所述，在近年来的相关研究与实践中，人们已采用超音速火焰喷涂、等离子喷涂、激光熔覆等技术在 35CrMo、42CrMo 等井下工具用钢表面成功制备了各类涂层。但是涂层制备研究主要集中于镍基、钴基以及铁基合金涂层体系，虽然在一定程度上提升了工具的硬度、强度以及耐磨性等力学性能，但是能在此基础之上同时显著提高耐腐蚀性能的涂层较少。与传统合金涂层相比，高熵合金涂层在提高工具表面强度、硬度以及耐磨性能的同时，还显著增加其耐腐蚀性能，具有优异的综合性能。然而，针对井下工具用钢表面进行开发并制备综合性能更加优异的高熵合金涂层这一领域的研究几近空白，相关的学术报道和实践案例较为匮乏。

1.3 高熵合金及其研究现状

20 世纪 90 年代，高熵合金被明确发现并开始进行系统试验与理论研究，因其在硬度、强度、韧性、热稳定性、耐腐蚀性等方面具有优于常规金属材料的性能而受到人们的广泛关注和大量研究[38]。多主元素合金（multi-principal element alloys，MPEAs）和高熵合金（high-entropy alloys，HEAs）的概念最早是在 2004 年由我国台湾学者叶均蔚教授首次正式提出，但相关工作却在很早之前就开始了。高熵合金是在探索大块非晶合金的基础上，发现的一类主要表现为化学无序的无序合金。在 20 世纪 70 年代后期，英国牛津大学 Cantor 教授的一名本科生的毕业论文中首次出现了多主元合金，随后于 1998 年又在另一名本科生的毕业论文中出现，最后在 2002 年的一次会议上正式提出了多主元合金（MPEAs）的概念，并于 2004 年正式发表了多主元合金相关研究。与此同时，叶均蔚教授于 1996 年开始针对高熵合金（HEAs）进行了一系列的研究，并于 2004 年发表了 5 篇与此相关的论文，正式提出了“高熵合金”的概念并予以定义[39-41]。

1.3.1 高熵合金定义

高熵合金的定义包括成分定义和高熵定义。成分定义是根据金属所含金属元素的种类和含量来定义，最早的论文将高熵合金定义为“由等摩尔比的 5 个或更多元素组成的合金”。等摩尔浓度的要求是“每个元素的浓度在 5%～35%（原子数分数）”。因此，高熵合金不必是等摩尔的，这样就显著增加了高熵合金的数量。高熵合金中还可以添加一些金属或者非金属的微量元素，使其各项性能得到改善，同时也进一步扩展了高熵合金种类和数量[42]。由此可见，成分定义仅仅规定了各元素的浓度，对合金体系熵值的大小没有限制。

而高熵定义是基于合金体系熵值的大小来定义的，根据玻尔兹曼（Boltzmann）关系，n 种元素以等摩尔比形成固溶体时，形成的混合熵 ΔS_{conf} 可以通过式（1-1）表示[43]：

$$\Delta S_{\mathrm{conf}} = R\ln n \tag{1-1}$$

式中 ΔS_{conf}——混合熵，J/(mol · K)；

R——气体常数，8.314 J/(mol · K)；

n——合金的主要元素数目，个。

从式（1-1）可以看出，组成合金的主要元素越多，混合熵 ΔS_{conf} 越高。如图 1-1 所示，研究人员基于高熵合金理论，根据熵和系统复杂性关系的玻尔兹曼热力学统计原理，将合金按照混合熵 ΔS_{conf} 值分为三类：低熵合金、中熵合金和高熵合金，其中低熵合金的混合熵 $\Delta S_{\mathrm{conf}}<1R$，主要是指由 1～2 种主要元素构成的

传统合金，中熵合金（$1R \leqslant \Delta S_{conf} \leqslant 1.5R$）是指由 2~4 种主要元素构成的合金，而高熵合金（$\Delta S_{conf} > 1.5R$）则是由至少 5 种主要元素构成的合金，所以高熵合金也被称之为“多主元合金”[44-45]。由此可以看出，合金中包含的主要元素越多，合金体系的混合熵就越大，但是当合金元素种类超过 13 时，继续增加合金的主元数量，并不能显著提高合金体系的混合熵，熵值的增加逐渐趋于平缓。所以，高熵合金的主要元素个数为 5~13，并且规定每种主元的含量不小于 5%（原子数分数），以保证其对合金体系混合熵的贡献[43]。

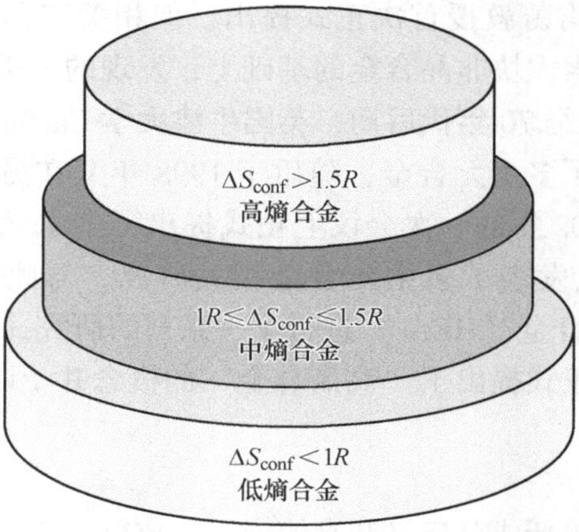

图 1-1 合金依据混合熵 ΔS_{conf} 的分类[44]

1.3.2 高熵合金的特性及其研究现状

根据高熵合金的定义可知，高熵合金是由 5 种及以上主要元素构成的一个复杂体系。大量研究表明，高熵合金体系在凝固过程中趋向于形成简单结构的固溶体相，而难以生成结构复杂的金属间化合物或者其他相[46]。随着人们对高熵合金研究的逐渐深入，发现高熵合金与传统合金相比，在热力学、动力学、组织结构以及性能等方面都具有自身的一些特点，总结起来可以归结为热力学上的高熵效应、结构上的晶格畸变效应、动力学上的缓慢扩散效应以及性能上的“鸡尾酒”效应[47-48]。

1.3.2.1 热力学上的高熵效应

高熵合金最重要的特性就是高熵效应，它主要体现在合金体系高的混合熵对合金相形成的影响。由式（1-2）可知，高熵合金的混合熵大于 1.5R，远远高于传统合金的混合熵，根据热力学公式：

$$\Delta G = \Delta H - \Delta S \tag{1-2}$$

式中 ΔG——吉布斯自由能变，kJ/mol；

ΔH——焓变，kJ/mol；

ΔS ——熵变，J/(mol·K)。

从式（1-2）可知，熵值增量 ΔS 越高，合金体系的自由能增量 ΔG 越低。因此，高熵合金的高混合熵可以使体系的自由能降低，从而提高合金的稳定性。研究发现，高熵合金中各元素随机互溶形成的固溶体相较于金属间化合物等其他结构复杂相具有最高的混合熵，因此高混合熵有利于固溶体相的形成，更倾向于形成体心立方（BCC）或面心立方（FCC）等简单结构的固溶体相，这就意味着高的混合熵使得主元间的相容性增大，可以最大限度避免因相分离而生成金属间化合物[49]。Behera 等[50]采用真空电弧熔炼法制备了接近等原子比的 TiTaNbMoZr 难熔高熵合金，采用原位同步加速器 X 射线衍射（SXRD）对合金的相结构进行了分析，结果表明 TiTaNbMoZr 高熵合金只出现了两种 BCC 相，没有金属间化合物及其他结构复杂相的存在。Wang 等[51]采用射频感应加热原位合金化工艺制备了 CoCrCuFeNi 高熵合金并对其相结构进行了表征，发现 CoCrCuFeNi 高熵合金由高熵 FCC 相和 Cu 基固溶体相构成，即该合金中只存在 FCC 简单结构相。Olorundaisi 等[52]采用放电等离子烧结的方法制备了等摩尔比的 NiAlTiMnCoFeCr 高熵合金，通过研究发现该合金由 FCC 相、BCC 相和 σ 相构成。以上研究结果进一步证明了高熵合金主要由简单结构的固溶体相构成，虽然随着主元数的增加，所形成相的数目有缓慢增加，但都远远小于相律所规定的相数目，体现出了其热力学上的高熵效应。

1.3.2.2 结构上的晶格畸变效应

高熵合金中的各固溶体相都是由多种元素构成的，各元素的原子尺寸、性质各不相同，它们随机占据晶体中的点阵位置，每个原子既可以看作是溶剂，也可以看作是溶质，它们周围都是其他的异类原子，这必然会带来严重的晶格畸变效应。一般认为，高熵合金中不同原子尺寸差异导致的晶格畸变程度比传统合金严重得多[53]。图 1-2 表示了原子尺寸差异对原子位置的影响[45]。图 1-2（a）为传统合金固溶体的原子排列示意图，少量尺寸差异的溶质原子导致小部分原子偏离平衡位置，形成较小的晶格畸变；图 1-2（b）为高熵合金的原子排列情况，从图中可以看出，所有的原子没有溶质原子和溶剂原子之分，尺寸各异的原子随机排列，导致大量原子偏离了平衡位置，带来了严重的晶格畸变。Zhang 等[54]通过研究晶格畸变与原子尺寸差 δ、混合焓 ΔH_{mix} 之间的关系，提出高熵相形成预测的方法，他们认为严重的晶格畸变会导致合金形成较高的混合焓，会对高熵相的形成带来直接的影响，从而影响到高熵合金的力学性能、化学性能、热学以及电学性能等。Chou 等[55]研究 $Al_xCoCrFeNi$（$0 \leqslant x \leqslant 2$）高熵合金的显微组织、热物理和电学性能，研究结果表明，晶格畸变导致各个衍射晶面粗糙不平，致使合金存在严重的 X 射线散射效应，降低了 X 射线衍射峰的强度。同时，晶格畸变阻碍了点阵振动和自由电子的传递，从而降低了热导率和电导率。

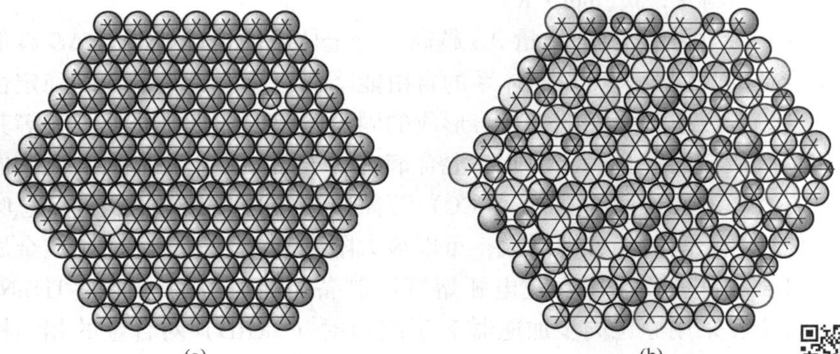

(a)　　(b)

图 1-2　原子尺寸差异对原子位置的影响[45]

(a) 传统合金固溶体的原子排列示意图；(b) 高熵合金原子排列示意图

彩图

1.3.2.3　动力学上的缓慢扩散效应

由于高熵合金在结构上严重的晶格畸变效应，原子在合金中扩散时，每个空位周围都是其他种类的原子，不同晶格位置的势能差别大，导致各原子在合金中的扩散速率缓慢。扩散控制的相变通常需要主元之间的协同扩散来达到相分离平衡，因此迟滞扩散效应会影响高熵合金新相的形成[47]。Tsai 等[56]采用扩散偶法测量了 Co、Cr、Fe、Mn 和 Ni 在 CoCrFeMnNi 高熵合金中的扩散参数，将这些参数与各种常规面心立方金属的参数进行了比较。研究结果表明：CoCrFeMnNi 高熵合金的扩散系数确实低于对照金属，而高熵合金的活化能要高于对照金属。标准活化能的变化趋势与合金中组成元素的个数呈正相关。他们还提出了一种准化学模型来分析不同合金基体中晶格势能的波动，并解释观察到的活化能变化趋势。晶格势能波动越大，原子塌陷和原子塞积越明显，活化能就越高，这是高熵合金扩散缓慢的原因。高熵合金中的这种缓慢扩散效应就如日常生活里十字路口的交通状况一样，随着现代交通工具的类型日益多样，路口越发容易出现拥堵的情况，进而导致车辆的行驶速度变得更为迟缓[37]。Tsai 等[57]利用电弧熔炼技术制备了 $Al_{0.5}CoCrCuFeNi$ 高熵合金锭，然后对合金锭进行了冷轧，分别获得了变形量为 5%、15%、30%和 50%的轧制试样，将 50%的轧制试样在 900 ℃下分别退火 1 h、5 h、10 h、20 h 和 50 h，研究 $Al_{0.5}CoCrCuFeNi$ 高熵合金的变形和退火行为。研究发现，900 ℃条件下合金回复进行得非常缓慢，冷轧后的合金试样需要 900 ℃退火 5 h 后其硬度才能恢复到变形前，说明高熵合金比传统合金具有更好的抗退火软化的能力，主要原因是原子在高熵合金中的缓慢扩散效应造成的。Jun 等[58]采用分子动力学（MD）模拟方法研究了温度和晶粒直径对纳米晶 $Al_{0.1}CoCrFeNi$ 高熵合金稳定性及扩散效应的影响。研究结果表明，纳米晶 $Al_{0.1}CoCrFeNi$ 高熵合金在 300~1200 K 时具有良好的稳定性，且合金晶界对原子扩散的影响很小，可以忽略不计。

1.3.2.4 性能上的“鸡尾酒”效应

印度学者 Ranganathan 教授于 2003 年在其发表的一篇名为“Alloyed pleasures：multimetallic cocktails”的论文中首次提出了“鸡尾酒”效应[59]。鸡尾酒是一种具有协同效应的混合物，里面加入的各种成分相互作用后，会产生意想不到的效果。这些效果不仅是各成分特性的简单叠加，而是远超过这些叠加的结果，最终呈现出的效果难以预测。高熵合金由多种不同特性的元素组成，这些元素之间的相互作用导致了复合效应的出现。该效应强调某些元素的特性会对合金的宏观性能产生显著影响，从而使高熵合金的性能远高于其各组成元素性能的总和。正是高熵合金呈现的复杂的“鸡尾酒”效应，使得高熵合金一般具有高强度、高硬度、高耐腐蚀性、高热稳定性等优异的综合性能[60]。

周云军等[61]在研究 $AlCoCrFeNiTi_x$ 高熵合金系的室温压缩性能时发现，合金系中所有的合金均具有高屈服强度、高断裂强度、大塑性变形量和高的加工硬化能力。Gludovatz 等[62]对电弧熔炼 CrMnFeCoNi 高熵合金在室温下进行锻轧，制备出厚度约 10 mm 的合金块体，并在室温（293 K）、干冰-酒精混合物（200 K）和液氮（77 K）等不同温度条件下对合金的强度和塑性进行了研究，发现合金的强度和室温拉伸塑性随温度的降低呈现升高的趋势。Zhang 等[63]对一些已报道的高熵合金硬度进行了分析并将它们与 316 不锈钢进行了比较。结果表明，高熵合金具有较宽的硬度范围，除了 CoCrFeNiCu 合金以外，其他的高熵合金硬度均高于 316 不锈钢，其中 MoTiVFeNiZrCoCr 合金的硬度高可达到 800 HV 以上。Chen 等[64]采用机器学习方法设计了 $Al_{0.38}Ti_{0.36}V_{0.05}Zr_{0.16}Nb_{0.05}$ 和 $Al_{0.51}Ti_{0.28}V_{0.04}Zr_{0.16}Nb_{0.01}$ 两种新型轻质高熵合金，并采用电弧熔炼法制备了试样，测得两种高熵合金的显微硬度分别为 723.7 HV 和 691.0 HV，硬度显著高于传统的铝合金、钛合金等轻质合金。高熵合金的晶格畸变是造成合金高硬度的主要原因，严重的晶格畸变导致合金的内应力增加，位错运动受到严重阻碍，从而使得合金具有较高的硬度。

同时，人们针对高熵合金的抗疲劳性能以及高温性能方面也展开了研究。Hemphill 等[65]采用真空电弧熔炼制备了 $Al_{0.5}CoCrCuFeNi$ 高熵合金，并对合金的抗疲劳性能进行了研究。研究结果表明，$Al_{0.5}CoCrCuFeNi$ 高熵合金在相对较高的应力下表现出良好的抗疲劳特性。该合金的抗疲劳极限范围在 540~945 MPa 间，抗疲劳极限与极限抗拉强度比在 0.402 ~ 0.703。Wang 等[66]通过冷轧和退火处理，设计了具有层次非均质组织的 $Al_{0.3}CoCrFeNi$ 高熵合金。采用应力-寿命（S-N）试验和扫描电镜、透射电镜表征技术研究了复合材料的疲劳特性及其机理。结果表明，该高熵合金既具有较高的强度，又有良好的延展性，屈服强度和抗拉强度分别达到了 870 MPa 和 1060 MPa，延伸率达到 26%，在应力比为-1

时，其抗疲劳比为0.46，超过了大多数报道的合金。这表明高熵合金的抗疲劳性能明显优于钢、镍、铝、钛合金等传统的合金，因此，高熵合金在结构材料领域具有较好的应用前景。盛剑等[67]针对FeMnCoCrNi高熵合金近年来在高温拉伸性能、高温蠕变性能等方面的研究进行了总结，研究结果表明FeMnCoCrNi高熵合金具有优异的高温稳定性和高温力学性能；在高温下具有优异的拉伸性能，可达到320%的超级塑性。FeMnCoCrNi高熵合金在高温下通常表现出多阶段蠕变行为，具有优异的高温抗蠕变性能。Raman等[68]采用等离子烧结和真空电弧熔炼两种不同的工艺制备了CrMoNbTiW高熵合金，并研究制备工艺对其相和组织演变的影响，研究结果表明，真空电弧熔炼工艺制备的CrMoNbTiW高熵合金为单相BCC结构，等离子烧结制备的CrMoNbTiW高熵合金除了主要的BCC固溶体相外，还观察到少量的碳化物、氮化物和氧化物相。针对两种工艺制备的CrMoNbTiW高熵合金在1300 ℃条件下进行240 h的长时间热处理，热处理以后合金的相结构未发生改变，表现出了优异的热稳定性。

高熵合金在耐磨性能和耐腐蚀性能方面表现也非常优异。郝晨帆等[69]利用氩弧熔覆技术在45钢表面制备出Al_xCrFeCoCuNi高熵合金涂层，研究发现，随着涂层中Al含量的增加，FCC相向BCC相转变，$Al_{2.5}$CrFeCoCuNi涂层仅由BCC相构成，涂层硬度最高达到710 $HV_{0.5}$。且表现出优异的耐磨性能，其耐磨性能比45钢基体提高9倍。Li等[70]等采用激光熔覆技术在X65钢表面制备了$Al_{1.5}CoCr_2Fe_{1.5}NiSi_{0.5}B_2$高熵合金涂层，涂层具有BCC+FCC的双相结构，涂层中含有的大量B元素能够增强涂层的晶格畸变效应，从而提高涂层的硬度和耐磨性，耐磨性能比不含硼的AlCoCrFeNi高熵合金高出近10倍，具有优异的耐磨性能。Maria等[71]采用电弧熔炼技术制备了$AlCrFeCoNi_x$高熵合金，采用动电位极化和电化学阻抗谱方法研究了合金在pH=5的3.5%（质量分数）NaCl溶液中的耐腐蚀性能，研究表明$AlCrFeCoNi_x$合金具有很好的抗局部腐蚀能力。Bogdanov等[72]通过电化学和长期（3000 h）浸泡实验，研究等摩尔CoCrFeNiMo高熵合金在不同pH值的含氯溶液中的腐蚀和电化学行为，发现其在中性和酸性NaCl溶液中具有优异的长期耐腐蚀性（腐蚀速率≤1 μm/a）。

综上所述，高熵合金所特有的“四大效应”，使其具有高强度、高硬度、抗疲劳、高热稳定性、高耐磨耐腐蚀等优异的综合性能。因此，高熵合金在表面工程领域，特别是针对极端条件下服役的各类工具表面保护涂层的制备、表面性能调控等方面具有广阔的应用前景。

1.3.3 高熵合金涂层研究现状

自2004年高熵合金的概念提出以来，就一直受到国内外学者的广泛关注和大量研究[73-74]。高熵合金作为近年来金属材料领域内发展的一种新型材料，其由相近含量多主元构成的特殊的无序固溶体相结构，导致其具有优异的特殊性能，在一些极端条件下甚至可能突破目前已有的材料的性能极限。目前，已经可以通过传统熔炼、锻造、粉末冶金等方法制备高熵合金块体，还可以通过熔覆、喷涂、离子溅射等方法来制备高熵合金涂层。高熵合金具有优良的综合性能，自问世以来就一直受到表面工程领域的关注，研究人员基于高熵合金理论，根据熵和系统复杂性关系的玻尔兹曼假设，将合金涂层按照混合熵的值分为三类：低熵合金涂层、中熵合金涂层和高熵合金涂层[75]。现阶段，人们主要采用激光熔覆、磁控溅射、等离子熔覆等技术在各类工具表面制备高熵合金涂层，各项性能普遍优于传统合金涂层，更加有效地提高了工具表面的耐磨、耐腐蚀等性能[76-79]。

1.3.3.1 激光熔覆技术制备高熵合金涂层

激光熔覆技术是指利用超高能量密度的激光束加热熔化特定成分的粉末，在基体表面形成一层能够与基体形成冶金结合且具有特殊性能的涂层[80]。激光熔覆技术具有冷却速度快、热输入低、材料变形小、稀释率低、与基体结合强度高、易于实现自动化等优点[81]。激光熔覆技术是一种相对较早用于高熵合金涂层制备的表面工程技术，研究者们采用激光熔覆技术在各类零件表面制备具有耐磨、耐腐蚀、耐热、抗氧化等特殊性能的高熵合金涂层，以达到材料表面修复或改性的目的。目前，激光熔覆过程中有两种方法将粉末送入熔覆系统，分别是预置粉末法和同步送粉法[82]。其中，同步送粉法具有自动化程度高、计算机可控性好、激光能量吸收效率高、涂层孔隙率低等优点，可在各种金属材料上制备各类熔覆涂层[83]。激光熔覆过程示意图如图 1-3 所示，熔覆粉末被同步输送到聚焦激光束的作用区域，保证粉末在接触基材时已经熔化，然后在基体材料上形成一个浅熔池，当激光束移动时，熔池将迅速冷却凝固，在有效降低稀释率的同时还减少了热效应对基体材料的影响[84]。

近年来，激光熔覆技术在高熵合金涂层制备领域优势显著，研究者们对此开展了广泛的研究。王永东等[85]在 Q235 钢表面制备了 CoCrFeNiTi 高熵合金激光熔覆涂层，发现通过调节激光功率与扫描速度可控制涂层的微观组织，改善涂层的硬度与耐磨性，涂层力学性能优于基体。杨超敏等[86]在 SUS304 不锈钢表面制备了 $FeCoCrNiCu_x$ 高熵合金涂层，证实 Cu 元素添加可提升涂层与基体之间的冶金结合质量，提高涂层耐磨性能。杨超敏等[86]在 SUS304 不锈钢表面制备了 $FeCoCrNiCu_x$ 高熵合金涂层，证实 Cu 元素添加可提升涂层与基体之间的冶金结合质量，提高涂层耐磨性能。He 等[87]在 17-4PH 不锈钢表面制备了不同 CeO_2 添加量的 FeCrNiMnAl 高熵合金涂层，重点研究了添加量对涂层微观结构和性能的影响，发现在高熵合金涂层中适量添加 CeO_2 可以起到细化晶粒、提升硬度与耐磨性的作用。Verma 等[88]在 DMR-249A 钢表面分别制备了 CoCrFeNi 和 CoCrCuFeNi

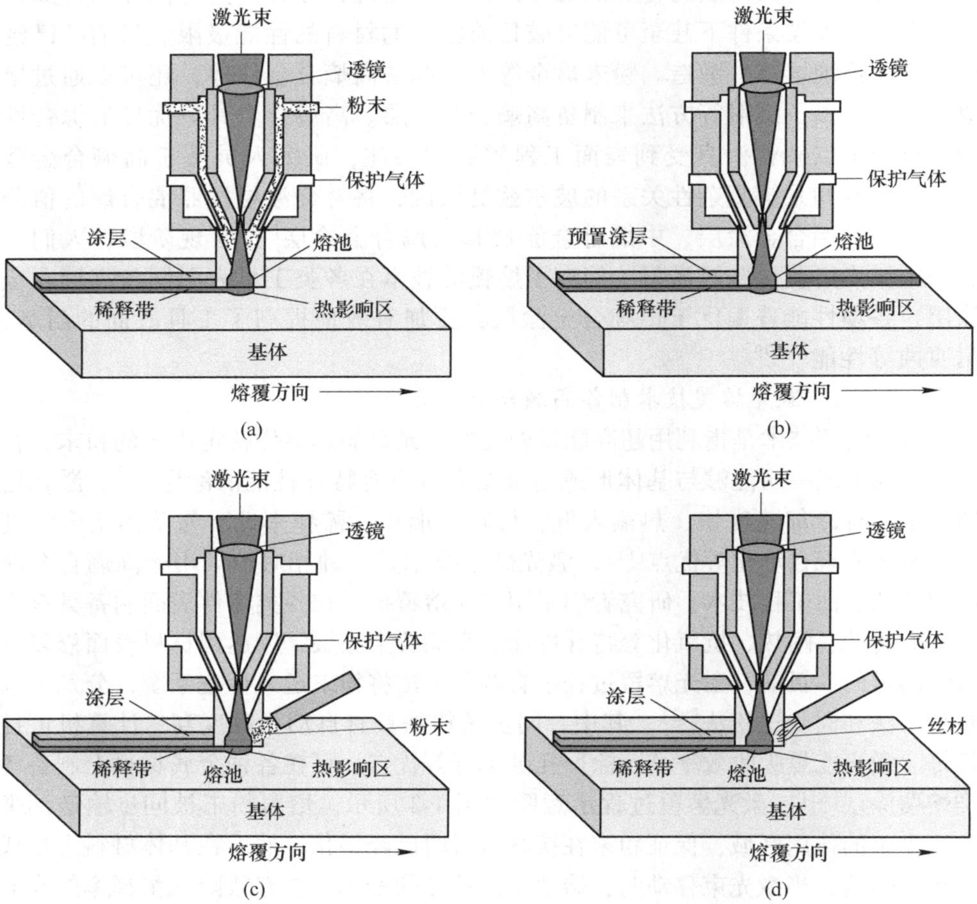

图 1-3　激光熔覆工艺过程[84]

（a）同轴送粉；（b）预置粉末；（c）离轴送粉；（d）送丝

系高熵合金涂层，研究了母材和熔覆层表面的组织演变、腐蚀行为和抗菌特性。结果表明，两种涂层在硬度、耐磨性、耐蚀性和抗菌性能上均优于基体，其中 CoCrCuFeNi 涂层表现更为突出，在船舶行业具有很好的潜在应用前景。Nam 等[89]在 STS304 钢基体表面制备了 TiC 增强的无气孔、裂纹、脱层等界面缺陷的 FeCrCoNiAl 高熵合金涂层，发现热输入和熔覆层厚度影响增强颗粒形貌与涂层硬度，TiC 颗粒的添加可以显著提高涂层的显微硬度和纳米硬度。

1.3.3.2　磁控溅射技术制备高熵合金涂层

磁控溅射技术是将被放置在真空室中的靶材表面通过气体离子轰击产生雾化，再利用磁场和电场将雾化物质进行加速和定向，从而将它们沉积在基体材料表面得到高纯度、高品质的具有特殊性能薄膜材料的一种表面涂层制备技术[90]。其基本原理如图 1-4 所示，在利用磁控溅射技术制备涂层时，首先将惰性气体氩气引入真空室，利用腔内的电场使氩气发生电离，产生大量高能的 Ar^+。Ar^+ 在电场的作用下轰击预制靶材表面，使原子在靶材表面发生溅射，溅射原子在内部磁场作用下发生定向移动，最终沉积到基体材料表面形成薄膜[91-92]。磁控溅射具有沉积温度低、工作效率高、质量可靠、涂层光滑致密、成分均匀、适用材料范围广等优点，且可通过将含有不同元素的靶材放置在多个靶位上实现同时共沉积溅射，从而获得多个主元的高熵合金薄膜[93-94]。

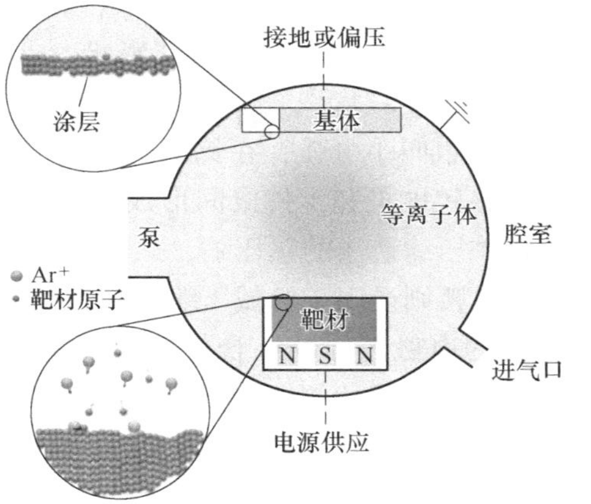

图 1-4 磁控溅射原理示意图[92]

近年来，磁控溅射技术在高熵合金涂层与薄膜制备领域取得了丰富成果。研究者们通过调控元素种类、工艺参数及热处理条件，研究了高熵合金涂层与薄膜的结构和性能演变规律。范军等[95]采用磁控溅射技术在 Inconel 718 镍基高温合金表面制备了 VAlTiCr 基高熵合金涂层，研究了引入不同元素和热处理温度对涂层晶体结构及高温摩擦学性能的影响，研究发现 VAlTiCrSi 涂层为非晶涂层，而 VAlTiCrMo 和 VAlTiCrW 涂层均为 BCC 单相固溶体。各涂层经过热处理以后都出现了一定程度的氧化，适当的热处理条件可提高涂层的耐磨性能，VAlTiCrMo 涂层耐磨性能最佳。李岩等[96]采用射频磁控溅射技术制备不同氧气流量、基底温度和溅射功率的 FeCrCoNiMn 高熵合金氧化物薄膜，研究发现薄膜涂层与基体的结合力、硬度和弹性模量随着氧气浓度的增加，基体温度的升高而升高，随着溅射功率的提高，膜基结合力由 5.05 N 提高至 8.25 N，硬度和弹性模量呈先升高后降低的趋势。氧原子的引入增强了涂层的固溶强化效应。Schwarz 等[97]首先采用火花等离子烧结技术制备了两个等原子比的 CoCrFeNi 高熵合金磁控溅射靶，其中一个靶材是由气体雾化产生的均匀 HEA 粉末制成的，另一个使用了纯元素粉末的混合物。然后采用直流磁控溅射在Si(100) 和EN 1.4404不锈钢基底上制备CoCrFeNi薄膜。研究发现薄膜的成分、相结构等均与溅射靶相似，通过粉末混合物制造靶材有利于节约成本，且可获得质量合格的高熵合金薄膜。Gruber等[98]以粉末冶金法制备的等摩尔MoNbTaTiW、MoNbTaVW、CrMoNbTaW、MnMoNbTaW和HfMoNbTaW等为靶材，采用磁控溅射技术制备高熵合金薄膜，分析发现几种HEA薄膜均为BCC结构，薄膜内的压应力普遍较高且分布不均，元素改变会影响薄膜应力和力学性能。Yiman等[99]采用直流磁控溅射法在硅片和304不锈钢表面制备了FeCoNiCrMnMo$_x$高熵合金薄膜，研究发现，Mo可细化薄膜晶粒，并促进了FCC相向BCC相转变，从而改善高熵合金薄膜的力学性能。

1.3.3.3 等离子熔覆制备高熵合金涂层研究现状

等离子熔覆工作原理如图1-5所示，当引入工艺气体（通常是氩气）时，高频火花会点燃非转移电弧（也叫小电弧，在钨电极和喷嘴之间形成），然后形成转移电弧（也叫大电弧，在钨电极和工件之间形成）。但转移电弧受限于电弧通过喷嘴时形态的大小、机械压缩造成的热压缩、通过喷嘴的冷却水以及电弧中的带电粒子等；而等离子体电弧则受限于机械压缩、通过喷嘴的冷却水的热压缩以及电弧中带电粒子对电弧的电磁压缩的综合作用，这使得它变得更加集中和稳定[100-103]。钨电极和工件之间产生的等离子弧作为热源，将熔覆材料（通常是粉末）和工件表面同时熔化，形成一个熔池，随着喷枪的推进和等离子弧的退去，熔池逐渐冷却，形成与基体材料紧密结合的涂层[104-105]。与其他表面制备技术相比，等离子熔覆技术具有熔覆效率高、粉末利用率高、稀释率低、熔覆材料范围广、工艺可控性好、设备成本低且操作简单等优点。

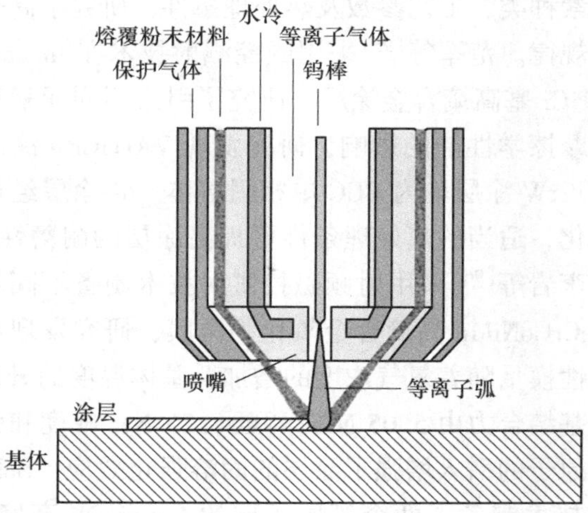

图1-5 等离子熔覆工作原理示意图[104]

虽然采用等离子熔覆技术制备高熵合金涂层的研究尚处于起步阶段，但科研人员已成功利用等离子熔覆技术在各类金属基体表面制备出了组织和性能优良的高熵合金涂层，近年来逐渐成为高熵合金涂层制备技术的新热点[106-108]。毛建军等[109]采用等离子熔覆技术在45钢表面制备了FeCoCrNiAl高熵合金涂层，研究发现适当的工艺条件下可获得无裂纹，孔隙率低至0.0276%，且与基体结合良好的涂层。该涂层的高熵效应显著，主要由BCC相和少量的FCC相构成，涂层的显微硬度是45钢基体的2倍以上，达到了500 HV。凌宗佑[110]在316L不锈钢表面制备的$CoFeNiCrNb_{0.5}$高熵合金等离子熔覆涂层，主要由FCC结构的树枝晶和枝晶间的Laves相构成。涂层的显微硬度约为基体的2.1倍，耐磨性能显著优于316L不锈钢基体。Ye等[111]在Q235钢表面制备了$Al_xCoCrFeMnNi$高熵合金等离子熔覆层，发现随着Al元素含量的增加，涂层中FCC相减少，BCC相增多，熔覆层的显微硬度、耐磨性，以及耐高温氧化性能均随Al含量的增加而增加。$Al_xCoCrFeMnNi$高熵合金等离子熔覆层在耐磨性、耐腐蚀性以及耐高温氧化方面都有很好的效果。Wang等[112]采用等离子熔覆技术在Q235钢表面制备了$CoCrFeMnNiTi_x$高熵合金涂层。研究发现随着Ti含量的增加，涂层由柱状枝晶的FCC单相结构演变为具有网状枝晶和柱状枝晶的FCC相、BCC相以及具有等轴或雪花状枝晶的金属间化合物σ相构成的多相结构，涂层的力学性能得到改善，耐磨性随着Ti含量的增加而增强，涂层的磨损机制主要表现为磨粒磨损和氧化磨损。Peng等[113]采用等离子熔覆技术在ASTM 4140钢表面制备了不同WC添加量的FeCoCrNi高熵合金复合涂层，研究表明WC含量对涂层的显微组织和耐磨性有显著影响，随着WC含量的增加，涂层的显微组织变得复杂，WC/HEA界面处依次出现了块状碳化物、鱼骨状共晶碳化物和枝晶碳化物，涂层的硬度和耐磨性得到提高，当WC含量为60%时，涂层具有最佳的耐磨性。Liu等[114]采用等离子熔覆技术在Q235钢表面制备了FeCoNiCr-x（TiC）高熵合金复合涂层，研究发现涂层致密，且与基体形成良好的冶金结合，涂层主要由FCC相、TiC相以及其他碳化物相组成，TiC颗粒的加入有效提高了高熵合金涂层的显微硬度和耐磨性能。

综上所述，采用等离子熔覆技术制备的高熵合金涂层，与基体结合良好，熔覆层的耐磨、耐腐蚀等性能显著优于基体，当熔覆层中添加一些强化相颗粒以后（如WC、TiC等），可以明显提高其硬度和耐磨性。但是，通过国内外文献调研也可以发现，目前人们制备高熵合金等离子熔覆涂层主要是针对45钢、Q235钢等常用的钢种表面进行的研究，而针对高温高压的恶劣工况下服役的井下工具用钢（如35CrMo、42CrMo等）表面制备高熵合金等离子熔覆涂层制备的理论研究几近空白。基于此，本书拟采用等离子熔覆工艺，在井下工具用钢35CrMo钢表面制备高熵合金涂层，并对涂层的组织结构演化、性能及强化机理进行研究，旨在为恶劣工况下服役的井下工具表面耐磨耐腐蚀涂层的开发与制备、井下工具表面修复等方面提供相关的理论依据和研究基础。

1.4 研究内容

针对石油天然气工业中井下工具表面易磨损和腐蚀的问题，本书采用等离子熔覆技术在井下工具用钢 35CrMo 钢表面制备 AlCoCrFeNiCu 高熵合金涂层，通过添加稀土氧化物 CeO_2、固溶强化元素 Si 和 Sn 以及第二相粒子 WC 来对涂层的组织和性能进行调控，并对涂层的组织演化规律和强化机制进行研究，分析成分掺杂对涂层组织和性能的影响。具体研究内容如下：

(1) 等离子熔覆制备 AlCoCrFeNiCu 高熵合金涂层的工艺参数优化，以及涂层微观组织和性能的研究。通过正交试验探究了等离子熔覆电流、熔覆速度、送粉速率等主要工艺参数对 AlCoCrFeNiCu 高熵合金涂层成形质量、稀释率、横截面形貌等的影响规律，并得到等离子熔覆的最佳工艺参数。利用微观结构表征手段研究了最佳工艺参数条件下获得的 AlCoCrFeNiCu 高熵合金涂层的相结构、微观组织、成分分布、晶粒取向、晶界角度以及几何必要位错密度等，并利用不同的性能测试方法对涂层的显微硬度、纳米压痕、耐磨性能以及耐腐蚀性能等进行了测试分析。

(2) CeO_2 添加对 AlCoCrFeNiCu 高熵合金等离子熔覆层组织和性能的影响。制备了不同 CeO_2 添加量的 AlCoCrFeNiCu $(CeO_2)_x$ 高熵合金等离子熔覆层，利用 XRD、SEM、EDS、EBSD、TEM 等微观结构表征手段研究了 CeO_2 添加对高熵合金涂层相结构、微观组织、成分分布以及晶粒取向、几何必要位错密度等晶体学信息的影响，分析了不同 CeO_2 添加量的 AlCoCrFeNiCu 涂层微观组织变化规律、强化机制、摩擦磨损机理以及在 3.5%（质量分数）NaCl 溶液中的腐蚀行为。

(3) Si、Sn 元素添加对 AlCoCrFeNiCu 高熵合金等离子熔覆层组织和性能的影响。制备了不同 Si 元素含量的 $AlCoCrFeNiCuSi_x$ 高熵合金涂层，借助微观结构表征和性能测试手段分析了 Si 元素添加对 AlCoCrFeNiCu 高熵合金等离子熔覆层相结构、显微组织、成分分布、显微硬度、耐磨性以及耐腐蚀性等的影响，明确了涂层中 $L1_2$ 析出相与 FCC 相、BCC 相与 B2 相之间存在的界面关系，揭示 Si 元素添加对 AlCoCrFeNiCu 高熵合金涂层组织演化和性能强化的作用机理。制备了不同 Sn 元素含量的 $AlCoCrFeNiCuSn_x$ 高熵合金涂层，研究了 Sn 元素添加对 AlCoCrFeNiCu 高熵合金涂层相结构、显微组织、显微硬度以及耐磨性能等的影响。

(4) WC 添加对 AlCoCrFeNiCu 高熵合金等离子熔覆层组织和性能的影响。

制备了不同 WC 添加量的 AlCoCrFeNiCu（WC）$_x$ 高熵合金基复合涂层。研究了涂层的微观组织和物相演变规律，并在此基础之上分析了涂层的耐磨性能和耐腐蚀性能的变化规律，明确了涂层各物相之间的界面关系，探讨了涂层的摩擦磨损机理和在 3.5%（质量分数）NaCl 溶液中的腐蚀行为。

2 试验部分

本章主要介绍试验过程中所用到的基体材料和熔覆粉末等材料、试验设备、等离子熔覆制备高熵合金涂层的工艺流程，以及对所制备的熔覆层进行的各类表征试验方法和试验目的等。本章的内容为后续试验结果的分析和讨论提供基础依据。

2.1 试验材料

2.1.1 基体材料

根据研究背景，基体材料选用 35CrMo 钢板材。35CrMo 钢是一种合金结构钢，具有强度高、韧性好以及较高的疲劳极限等特点，常用于制造承受冲击、弯扭、高载荷的各类重要零件，在石油天然气工业中常用的抽油杆、钻杆等井下工具都采用 35CrMo 钢为主要材料[115-116]。35CrMo 钢化学成分见表 2-1。

表 2-1　35CrMo 钢化学成分

元素	C	Si	Mn	Mo	Cr	Ni
质量分数/%	0.32~0.40	0.17~0.37	0.40~0.70	0.15~0.25	0.80~1.10	≤0.3

在进行等离子熔覆之前，首先采用数控电火花线切割机床将 35CrMo 钢板加工成 100 mm×50 mm×12 mm 的矩形试块。利用角磨机打磨去除钢板表面的铁锈、油污等，然后采用无水乙醇将其表面擦拭干净，最后放入烘箱中烘干备用。

2.1.2 熔覆粉末材料

本书中等离子熔覆采用同步送粉工艺，为了保证粉末的流动性，对粉末的粒径和形态均有要求，选择粒径 75~105 μm 的球形粉末效果比较理想，粉末流动性好，不易出现团聚现象，送粉过程流畅稳定。基于本章的研究背景，要求制备的涂层满足以下三个方面的条件：一是涂层成形质量好，无明显的裂纹气孔等缺陷，能够与基体形成良好的冶金结合；二是涂层具有优良的耐磨耐腐蚀性能；三是涂层易于实现改性，能够与稀土元素、固溶强化元素、第二相陶瓷颗粒等形成良好融合，使涂层的性能得到进一步提升，获得质量可靠的强化涂层。因此，选择了佛山市某有限公司生产的粒径 75~105 μm 的 AlCoCrFeNiCu 高熵合金球形粉末为基础粉末。并分别向其中添加稀土氧化物 CeO_2 来诱导涂层实现细晶强化，添加 Si、Sn 元素来实现对涂层的固溶强化，添加陶瓷相球形 WC 颗粒来对涂层进行第二相强化，研究涂层的强化措施及强化机理。熔覆粉末材料各元素性质见表 2-2，各元素间的混合焓见表 2-3[117]。

表 2-2 熔覆粉末各元素性质

元素	摩尔质量/g·mol^{-1}	元素半径/nm	*VEC*	熔点/K	电负性
Al	26.98	0.143	3	933	1.61
Co	58.93	0.125	9	1768	1.88
Cr	52.00	0.125	6	2180	1.66
Fe	55.85	0.124	8	1811	1.83
Ni	58.69	0.125	10	1726	1.91
Cu	63.55	0.128	11	1356	1.90
Si	28.09	0.115	4	1687	1.90
Sn	118.71	0.145	4	505	1.96
W	183.84	0.137	6	3680	2.36
C	14.00	0.073	4	3948	2.55

表 2-3 各元素间的混合焓[117] (kJ/mol)

元素	Al	Co	Cr	Fe	Ni	Cu	Si	Sn	W	C
Al	—	-19	-10	-11	-22	-1	-19	4	-2	-36
Co		—	-4	-1	0	6	-19	0	-1	-42
Cr			—	-1	-7	12	-37	10	1	-61
Fe				—	-2	13	-35	11	0	-50
Ni					—	4	-40	-4	-3	-39
Cu						—	-19	7	22	-33
Si							—	-11	-31	-39
Sn								—	27	23
W									—	-60
C										—

如前所述，高熵合金在性能上的“鸡尾酒效应”决定了其具有高强度、高硬度、高耐腐蚀性、高热稳定性等优异的综合性能。而这些性能取决于组成高熵合金各元素本身的特性，以及各元素之间相互作用而出现的复合效应。因此，组成高熵合金各元素的特性会对高熵合金的性能带来重要的影响。AlCoCrFeNiCu 高

熵合金中 Co、Cr、Fe、Ni、Cu 为 3 d 过渡族金属元素，是高熵合金设计中的常用元素，这几种元素的原子半径相差不大，将它们等摩尔配比形成高熵合金可以满足合金体系较大的混合熵和较小的原子半径差的条件[118]。Al、Si 等非过渡族元素的加入可提高合金的混合熵，改善组织和相构成、促进晶格畸变效应和“鸡尾酒效应”，提升高熵合金性能。

（1）Co 元素有利于 BCC 固溶体的形成，可对合金枝晶起到充当黏结剂的作用，有利于提高合金的塑性和耐磨性，降低合金脆性，对合金冷却过程中的开裂有抑制作用[119]。

（2）Cr 元素的添加可增加合金体系中 BCC 相固溶体的占比，合金的强度和硬度随之增加，Cr 元素还可以促使合金由等轴晶向树枝晶转变，改善合金塑性，其作为一种易钝化元素能提高合金的耐腐蚀性[120-121]。

（3）Fe 元素是基体材料中的主要元素，其原子半径和 Co、Cr、Ni 等元素接近，在高熵合金涂层中添加与其他元素等摩尔配比的 Fe 元素可以增加体系的混合熵，促进单相固溶体的形成，同时还可以节约成本。

（4）Ni 元素与 Cr 元素相似，是促进钝化的元素，可提高合金体系的耐腐蚀性，它是促进 FCC 相形成的元素，有利于提高合金的塑性和韧性，增加合金的抗裂性能[122]。

（5）Cu 元素是促进 FCC 固溶体形成的元素，在 HEA 体系中添加 Cu 元素，一方面可以增加合金的耐腐蚀性能，另一方面，Cu 元素倾向于富聚在晶界，可能以球形的富 Cu 纳米相析出，提升合金的综合性能[123-125]。

（6）Al 元素与其他主要元素相比具有较大的原子半径，通过等摩尔添加 Al 元素可以显著增加合金的晶格畸变效应。同时，Al 元素还是促进 BCC 相固溶体形成的元素，在一定范围内，随着 Al 元素含量的增加，合金的显微硬度、耐磨性等性能增加[126-127]。

（7）Si 元素是一种常用的固溶强化元素，当 Si 元素添加较少时，其主要在晶界形成偏析，随着 Si 含量的增加，过多的 Si 会固溶到晶粒内部，同时，Si 元素还可以与 Cr 元素等形成硅化物，提高合金的硬度和压缩断裂强度；另外，Si 元素的添加还可以有效抑制高熵合金涂层的腐蚀倾向，减缓涂层的腐蚀速率，增加耐腐蚀性能[128-129]。

大量研究表明，高熵合金由于具有高熵效应，倾向于形成简单结构相的固溶体，从而使得高熵合金具备很多优良的性能。不同相的种类和含量都会直接影响到高熵合金的综合性能，比如 BCC 相强度较高而塑性较低，而 FCC 相的强度较低但塑性较好。人们往往通过高熵合金的成分设计来实现合金中各相的调控，从而来影响高熵合金的性能[43]。中国台湾学者 Yeh 等[130]认为高熵合金具有的高混合熵是促使多主元固溶体形成的主要因素。根据玻尔兹曼关系式（1-1）可知，

n 种元素以等摩尔比形成固溶体时，组成合金的主要元素越多，混合熵 $\Delta S_{\rm mix}$（或 $\Delta S_{\rm conf}$）越高。根据热力学基本定律可知，混合熵 $\Delta S_{\rm mix}$ 越高，合金体系的混乱程度越大，合金的自由能越低，从而促进固溶体的形成。

随着近年来对高熵合金的研究不断深入，人们发现影响高熵合金固溶体相形成的因素除了混合熵（$\Delta S_{\rm mix}$）以外，还有混合焓（$\Delta H_{\rm mix}$）、原子半径差（δ）、Pauling 电负性差（$\Delta \chi$）以及价电子浓度（VEC）等。因此，可以利用混合焓（$\Delta H_{\rm mix}$）、原子半径差（δ）、价电子浓度（VEC）和 Ω 等热力学判据来预测高熵合金的相组成[43]。$\Delta H_{\rm mix}$、δ、VEC 和 Ω 公式为[131]：

$$\Delta H_{\rm mix} = \sum_{i=1, i\neq j}^{n} 4\Delta H_{ij}^{\rm mix} c_i c_j \tag{2-1}$$

$$\delta = \sqrt{\sum_{i=1}^{n} c_i \left(1 - \frac{r_i}{\bar{r}}\right)^2} \tag{2-2}$$

$$\bar{r} = \sum_{i=1}^{n} c_i r_i \tag{2-3}$$

$$\Omega = \frac{T_{\rm m} \Delta S_{\rm mix}}{|\Delta H_{\rm mix}|} \tag{2-4}$$

$$T_{\rm m} = \sum_{i=1}^{n} c_i (T_{\rm m})_i \tag{2-5}$$

$$VEC = \sum_{i=1}^{n} c_i (VEC)_i \tag{2-6}$$

式中 $\Delta H_{ij}^{\rm mix}$——元素 i 和元素 j 组成的二元合金的混合焓，kJ/mol；
δ——合金原子半径差，%；
c_i——第 i 个主要元素的原子数分数，%；
c_j——第 j 个主要元素的原子数分数，%；
r_i——第 i 个元素的原子半径，nm；
$\bar{r}$——合金元素原子的平均半径，nm；
Ω——合金固溶体相在温度 T 时的热力学稳定性；
$T_{\rm m}$——合金熔点，K；
$(T_{\rm m})_i$——合金中第 i 个主要元素的熔点，K；
VEC——价电子浓度，电子数/原子数。

中国香港城市大学的 Guo 等[132]和耶鲁大学的 Kube 等[133]指出 $\Delta H_{\rm mix} \geqslant -22$ kJ/mol，$0 \leqslant \delta \leqslant 8.5\%$ 和 $\Omega \geqslant 1.1$ 是形成 FCC 相和 BCC 相固溶体的热力学条件。而 VEC 可用于判断形成固溶体的类型，当 $VEC \geqslant 8$ 时，FCC 相比较稳定，当 $VEC < 6.87$时，倾向于形成 BCC 相[134]。基于表 2-2 中熔覆粉末各元素的性质和

表 2-3 中各元素间的混合焓等相关数据，利用式（1-1）和式（2-1）~式（2-6），可以计算出 AlCoCrFeNiCu 高熵合金涂层的混合熵 ΔS_{mix}、混合焓 ΔH_{mix}、原子半径差 δ、电负性差 $\Delta\chi$、价电子浓度 VEC、Ω 值等热力学参数，结果见表 2-4。根据表 2-4 中的热力学参数和如前所述的相组成判据可知，AlCoCrFeNiCu 高熵合金涂层主要由 FCC 相和 BCC 相构成，两相之间相互协调，形成强韧配合，从而使涂层表现出优异的综合力学性能。

表 2-4　AlCoCrFeNiCu 高熵合金涂层热力学参数

参数	ΔS_{mix}/J·(mol·K)$^{-1}$	ΔH_{mix}/kJ·mol^{-1}	δ/%	VEC	$\Delta\chi$	Ω
数值	14.9	-4.78	4.82	7.83	0.120	3.06

2.2　等离子熔覆设备及涂层制备工艺

采用上海某有限公司生产的 DML-V03BD 型等离子粉末堆焊机来制备高熵合金涂层，如图 2-1 所示，该设备主要由控制系统、等离子电源、行走机构、控制面板、送粉系统等构成。在进行等离子熔覆之前，首先将配好的高熵合金粉末置于真空干燥箱中 120 ℃真空干燥 2 h，然后将粉末装入送粉系统的储粉罐中，将 35CrMo 钢基体表面打磨干净，清理掉铁锈油污等，然后将其加热至 400 ℃预热

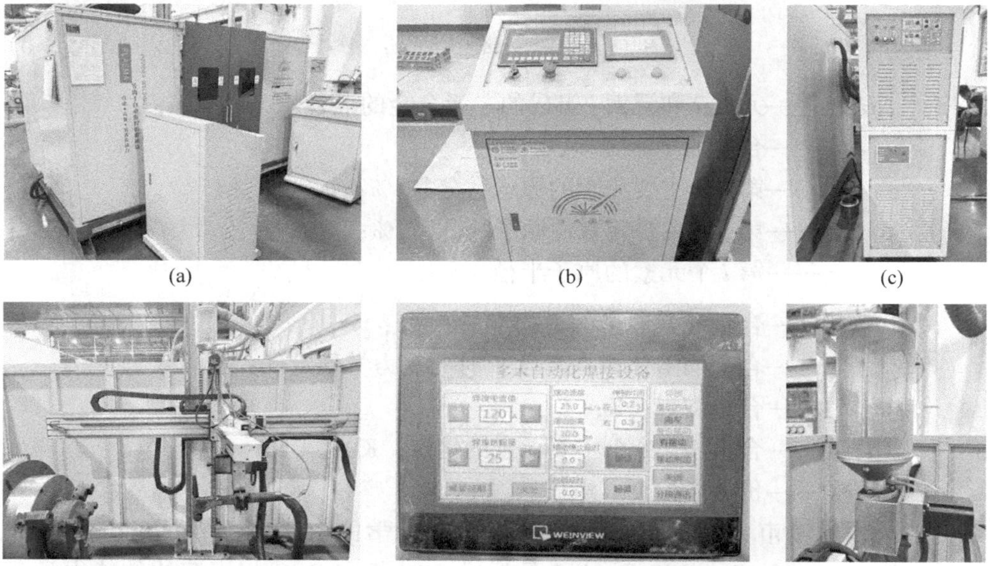

(a)　(b)　(c)　(d)　(e)　(f)

图 2-1　DML-V03BD 型等离子粉末堆焊机

（a）设备总体布局；（b）控制系统；（c）等离子电源；（d）行走机构；（e）控制面板；（f）送粉系统

半个小时，接着打开设备控制系统调节好工艺参数，开启非转移弧，调节好喷枪至35CrMo钢基体之间的高度，待非转移弧稳定以后启动转移弧开始熔覆。熔覆过程中使用的送粉气体、等离子气体和保护气体均采用纯度不小于99.99%的高纯氩气。等离子熔覆结束以后立即将熔覆试样放入箱式电阻炉中进行400 ℃保温2 h的退火处理，以消除等离子熔覆涂层的残余应力。

2.3 涂层组织结构表征

利用电火花线切割机将制备好的AlCoCrFeNiCu系高熵合金等离子熔覆涂层切割成相应的尺寸，并根据要求分别进行打磨、抛光、FIB切割等处理以后，再对样品进行X射线衍射仪（XRD）分析、扫描电子显微镜（SEM）分析、透射电子显微镜（TEM）分析、能谱仪（EDS）分析以及电子背散射衍射（EBSD）分析等，并对摩擦磨损试样的磨损面进行激光共聚焦显微镜（LSCM）分析。

2.3.1 金相试样制备及截面观察

选取AlCoCrFeNiCu系高熵合金等离子熔覆涂层中段位置，采用线切割切取各涂层的横截面，然后切割成相应的尺寸。使用金相镶嵌机镶嵌试样，然后依次使用颗粒大小为63 μm、40 μm、14 μm、10 μm、7 μm、3~3.5 μm的SiC金相砂纸进行打磨，最后采用稀王水（盐酸：硝酸：蒸馏水=2：1：1）对试样熔覆层部位进行浸蚀，制备出金相试样。使用德国某有限公司生产的DMS1000型体视显微镜观察熔覆层的截面形貌并测量熔覆层的熔高（H）以及熔深（h），如图2-2所示。

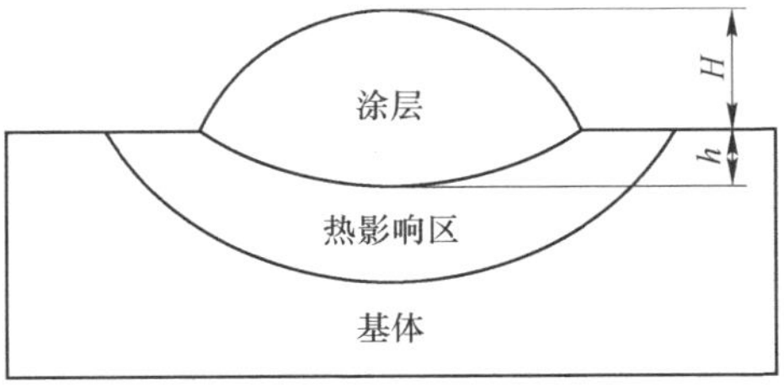

图2-2 熔覆层的高度和深度示意图

2.3.2 XRD分析

X射线衍射仪常用于微观组织结构表征，是探究金属的物相组成和晶体结构的主要方法。采用某有限公司的AL-2700BX型X射线衍射仪来表征高熵合金涂层的晶体结构以及变化规律，靶材为Cu靶，工作电压为40 kV，电流为40 mA，扫描速度为4°/min，扫描范围为10°~90°。利用Jade 6.0软件对实验数据进行分析，涂层相结构通过试验数据与标准 PDF 卡片进行对比，确定物相组成。

2.3.3　SEM 分析

采用捷克某有限公司生产的 Tescan Vega 3 型扫描电子显微镜对制备好的熔覆层截面进行形貌观察，工作电压为 20 kV，利用二次电子成像来分析熔覆层试样形貌。扫描电子显微镜配备了英国某有限公司生产的 Oxford AZtec X-Max20 型能谱仪，用来对熔覆层试样进行成分分析。

2.3.4　TEM 分析

首先采用美国某公司生产的 Thermo Scientific Helios 5 CX 型聚焦离子束扫描电镜（FIB-SEM）制备 TEM 分析试样。聚焦离子束（FIB）技术是在电场和磁场的作用下，将离子束聚焦到亚微米甚至纳米量级，通过偏转和加速系统控制离子束扫描运动，实现微纳图形的监测分析和微纳结构的无掩模加工，采用 FIB 技术可在熔覆层指定位置切割制备 TEM 样品。FIB 制样步骤如图 2-3 所示，首先利用 SEM 在试样表面找到目标位置，并对目标区域表面喷 Pt 进行保护，然后利用 FIB

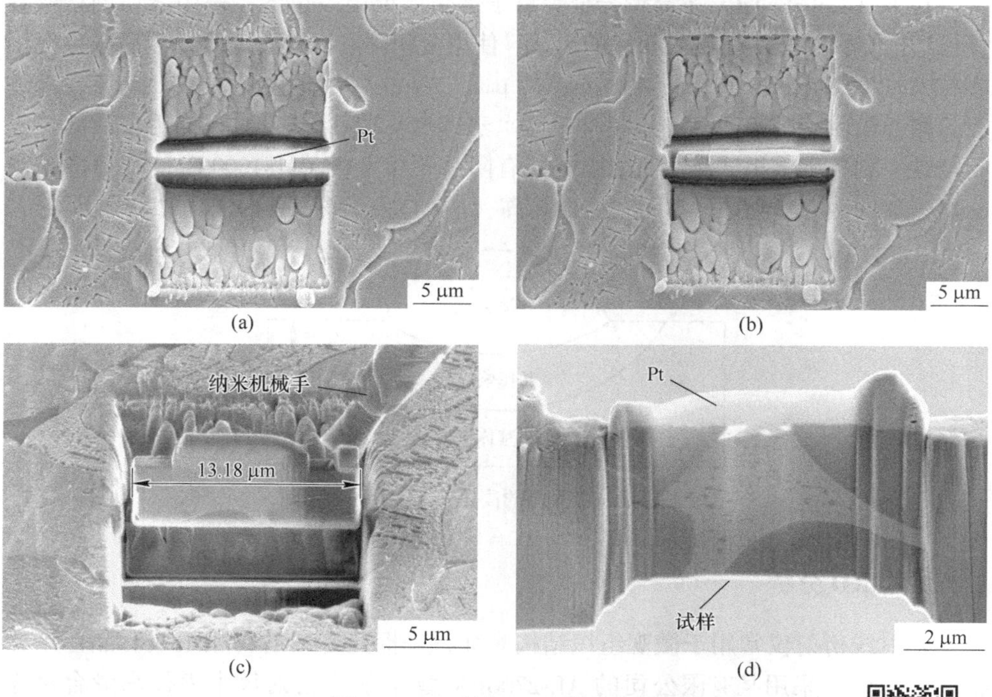

图 2-3　FIB 制备 TEM 样品步骤

（a）样品侧挖空；（b）U 形切割；（c）样品提取；（d）减薄样品

彩图

高能离子束将目标位置前后两侧样品挖空［图 2-3（a）］，再利用离子束对剩下的目标区域进行 U 形切割［图 2-3（b）］，通过纳米机械手将切割的薄片提取出来［图 2-3（c）］，并将样品焊到铜网上的样品柱上，然后采用 30～5 kV 的离子束对将样品进行减薄，一边减薄一边降低离子束电压可以降低离子束对样品的损伤，低电压离子束可以清理掉高电压离子束对样品造成的损伤层，当样品被减薄到理想的厚度［图 2-3（d）］以后，即可进行 TEM 分析。

采用 Thermo Scientific Talos F200X 型透射电子显微镜对 FIB 制备获得的熔覆涂层 TEM 样品进行选区电子衍射（SAED）和高分辨透射电镜（HRTEM）观察，加速电压为 200 kV。然后对样品在高角度环形暗场扫描透射电镜（HAADF-STEM）环境下进行微区成分分析。

2.3.5 EBSD 分析

采用美国某公司的 FEI Nova NanoSEM450 型场发射扫描电镜并配备美国某公司的 EDAX Hikari Plus 型 EBSD 系统来对样品进行表征。将采用电火花线切割设备切割下来的高熵合金熔覆层试样用金相砂纸打磨并机械抛光，然后进行电解抛光，最后依次用清水和酒精将电解抛光以后的试样冲洗干净，并用电吹风机吹干待用。ESBD 测试时的扫描面积为 1000 μm×1000 μm，扫描步长为 1.8 μm，利用 TSL OIM Analysis 6 软件对 EBSD 数据进行分析处理，以获得高熵合金等离子熔覆层的晶粒取向、晶粒度、晶界角度以及物相分布等信息。

2.3.6 LSCM 分析

采用日本某公司生产的 VK-X1050 型三维激光共聚焦显微镜对涂层摩擦磨损后的试样进行三维形貌观察，主要对磨痕全貌、磨痕三维图像以及磨痕横截面轮廓尺寸等进行分析。

2.4 涂层性能测试

采用电火花切割切取涂层样品，然后按要求加工成相应的尺寸并打磨，再分别对涂层样品进行显微硬度测试、纳米压痕测试、摩擦磨损性能测试，以及耐腐蚀性能的测试。

2.4.1 显微硬度分析

采用日本某公司的 FM-810e 型数字显微硬度计测定涂层的显微硬度。试验载荷为 500 g（$HV_{0.5}$），压头加载时间为 10 s。从距涂层表面 0.1 mm 处开始，向基体方向每隔 0.5 mm 取一个测试点进行测试，一直延续到基体组织为止，以便直观观察到熔覆层、热影响区和基体之间的硬度值变化及差别。为保证实验结果的准确性，每个试样均三次测试后取平均值，作为显微硬度测试值。显微硬度测试如图 2-4 所示。

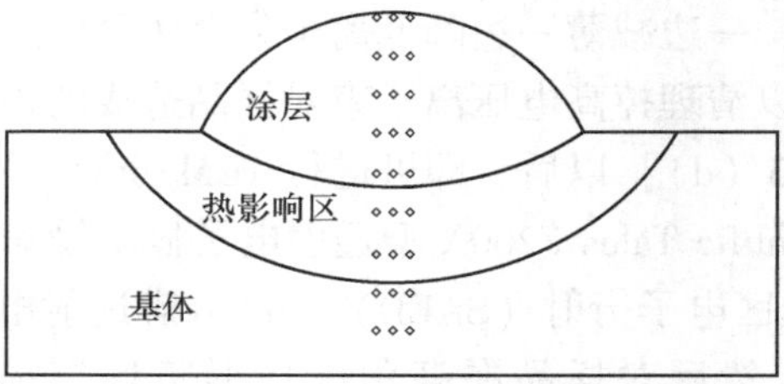

图 2-4　熔覆层的显微硬度测试示意图

2.4.2　纳米压痕分析

采用奥地利某公司的 Anton Paar UNHT 纳米压痕测试仪对涂层样品的枝晶区域以及晶间区域进行测试。试验采用 Berkovich 三棱锥压头，测试时最大加载载荷 1 mN，加载和卸载速率均为 6 mN/min，保压时间 5 s。根据测试结果获取载荷-位移曲线，并得到相应区域的纳米硬度和弹性模量值。

2.4.3　摩擦磨损性能分析

采用美国某公司生产的 UMT-2 型磨料磨损试验机对涂层的磨损性能进行研究。采用电火花线切割将熔覆层加工成尺寸为 20 mm×12 mm×10 mm 的长方体试样，利用金相砂纸将测试面打磨光滑。然后将加工好的磨损试样安装在磨损试验机上，磨损试验采用球-平面往复运动的磨损方式，摩擦球选用直径为 6 mm 的氮化硅球，加载载荷 40 N，摩擦行程 5 mm，摩擦速率 100 mm/s。摩擦磨损试验过程如图 2-5 所示。

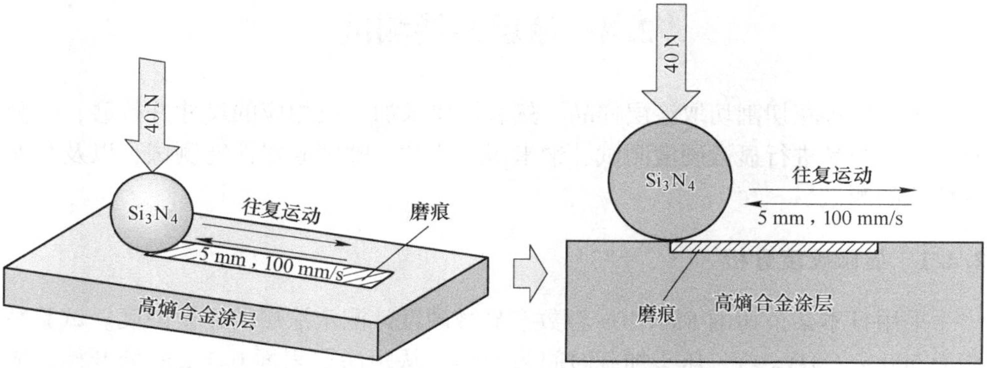

图 2-5　摩擦磨损试验示意图

2.4.4 耐腐蚀性能分析

2.4.4.1 试样制备

用线切割机将等离子熔覆层试样切割成10 mm×10 mm×10 mm的试块，为了保证实验样品的可重复性，切割取样时检查试样是否有明显的裂纹等缺陷。随后将样品放于无水乙醇中，用超声清洗1~2次，烘干。然后采用电烙铁，将带有绝缘层的铜线与涂层的背面用焊锡丝连接，并露出待测试的端面，为确保导电性良好，可加入焊锡膏助焊。然后将焊接好的样品放入冷镶模具中，倒入混合好的环氧树脂胶（环氧树脂：固化剂=2.5：1），注意在倒入胶水时应避免样品发生倾斜。等到胶水彻底凝固后，取出冷镶样。使用SiC砂纸打磨涂层表面，采用抛光机抛光至表面无划痕。最后，将待测试样放入无水乙醇中用超声清洗1~2次，并放入干燥箱中烘干备用。

2.4.4.2 电化学测试体系及测试过程

通过CHI660E型电化学工作站对等离子熔覆层试样进行电化学腐蚀性能测试，测试时采用三电极体系，试样作为工作电极，铂片和饱和甘汞电极分别作为辅助电极和参比电极，图2-6所示为电化学工作体系。在室温25 ℃，采用3.5%（质量分数）NaCl电解液进行腐蚀试验。首先将试样静置在3.5% NaCl溶液30 min，随后中对试样进行1200 s开路电压测量，保证开路电压波动在20 mV之间，即体系稳定，再进行后续试验。为避免动电位极化实验对交流阻抗试验的影响，先进行交流阻抗试验。进行交流阻抗试验时，设置频率参数范围为0.01~10000 Hz，正弦波振幅为5 mV，并采用Zview软件对电化学阻抗谱数据进行拟合分析。在进行动电位极化试验时，动电位极化曲线扫描范围设置为-0.8~1.2 V，扫描速度设为1 mV/s。此外，为了保证试验结果的准确性，电化学腐蚀试验应该避免外界因素的干扰，电解液现配现用，同一对照组的试样在同一批次内统一进行试验，且所有测试结果至少重复3次。

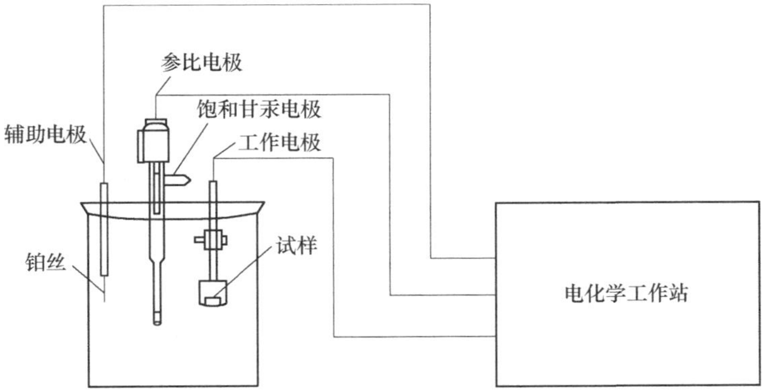

图2-6 电化学工作体系

3 等离子熔覆制备 AlCoCrFeNiCu 高熵合金涂层

基于 2.1 节中确定的基体材料和涂层熔覆粉末材料的成分设计，本章开展 AlCoCrFeNiCu 高熵合金涂层的等离子熔覆工艺试验研究。设计正交试验研究等离子熔覆的主要工艺参数熔覆电流、熔覆速度和送粉速度对涂层稀释率、涂层表面形貌以及横截面宏观形貌的影响，优化等离子熔覆工艺参数。利用优化的工艺参数在 35CrMo 钢表面制备 AlCoCrFeNiCu 高熵合金等离子熔覆层（涂层），并对涂层的相结构、显微组织、显微硬度、纳米压痕、耐磨性能以及耐腐蚀性能进行研究。

3.1 AlCoCrFeNiCu 高熵合金涂层等离子熔覆工艺参数优化

等离子熔覆工艺过程是一个包含物理和化学冶金的复杂过程，等离子弧是一种能量集中的压缩电弧，功率密度可以达 $10^5 \sim 10^6$ W/cm^2，弧柱中心温度可达 18000 K 以上，因而等离子熔覆制备涂层时，在粉末和工件表面熔化与熔池凝固的过程中会伴随着热传导、热对流、热辐射等热传递过程和材料相变等现象[104, 135]。等离子熔覆的工艺参数有熔覆电流、熔覆速度、送粉速度、保护气体流量、送粉气体流量、喷嘴与工件距离等，其中熔覆电流、熔覆速度、送粉速度这三个参数是影响熔覆层质量的最重要的因素[136]。熔覆电流过高会导致熔宽增加，稀释率增加，而过低的熔覆电流会使粉末熔化不充分，飞溅严重，产生气孔、夹杂等缺陷[137]。送粉电压过高会使送粉量过大，粉末飞溅，造成浪费，且影响等离子弧的稳定性；送粉电压过小，易造成粉末堵管，影响熔覆层的成形。过高的熔覆速度会导致涂层熔宽过窄，熔覆层成形较差，也容易使熔池热输入不够，造成未熔合、未焊透等缺陷；而熔覆速度过低，又会造成涂层的余高过高，稀释率增加，同时还会导致热输入过高而带来晶粒粗大，影响涂层的力学性能。

评价熔覆涂层质量的指标有稀释率、表面形貌、涂层缺陷等，其中稀释率是反映等离子熔覆层性能的最重要指标之一[138]。它是指熔覆过程中由于熔化基体材料的混入而引起的熔覆合金成分的变化程度，用基材合金占总熔覆层的百分率 η 来表示，其公式为：

$$\eta = \frac{h}{H + h} \tag{3-1}$$

式中 η——稀释率,%;

h——基体材料熔化深度，mm;

H——熔覆高度，mm。

稀释率的大小将直接影响到涂层的界面结合状况及涂层性能，稀释率过大会导致涂层过度稀释、热影响区过大、易出现熔覆缺陷等问题；稀释率过低又可能会导致涂层与基体之间不能形成良好的冶金结合，从而影响涂层的性能。因此，应该在保证涂层与基体形成良好的冶金结合的前提下尽量减小稀释率，从而使涂层获得优异的性能[139]。

3.1.1 正交试验设计

正交试验设计是研究多因素多水平的一种设计方法，它是根据正交性从全面试验中挑选出部分有代表性的点进行试验，这些有代表性的点具备了“均匀分散，齐整可比”的特点，其目的是寻求各项参数的最优组合[140-141]。通过查阅文献并结合实际试验情况，以熔覆电流、熔覆速度、送粉速度为影响因素，每个因素设计三个水平：熔覆电流为 150 A、160 A、170 A，喷枪的移动速度为 80 mm/min、100 mm/min、120 mm/min，送粉速度为 10 g/min、12 g/min、14 g/min，见表 3-1。不考虑因素间交互作用，选取正交表 L9(3^4)，具体正交试验方案见表 3-2。

表 3-1 正交试验因素及水平

水平	因素		
	A 熔覆电流 I/A	B 熔覆速度 v_s/mm · min^{-1}	C 送粉速度 v_g/g · min^{-1}
1	150	80	10
2	160	100	12
3	170	120	14

表 3-2 正交试验设计

试验编号	A 熔覆电流 I/A	B 熔覆速度 v_s/mm · min^{-1}	C 送粉速度 v_g/g · min^{-1}
1	150	80	10
2	150	100	12
3	150	120	14
4	160	80	12
5	160	100	14

续表 3-2

试验编号	A 熔覆电流 I/A	B 熔覆速度 v_s/mm · min^{-1}	C 送粉速度 v_g/g · min^{-1}
6	160	120	10
7	170	80	14
8	170	100	10
9	170	120	12

3.1.2　正交试验结果及分析

图 3-1 为 AlCoCrFeNiCu 高熵合金熔覆层试样的表面宏观形貌。通过对比观察可以发现，1 号、2 号、4 号、8 号、9 号试样表面有明显的裂纹，3 号、6 号试样表面有明显的积粉，5 号、7 号试样表面未发现缺陷，焊道笔直，质量较好。

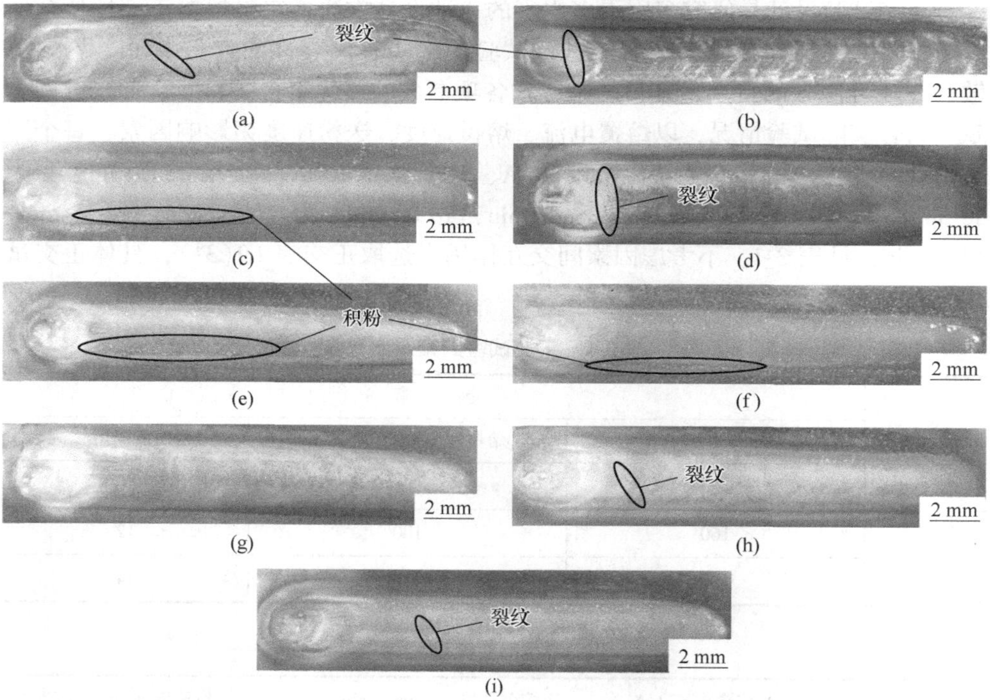

图 3-1　熔覆层表面宏观形貌

(a) 1 号试样；(b) 2 号试样；(c) 3 号试样；(d) 4 号试样；(e) 5 号试样；(f) 6 号试样；(g) 7 号试样；(h) 8 号试样；(i) 9 号试样

图 3-2 为熔覆层中段横截面整体形貌。由图 3-2 可知，各参数条件下的等离子熔覆层与基体之间均形成了良好的冶金结合，但是随着参数的改变，熔覆层截

面尺寸和涂层质量有所不同。从图 3-2 中可以观察到，1 号、6 号、8 号和 9 号试样熔覆层截面处有明显裂纹，4 号试样截面存在气孔，其余试样熔覆层效果良好。测量各熔覆层的熔高 H 和基材熔化深度 h，并根据公式（3-1）计算熔覆层的稀释率，再以稀释率为指标，根据正交试验进行极差分析，分析结果见表 3-3。

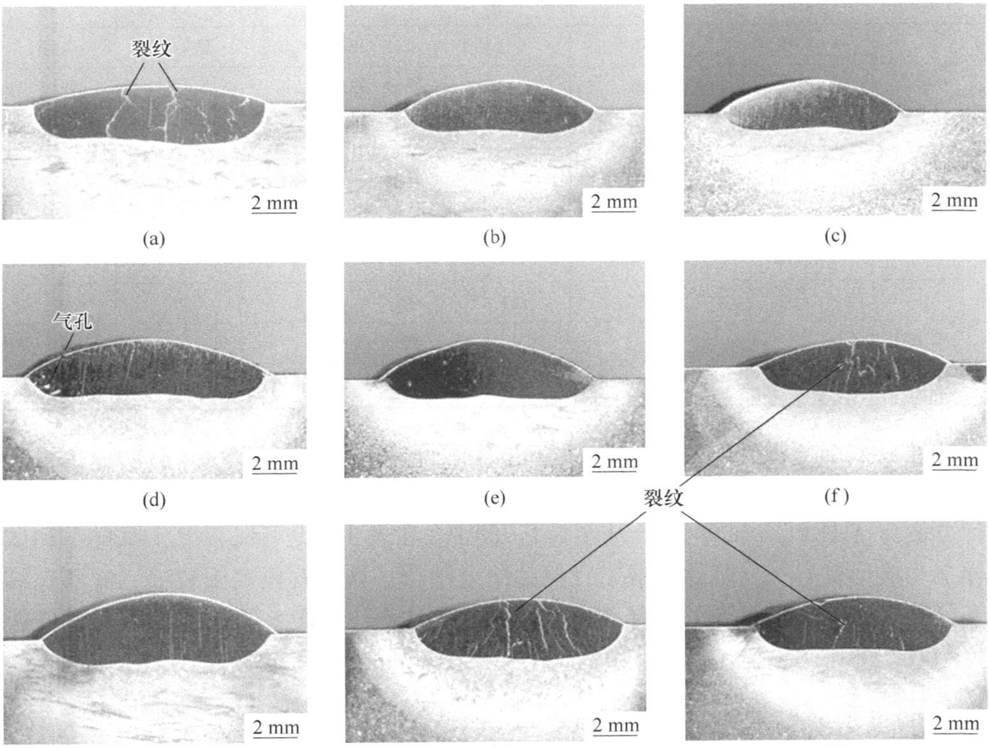

图 3-2　不同熔覆电流和送粉速度单层单道熔覆层横截面形貌

（a）1 号试样；（b）2 号试样；（c）3 号试样；（d）4 号试样；（e）5 号试样；（f）6 号试样；（g）7 号试样；（h）8 号试样；（i）9 号试样

表 3-3　正交试验设计及结果

试样编号	A 熔覆电流 I/A	B 熔覆速度 v_s/mm · min^{-1}	C 送粉速度 v_g/g · min^{-1}	D 稀释率 η/%	表面形貌	横截面形貌
1	150	80	10	66.13	裂纹	裂纹
2	150	100	12	43.37	裂纹	良好
3	150	120	14	36.36	积粉	裂纹
4	160	80	12	38.14	裂纹、积粉	气孔

续表 3-3

试样编号	A 熔覆电流 I/A	B 熔覆速度 v_s/mm · min^{-1}	C 送粉速度 v_g/g · min^{-1}	D 稀释率 η/%	表面形貌	横截面形貌
5	160	100	14	33.44	良好	良好
6	160	120	10	52.16	裂纹、积粉	裂纹
7	170	80	14	38.04	良好	良好
8	170	100	10	53.97	裂纹	裂纹
9	170	120	12	47.87	裂纹、积粉	裂纹
k_1	48.62	47.44	57.42			
k_2	41.25	43.59	43.13			
k_3	46.63	45.46	35.95			
R	7.37	3.85	21.47			
因素主次	C>A>B					
最优方案	$A_2B_2C_3$					

通过数据分析可以发现，在 35CrMo 钢表面制备 AlCoCrFeNiCu 高熵合金等离子熔覆层的影响因素主次顺序为 C>A>B，即送粉速度>熔覆电流>熔覆速度，最优方案为 $A_2B_2C_3$（试样 5）。从图 3-1、图 3-2 和表 3-3 也可以看出，试样 5 和试样 7 均成形良好，与基体形成了良好的冶金结合，且未发现表面裂纹、截面裂纹和气孔等缺陷，试样 5 的稀释率低于试样 7。因此，试样 5 的工艺参数为最佳熔覆参数，即熔覆电流 160 A，喷枪移动速度 100 mm/min，送粉速度 14 g/min。

3.2 高熵合金等离子熔覆层组织和性能分析

3.2.1 涂层物相分析

采用 XRD 对 AlCoCrFeNiCu 高熵合金涂层进行了物相分析，如图 3-3 所示。XRD 分析结果与 2.1 节中的预测结果一致，涂层主要由 FCC 相和 BCC 相构成，未产生结构复杂的金属间化合物。涂层在 2θ=43.28°、50.36°和 74.28°附近出现了 FCC 相的衍射峰，晶面指数分别为（111）、（200）和（220），与 Al-Cu-Ni 相（ICDD 00-050-1295）及 Fe-Co-Cr-Ni 相（ICDD 00-057-0472）的衍射峰接近，空间群均为 *Fm*-3*m*，表明涂层中有两种不同结构的 FCC 相。在 2θ=44.24°、64.04°和 81.68°附近出现了 BCC 的衍射峰，晶面指数分别为（110）、（200）和（211），与 Al-Co-Cr-Fe 相（ICDD 00-059-0168）的衍射峰接近，空间群为 *Pm*-3*m*，说明涂层中存在 BCC 相。

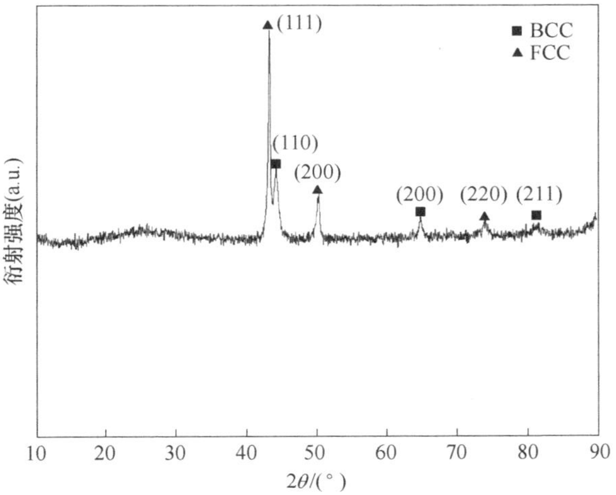

图 3-3 AlCoCrFeNiCu 高熵合金涂层 XRD 图谱

3.2.2 显微组织分析

图 3-4 为 AlCoCrFeNiCu 高熵合金等离子熔覆层横截面的 SEM 图。从图 3-4 中可以看出，熔覆层质量较好，未发现裂纹、气孔等缺陷，且熔覆层与基体之间形成了良好的冶金结合。从熔覆层底部到顶部，依次形成了平面晶、柱状晶、树枝晶和等轴晶。熔覆层的晶粒形态与其凝固过程密切相关，由于等离子熔覆冷却速度较快，涂层具有定向凝固的特征。涂层微观组织受温度梯度 G 与凝固速率 R 的比值控制，在熔池凝固初期，基体方向散热最快，形成很大的过冷度，在基体与熔覆层的界面处具有最大的温度梯度 G，导致 G/R 具有最大值，因此在基体与高熵合金涂层交界处很快形成一层由平面晶构成的细晶区，构成了熔覆层与基体的界面[142-143]。随着凝固的进行，基体被熔池加热，同时，平面晶的形成过程中还释放了大量的结晶潜热，也使得熔池中液相温度上升，液相中温度梯度增大，熔池内金属冷却速度减慢，G/R 值逐渐减小，过冷度减小，不利于新的晶核形成，细晶区内靠近液相的某些小晶粒沿着最大散热方向的反方向继续长大，由于垂直于固液界面的基体方向散热最快，因而晶体沿着垂直于基体的反方向向熔池内部生长，形成了柱状晶；随着柱状晶的生长，溶质被不断排出，富聚在固液界面，形成成分过冷，在成分过冷条件下，柱状晶固液界面出现不稳定，界面上偶然凸出部分将往过冷度更大的液体中伸入，从而更加有利于此突出尖端向液体中生长，这样柱状晶晶轴上又会出现二次晶轴，即形成树枝晶。随着结晶的继续进行，放出更多的结晶潜热，熔池在各个方向的散热速度趋于一致，无明显的方向性，这就为等轴晶的形成提供了条件，新的晶粒不仅可以在树枝晶与液体界面处

形成，也可以在熔池液相中随机出现，而新的晶粒的长大受到周围树枝晶的限制，因而形成了等轴晶。

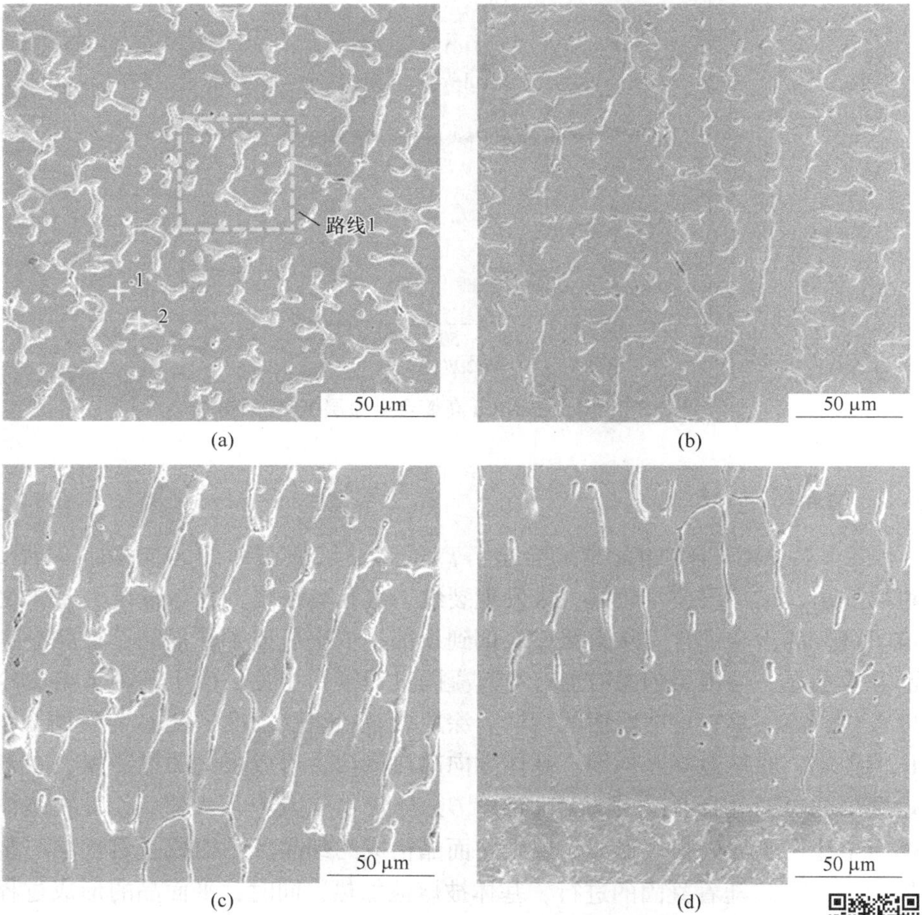

图 3-4　AlCoCrFeNiCu 高熵合金等离子熔覆层横截面 SEM 图

（a）涂层上部；（b）涂层中部；（c）涂层下部；（d）涂层和基体界面

彩图

如图 3-5 所示，从 AlCoCrFeNiCu 涂层顶部到 35CrMo 基体进行 EDS 线扫描分析。从图 3-5 中可以看出，各元素在涂层中分布比较均匀，并且在界面处形成明显的成分分布梯度，说明基体对涂层的稀释作用不明显，基体和涂层之间元素相互扩散较少。这主要是由于高熵合金的“缓慢扩散效应”带来的结果。与传统合金不同，高熵合金由多种主元素组成，高的混合熵降低了合金体系的自由能，并且高熵合金中不同半径的原子随机占据晶格位置，导致严重的晶格畸变，在提高合金强度和硬度的同时也增加了原子迁移的障碍，使原子在合金中扩散变得困难。同时，高熵合金中的多种元素之间的相互作用带来了复杂的化学无序状态，不同元素间的相互作用差异加大，进一步提升了扩散阻力；在具有多主元体系的高熵合金中，频繁的相互作用调整使得扩散过程变得更加复杂和缓慢[56, 144]。因此，在 AlCoCrFeNiCu 高熵合金涂层中，原子扩散很困难，各元素在涂层中显得分布比较均匀，且在与 35CrMo 基体的界面处形成了明显的元素分布梯度。

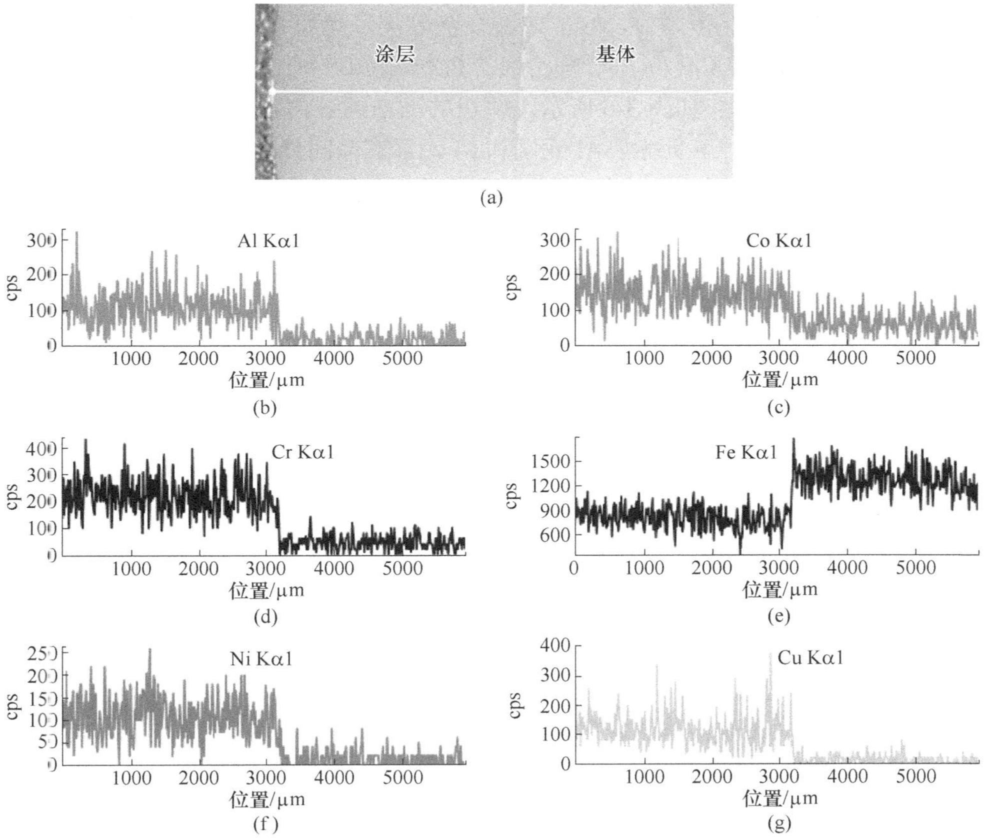

图 3-5 AlCoCrFeNiCu 高熵合金等离子熔覆层-基体 EDS 线扫描分析
(a) 扫描路线；(b) Al 元素分布；(c) Co 元素分布；(d) Cr 元素分布；
(e) Fe 元素分布；(f) Ni 元素分布；(g) Cu 元素分布

如图 3-4 (a) 所示，采用 EDS 点扫描对 AlCoCrFeNiCu 高熵合金涂层的晶内 (1 点) 区域和晶间 (2 点) 区域的化学成分分别进行了分析，分析结果见表 3-4。分析结果表明，晶内区域富含 Fe、Co、Cr 等元素，而 Cu 元素富聚在晶间区域，晶间区域 Al 元素和 Ni 元素的含量稍多于晶内，整体来说这两种元素在熔覆层内的分布相对比较均匀。

表 3-4　AlCoCrFeNiCu 高熵合金等离子熔覆层 EDS 点扫描分析（原子数分数）

（%）

区　域	Al	Co	Cr	Fe	Ni	Cu
1（晶内）	9.32	14.06	12.55	50.49	8.95	8.06
2（晶间）	11.05	7.03	6.95	24.85	10.87	40.25

为了进一步研究 AlCoCrFeNiCu 高熵合金等离子熔覆层中各元素在晶内和晶间的分布规律，对图 3-4（a）沿着路线 1 进行了 EDS 线扫描分析，分析结果与点扫面分析结果一致，如图 3-6 所示。两边的晶内区域内富含 Fe、Co、Cr 元素，中间的晶间区域富含 Cu 元素，Al 元素和 Ni 元素在晶间分布稍显起伏，说明这两种元素整体上分布相对比较均匀，但在晶间区域含量略多于晶内，这和表 3-4 的

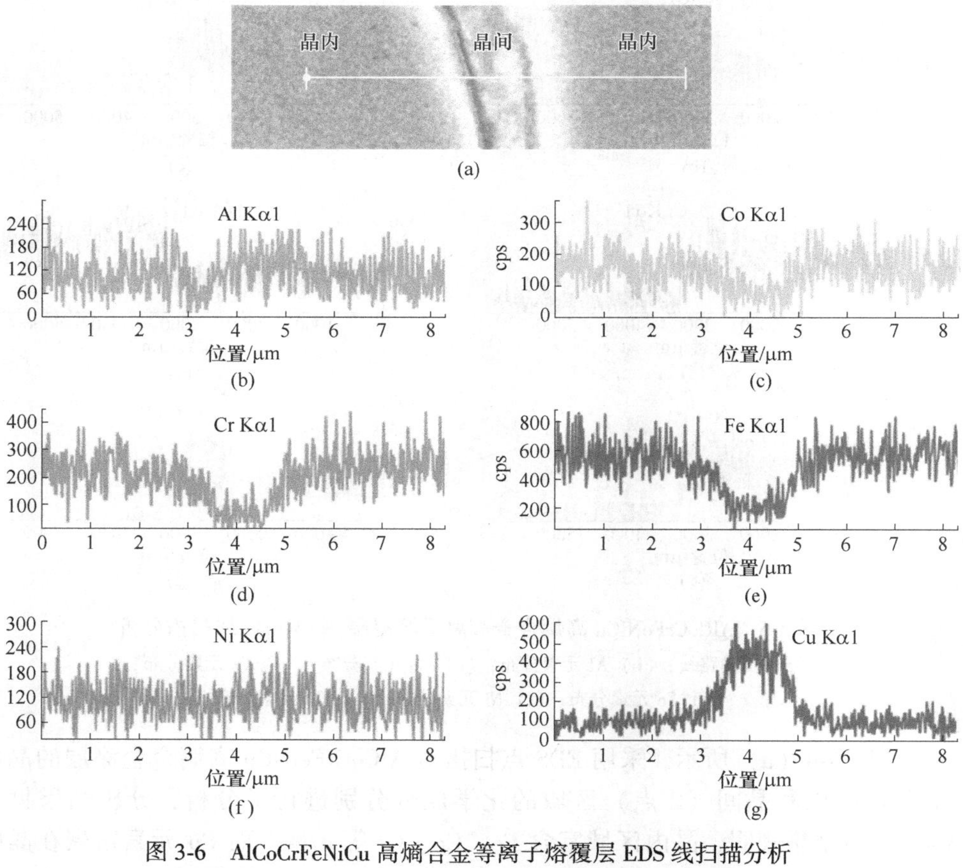

图 3-6　AlCoCrFeNiCu 高熵合金等离子熔覆层 EDS 线扫描分析

（a）扫描路线；（b）Al 元素分布；（c）Co 元素分布；（d）Cr 元素分布；（e）Fe 元素分布；（f）Ni 元素分布；（g）Cu 元素分布

数据比较吻合。对图 3-4（a）中橙色框区域进行了 EDS 面扫描分析，结果如图 3-7 所示。面扫描结果与线扫描结果一致，再次证明了晶粒内部 Fe、Co、Cr 元素含量较多，而 Cu 元素富聚在晶界，出现了明显的偏析现象。这是因为，一方面 Cu 与 Fe、Co、Cr、Ni 等其他合金元素之间具有较高的混合焓和较低的结合能，Cu 与其他元素之间具有较强的排斥作用，导致 Cu 元素的偏析[145-147]。另一方面，Cu 元素相对于 Fe、Co、Cr、Ni 等元素的熔点较低，所以先凝固的晶内区域就富聚了 Fe、Co、Cr 等高熔点元素，而后凝固的晶间区域就积聚了较多的低熔点的 Cu 元素，从而导致 Cu 的偏析[118]。

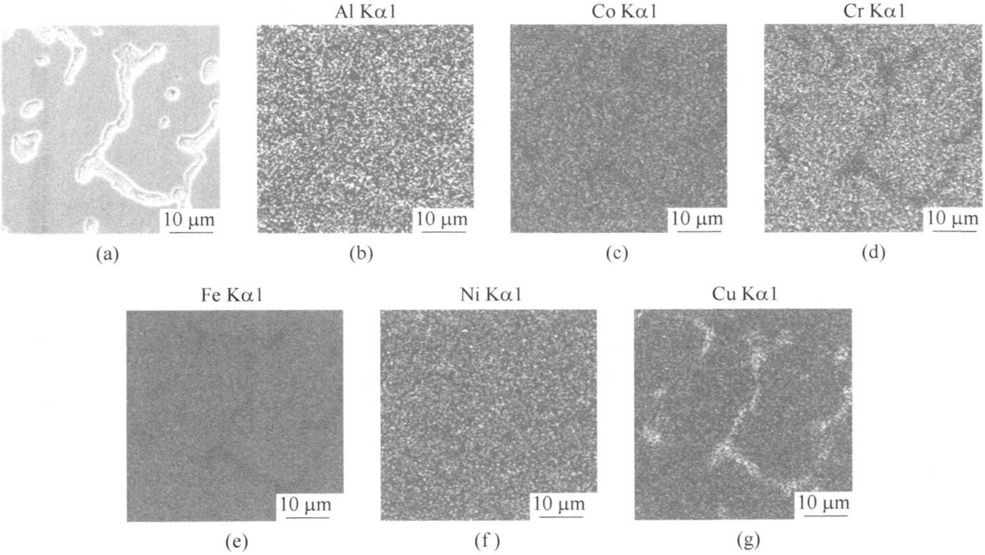

图 3-7 AlCoCrFeNiCu 高熵合金等离子熔覆层 EDS 面扫描分析
（a）扫描区域；（b）Al 元素分布；（c）Co 元素分布；（d）Cr 元素分布；
（e）Fe 元素分布；（f）Ni 元素分布；（g）Cu 元素分布

彩图

采用 EBSD 对 AlCoCrFeNiCu 高熵合金等离子熔覆层的横截面（Y-Z 平面）的中部进行了表征，然后利用 TSL OIM Analysis 6 软件对采集的数据进行分析，获得了涂层的晶粒取向、晶粒尺寸、晶界特征、相分布以及晶粒局部取向差等相关的信息，如图 3-8~图 3-11 所示。

图 3-8 是 AlCoCrFeNiCu 高熵合金涂层的反极图及晶粒尺寸分布，由图可知，涂层中各晶粒取向具有较大的随机性，测试区域内的平均晶粒直径为 89.459 μm，对柱状图中晶粒直径小于 30 μm 的小尺寸晶粒所占的面积比例进行了统计，小尺寸晶粒所占的面积比例约为 1.18%，涂层晶粒比较粗大。这是因为等离子熔覆涂层经历了一个完全熔化再凝固的过程，涂层的中间部位相较于靠近基体的界

面处凝固的时间更晚，且此时的熔池散热逐渐失去了方向性，晶粒在生长过程中处于随机状态，因此涂层晶粒取向具有较大的随机性。由于等离子熔覆的电流较大（160 A），具有较大的热输入，高温停留时间长，为晶粒的长大提供了有利条件，因此涂层的晶粒比较粗大。

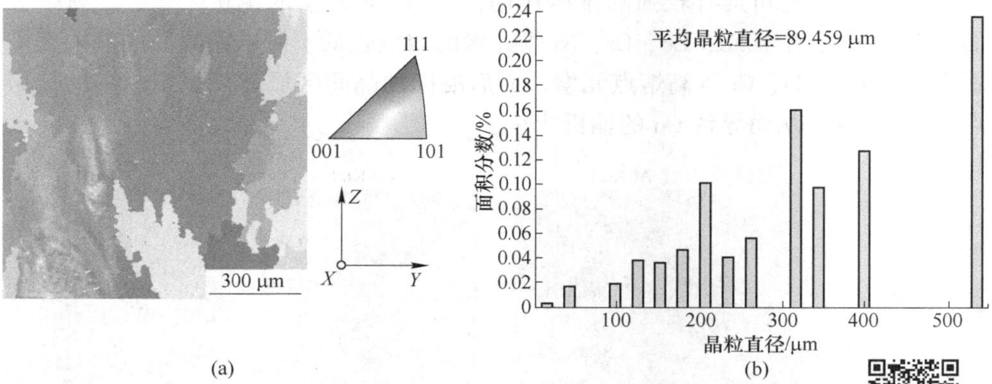

图 3-8　AlCoCrFeNiCu 高熵合金等离子熔覆层反极图及晶粒尺寸分布
（a）反极图；（b）晶粒尺寸分布统计图

彩图

图 3-9 是 AlCoCrFeNiCu 高熵合金涂层晶界分布图及其角度取向差统计柱状图。图 3-9 中红色线条代表角度为 2°~5°的晶界，绿色线条代表角度为 5°~15°的晶界，而蓝色线条代表大于 15°的晶界。从晶界分布图中可以看出，各涂层晶粒

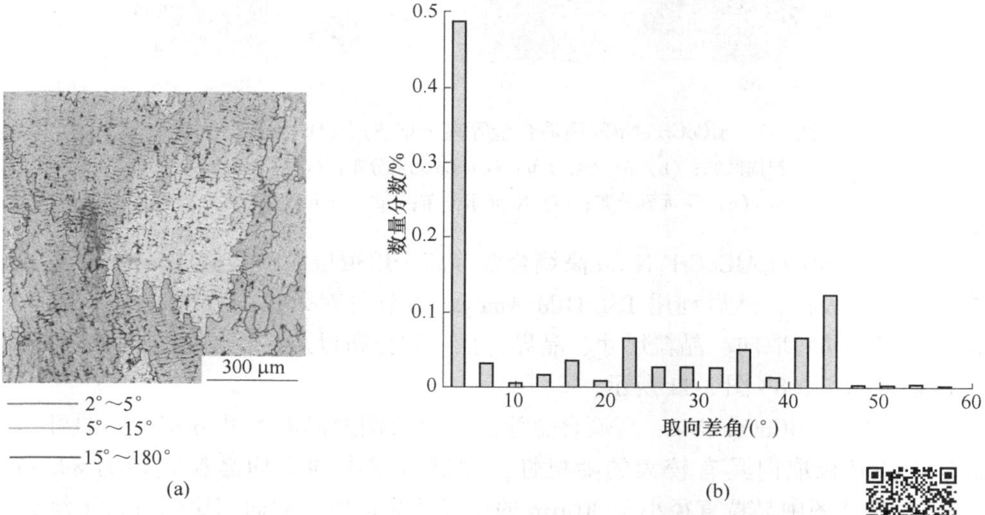

图 3-9　AlCoCrFeNiCu 高熵合金涂层晶界角度取向差分布
（a）晶界分布图；（b）晶界角度取向差统计图

彩图

分布不均匀，主要为晶粒角度取向差 2°~5°的小角度晶界和大于 15°的大角度晶界，从晶界分布图对应的柱状图上也可以看出，涂层晶粒角度呈双峰分布，一个峰出现在小角度，另一个峰在大角度，说明涂层是以 2°~5°的小角度晶界和大于 15°的大角度晶界为主。对晶界进行统计发现，该涂层中小角度晶界（2°~5°）占比 48.60%、大角度晶界（>15°）的占比为 45.57%，小角度晶界的占比略高于大角度晶界。晶界角度的分布与高熵合金涂层的力学性能密切相关，通过对晶界角度的调控，可以实现高熵合金涂层性能的设计和优化。

图 3-10 是 AlCoCrFeNiCu 高熵合金涂层的相分布图，图中绿色表示 FCC 相，红色表示 BCC 相。从图 3-10 中可以看出，AlCoCrFeNiCu 涂层只包含了 FCC 相和 BCC 相两种固溶体相，没有其他复杂结构相。通过 TSL OIM Analysis 6 软件对测试区域的两相含量进行了计算，其中 FCC 相占 99.6%，BCC 相占 0.4%，表明涂层中 FCC 相是主相，另外含有少量的 BCC 相，这与图 3-3 的 XRD 图谱分析的结果一致。

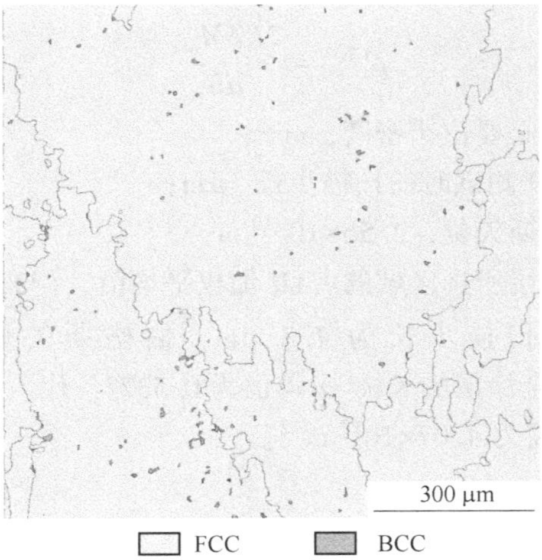

彩图

图 3-10 AlCoCrFeNiCu 高熵合金涂层相分布

图 3-11 是 AlCoCrFeNiCu 高熵合金涂层的核平均取向差（*KAM*）图及 *KAM* 值分布情况。*KAM* 图又被称为局部取向差图，可以反映扫描区域的局部晶粒取向差的情况，它与几何必要位错密度（ρ^{GND}）是一致的[148-149]。因此，研究者们常利用 *KAM* 图来研究材料的几何必要位错密度情况，从而来评估和优化材料在特定应用中的性能[150-151]。如图 3-11 所示，临界角度选取为 0°~5°，图中颜色从蓝色、绿色再到红色的颜色变化表示局部取向差不断增大。从 EBSD 数据中获取涂层 *KAM* 平均值，然后根据公式（3-2）来定量计算材料的几何必要位错密度[152]。

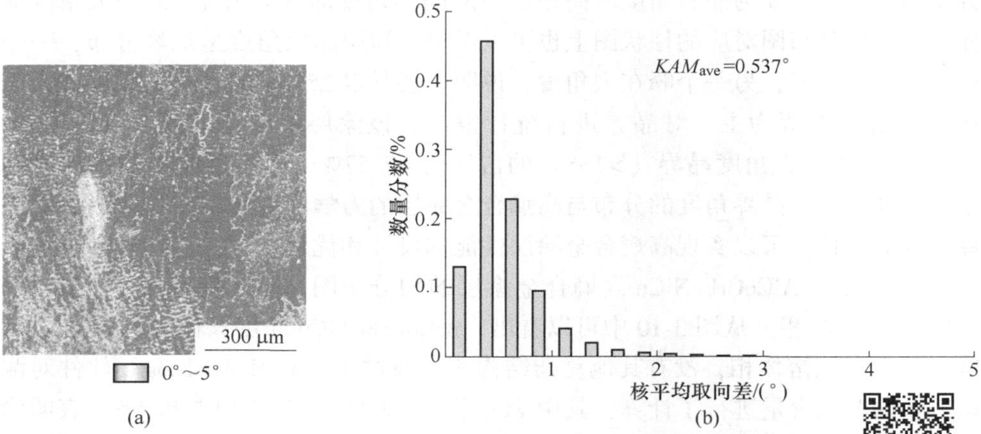

彩图

图 3-11　AlCoCrFeNiCu 高熵合金涂层 *KAM* 图及 *KAM* 值分布

（a）*KAM* 图；（b）*KAM* 值分布统计图

$$\rho^{\mathrm{GND}} = \frac{2KAM_{\mathrm{ave}}}{\mu \boldsymbol{b}} \tag{3-2}$$

式中　ρ^{GND}——几何必要位错密度，m^{-2}；

μ——EBSD 测试时的扫描步长，μm；

$\boldsymbol{b}$——伯格斯矢量，2.56×10^{-10} m；

KAM_{ave}——各涂层所选区域的 *KAM* 加权平均值，(°)。

EBSD 测试时的扫描步长为 1.8 μm，伯格斯矢量为 2.56×10^{-10} m，AlCoCrFeNiCu 高熵合金涂层的 *KAM* 平均值为 0.537°，代入式（3-2）计算得到涂层的几何必要位错密度为 $4.07\times10^{13}\ \mathrm{m}^{-2}$。

3.2.3　力学性能分析

3.2.3.1　显微硬度

采用维氏硬度计在 AlCoCrFeNiCu 高熵合金等离子熔覆层的横截面上，从涂层表面向基体的方向间隔 0.5mm 进行硬度测试，测试结果如图 3-12 所示。从图 3-12 中可以看出，涂层的硬度分布比较均匀，通过计算可知，涂层平均硬度约为 367 $\mathrm{HV}_{0.5}$，而基体平均硬度约为272 $\mathrm{HV}_{0.5}$，涂层的平均硬度是基体的 1.35 倍，涂层的显微硬度明显高于基体。一方面是因为高熵合金涂层具有结构上的“晶格畸变效应”，固溶体中各元素的原子随机占据晶格的点阵位置，每个原子既可以看作是溶质原子，也可以看作是溶剂原子，不同尺寸的原子相互作用，导致严重的晶格畸变[45]。从表 2-2 中可以看出，AlCoCrFeNiCu 涂层中所包含的各元素原子的半径不同，特别是 Al 原子的半径达到了 0.1432 nm，显著大于 Co(0.1251 nm)、

Cr(0.1249 nm)、Fe(0.1241 nm)、Ni(0.1246 nm)、Cu(0.1278 nm) 等其他元素的原子半径，这就导致熔覆层合金发生较大的晶格畸变，晶格畸变产生的应力场会对位错产生明显的钉扎作用，增大了位错运动的阻力，对涂层起到了固溶强化的作用，从而使涂层硬度增加[153-154]。另一方面，在等离子熔覆过程中，熔池冷却速度相对较快，形成较大的过冷度，利于细化晶粒，从而使涂层晶粒尺寸比基体的更加细小[155]。在晶格畸变效应和晶粒细化的共同作用下，涂层的硬度显著高于基体。

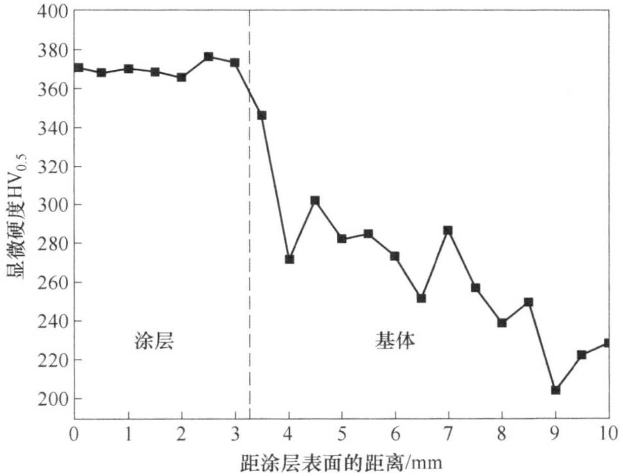

图 3-12 AlCoCrFeNiCu 高熵合金等离子熔覆层显微硬度曲线

3.2.3.2 纳米压痕

图 3-13 和表 3-5 为 AlCoCrFeNiCu 高熵合金等离子熔覆层的纳米压痕测试结果。图 3-13 (a) 中圆圈区域为测试位置，1 号位置为晶内区域，2 号位置为晶间区域，图 3-13 (b) 为两个测试点对应的载荷-位移曲线。从载荷-位移曲线可以看出，各曲线均包含三段，即加载阶段、保压阶段和卸载阶段。加载阶段材料既包含了弹性变形过程又包含了塑性变形过程，保压阶段曲线出现了一段平台，该阶段在载荷不变的情况下位移随着时间的增加而增加，代表材料在该阶段发生了蠕变[156]，卸载阶段的曲线有向原点靠拢的趋势，表明在该阶段材料的弹性变形部分得到了恢复，而塑性变形被保留了下来。晶内区域的载荷-位移曲线围成的面积小于晶间区域曲线围成的面积，说明晶内区域具有更小的塑性变形量，其抵抗变形的能力更强[157]。由试验数据可知，在相同的载荷条件下，晶内区域和晶间区域的最大压痕深度 h_{max} 分别为 67.92 nm 和 128.42 nm，从图 3-13 中也可以看出晶内区域压入深度位移明显低于晶间区域，进一步说明了在相同载荷条件下晶内区域具有更好的变形抗力。此外，从载荷-位移曲线图中还可以看出，晶内

区域在保压阶段出现蠕变平台比晶间区域的更短，这说明晶内区域比晶间区域在相同的载荷条件下具有更好的抗蠕变性能。根据测试数据，采用 Oliver-Pharr 模型计算出晶内和晶间区域的弹性模量及纳米硬度，结果见表 3-5。从表 3-5 中可以看出，晶内区域和晶间区域的弹性模量分别为 162.400GPa、107.155GPa，纳米硬度分别为 4.303 GPa、1.539 GPa，晶内区域的弹性模量和纳米硬度均高于晶间区域，这可能是 Cu 元素在晶间偏聚所致[158]。

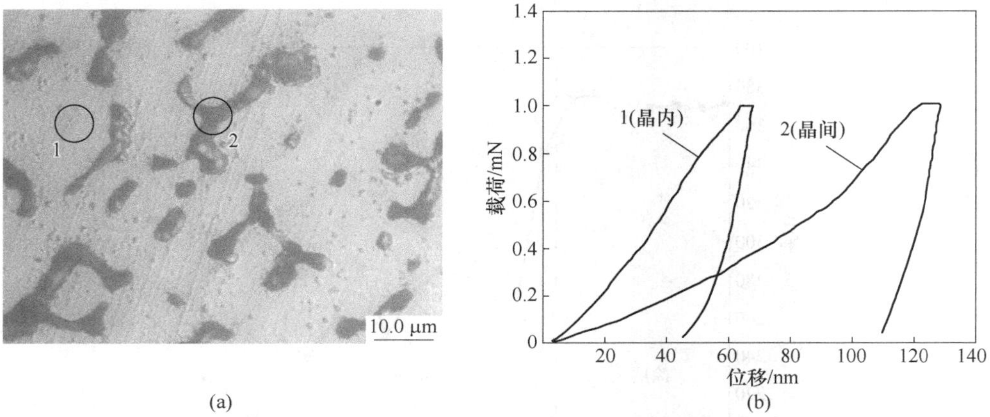

图 3-13　AlCoCrFeNiCu 高熵合金等离子熔覆层纳米压痕分析

（a）测试区域；（b）载荷-位移曲线

表 3-5　AlCoCrFeNiCu 高熵合金等离子熔覆层的弹性模量和纳米硬度

区　域	弹性模量 E/GPa	纳米硬度 H/GPa	最大压痕深度 h_{max}/nm
1（晶内）	162.400	4.303	67.92
2（晶间）	107.155	1.539	128.42

3.2.3.3　耐磨性能

图 3-14 为 AlCoCrFeNiCu 高熵合金等离子熔覆层和 35CrMo 基体摩擦系数曲线。由图 3-14 可知，各涂层的摩擦系数变化可以分为两个阶段：磨合阶段和稳定摩擦阶段。在磨合阶段摩擦系数急剧上升，然后逐渐趋于稳定，进入到稳定摩擦阶段。从图 3-14 可以明显看出，AlCoCrFeNiCu 涂层的摩擦系数低于 35CrMo 基体，AlCoCrFeNiCu 涂层和 35CrMo 基体在稳定摩擦阶段的平均摩擦系数分别为 0.5629 和 0.6238。摩擦系数是指摩擦副与试样表面之间的摩擦力和作用在试样表面上的垂直力之比，可用于表征试样的耐磨性，摩擦系数越小则试样耐磨性越好。从前面的分析可知，AlCoCrFeNiCu 涂层的硬度显著高于 35CrMo 基体，根据经典的 Archard 定律，合金硬度越高，其耐磨性能越好[159]。所以 AlCoCrFeNiCu 涂层比 35CrMo 基体具有更好的耐磨性能。

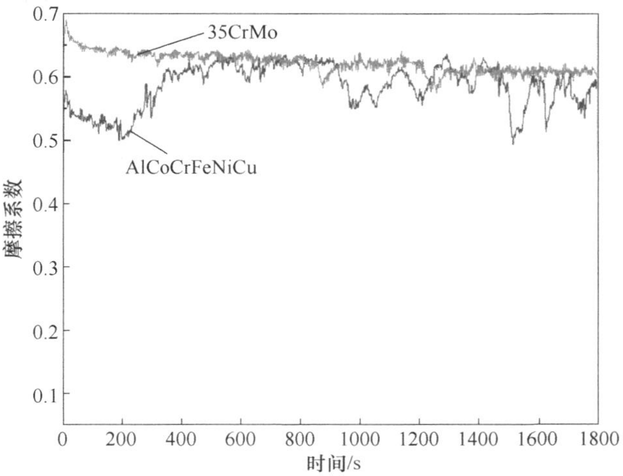

图 3-14 AlCoCrFeNiCu 高熵合金等离子熔覆层和 35CrMo 基体摩擦系数

图 3-15 为 AlCoCrFeNiCu 高熵合金等离子熔覆层和 35CrMo 基体的磨痕 3D 图、磨痕横截面轮廓及磨损表面 SEM 图。图 3-15（a）和（d）分别是 35CrMo 基体的磨痕 3D 图和磨损表面 SEM 图；图 3-15（b）和（e）分别是 AlCoCrFeNiCu 涂层的磨痕 3D 图和磨损表面 SEM 图；图 3-15（c）为它们的磨痕横截面轮廓。对比磨痕 3D 图左侧的标尺可以发现，图 3-15 中不同的颜色对应着不同的深度，颜色从橙色、黄色、绿色、蓝色到黑色代表磨痕深度逐渐增加。对比 35CrMo 基体和 AlCoCrFeNiCu 涂层的 3D 磨痕图和横截面轮廓可以看出，35CrMo 基体的磨痕比 AlCoCrFeNiCu 涂层磨痕更宽也更深，测得 35CrMo 基体和 AlCoCrFeNiCu 涂层的最大磨痕深度分别为 155.450 μm、131.517 μm。可见，在相同的试验条件下，AlCoCrFeNiCu 高熵合金等离子熔覆层磨痕尺寸小于 35CrMo 基体，说明涂层耐磨性优于基体。观察图 3-15（d）可以发现，35CrMo 基体的磨损表面出现了明显的分层现象，说明它的磨损机制是以黏着磨损为主。在摩擦磨损试验条件下，摩擦球表面的微凸体顶尖对试样材料表面产生很高的局部应力，超过了材料的屈服强度而致使其微区表面产生塑性变形，在摩擦热产生的高温条件下，摩擦球表面的微凸体与试样表面塑性变形微区形成牢固的黏着（焊合）。在随后的摩擦过程中，随着摩擦球与试样表面往复滑动的进行，刚形成的黏着点被剪切拉开，试样表面的材料就被转移到摩擦球的表面，然后再脱落下来形成磨削，接着又在其他区域形成新的黏着点，从而形成了“接触—塑性变形—黏着—剪断—材料转移—脱落—再黏着”的不断循环，导致材料被不断磨损[160]。从图 3-15（e）中可以看出，AlCoCrFeNiCu 涂层的磨损表面也出现了分层现象，并且伴随着犁形沟槽的产生，可知其磨损机制不仅有黏着磨损，还伴随着磨料磨

损。从图 3-12 可知，AlCoCrFeNiCu 涂层的硬度高于 35CrMo 基体，硬度的升高降低了黏着磨损的作用，这是因为硬度越高，材料表面被黏着的大块剥落的可能性降低，从而导致黏着磨损的概率降低。在往复摩擦过程中，摩擦球表面的微凸体

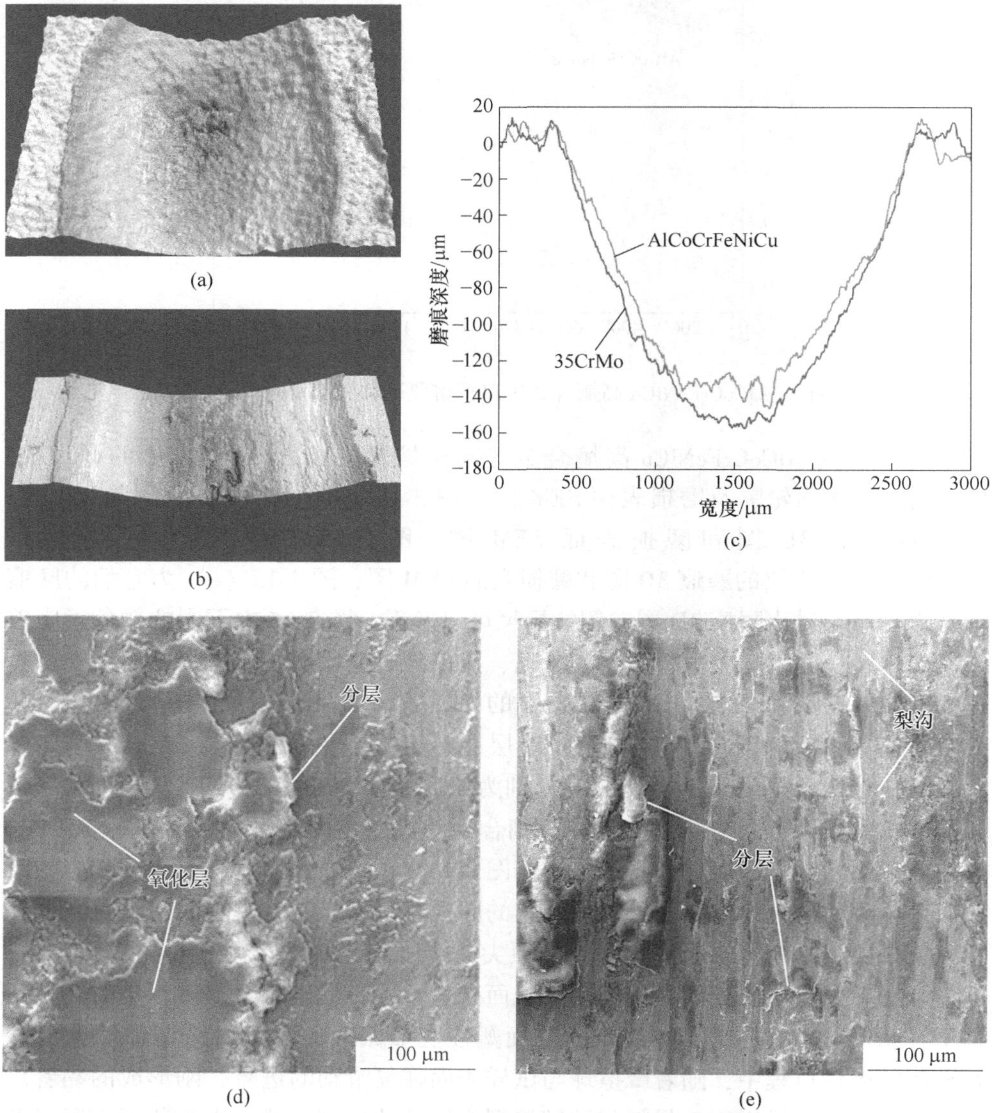

图 3-15　AlCoCrFeNiCu 涂层和 35CrMo 基体的磨痕 3D 形貌、磨痕横截面轮廓及磨损面 SEM 图

（a）35CrMo 基体磨痕 3D 图；（b）涂层磨痕 3D 图；
（c）涂层和基体磨痕横截面轮廓；（d）35CrMo 基体的磨损表面 SEM 图；
（e）涂层磨损表面 SEM 图

彩图

直接压入试样材料表面进行微观切削，形成犁形沟槽，沟槽两侧的材料因为犁形沟槽形成过程中产生塑性变形而形成堆积，后续的摩擦过程将沟槽两侧堆积的材料压平，如此反复，从而形成“塑性变形—堆积—压平—再塑性变形”的循环，最终导致材料剥落[160]。同时，AlCoCrFeNiCu 涂层表面掉落的切屑由于塑性变形而得到强化，掉落在试样表面起到了磨料的作用，促进了磨料磨损的进行。所以，在相同的试验条件下，AlCoCrFeNiCu 涂层表面存在黏着磨损和磨料磨损两种磨损机制，而硬度相对较低的 35CrMo 基体表面则是以黏着磨损为主，材料黏着剥落的现象相对比较严重，表面磨损量更大。

3.2.4 耐腐蚀性能分析

研究者们常采用电化学工作站来对高熵合金涂层进行动电位极化曲线测试，通过分析材料在电解质溶液中的自腐蚀电位（E_{corr}）和自腐蚀电流密度（i_{corr}）来分析它们的耐腐蚀性能。通过动电位极化试验可获得高熵合金在电解质溶液中的极化曲线，所有的合金材料的极化曲线都有着相似的特征。如图 3-16 所示，合金材料的极化曲线的阳极区域都可以分为四个阶段，分别为：Ⅰ—活性溶解区；Ⅱ—过渡钝化区；Ⅲ—稳定钝化区；Ⅳ—过钝化区。在Ⅰ阶段，随着电位增加，电流密度逐渐增加。在Ⅱ阶段，随着电位的增加，电流密度基本保持不变，涂层表面形成了致密的钝化膜，有效减缓了腐蚀速率，但钝化膜很快被击穿，表明所形成的钝化膜对氯离子不具有很强的抵抗力。在Ⅲ阶段，随着电位的进一步增加，涂层表面钝化膜破裂，氯离子和涂层表面接触，电流密度迅速增大。在Ⅳ阶段，随着电位进一步增加，电流密度基本不变，涂层表面钝化膜生成与溶解逐渐达到平衡状态[161]。

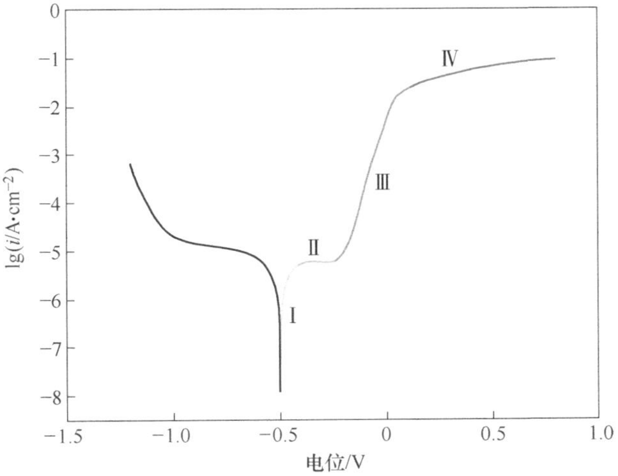

图 3-16 极化曲线四个腐蚀阶段

图 3-17 为 AlCoCrFeNiCu 高熵合金等离子熔覆层及 35CrMo 基体在 3.5%（质量分数）的 NaCl 溶液中的动电位极化曲线。从图 3-17 中可以看出，AlCoCrFeNiCu 涂层和 35CrMo 基体的极化曲线有着相似的特征，它们都有明显的钝化阶段，但是 AlCoCrFeNiCu 涂层开始钝化的电流密度明显低于 35CrMo 基体，说明 AlCoCrFeNiCu 涂层钝化膜结构致密，具有较强的缓蚀能力，钝化效果优于 35CrMo 基体[162]。根据动电位极化曲线可计算出其对应的电化学参数自腐蚀电位 E_{corr} 和自腐蚀电流密度 i_{corr}，见表 3-6。E_{corr} 用来评价材料发生腐蚀的倾向，E_{corr} 越正，发生腐蚀的可能性越小；i_{corr} 用于评价材料的腐蚀速率，i_{corr} 值越低，腐蚀速率越慢[163-164]。从表 3-6 中数据可知，AlCoCrFeNiCu 高熵合金等离子熔覆层的 E_{corr} 明显高于 35CrMo 基体，而 i_{corr} 显著低于 35CrMo 基体，说明 AlCoCrFeNiCu 涂层在 3.5%的 NaCl 溶液中比 35CrMo 基体具有更低的腐蚀倾向和更小的腐蚀速率，耐腐蚀性能显著优于 35CrMo 基体。

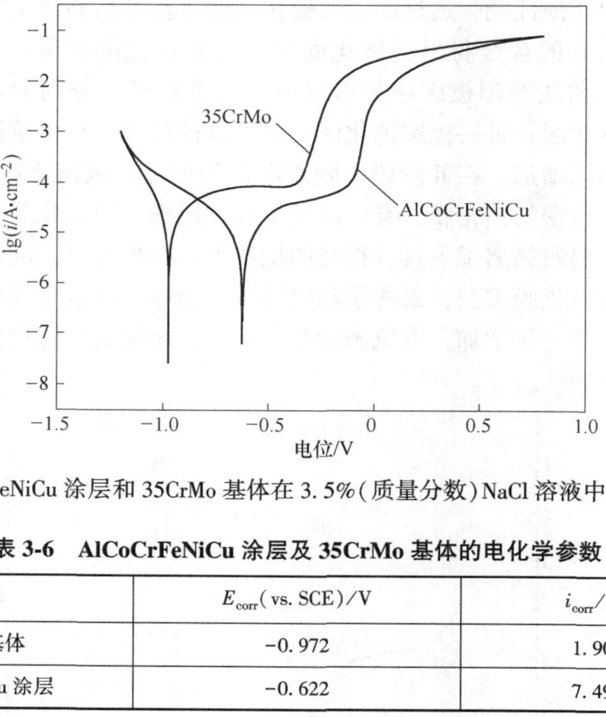

图 3-17　AlCoCrFeNiCu 涂层和 35CrMo 基体在 3.5%（质量分数）NaCl 溶液中动电位极化曲线

表 3-6　AlCoCrFeNiCu 涂层及 35CrMo 基体的电化学参数

试　样	E_{corr}(vs. SCE)/V	i_{corr}/A · cm^{-2}
35CrMo 基体	−0.972	1.907×10^{-5}
AlCoCrFeNiCu 涂层	−0.622	7.492×10^{-6}

采用电化学交流阻抗试验，可进一步探究涂层表面发生的电化学过程[165]。为了进一步阐明 AlCoCrFeNiCu 涂层和 35CrMo 基体的电化学腐蚀行为特征，对它们进行了电化学阻抗谱（EIS）分析，分析结果如图 3-18 所示。图 3-18（a）为 AlCoCrFeNiCu 涂层和 35CrMo 基体的 Nyquist 图，从图中可以看出涂层和基体的

Nyquist 曲线均出现了一个呈半圆形的容抗弧，表明溶液界面和电极表面发生了电荷转移。Nyquist 曲线与钝化膜阻抗密不可分，容抗弧半径越大，表明电荷转移电阻越高，电解质和电极界面处的电荷转移就越困难，涂层的耐腐蚀性更好[156]。AlCoCrFeNiCu 涂层的容抗弧半径远大于 35CrMo 基体，表明涂层具有更加优良的耐腐蚀性能。图 3-18（b）和（c）是 AlCoCrFeNiCu 涂层和 35CrMo 基体的 Bode 图，分别反映了频率-阻抗和频率-相位角的关系。阻抗值的高低和相位角的大小与材料的耐腐蚀性能密切相关，一般而言，在中频区，相位角越宽且负向角越大，意味着涂层钝化膜稳定且致密，低频区阻抗值（$|Z|$）越高，腐蚀动力学也越慢，涂层耐腐蚀性能越好[167-168]。通过对比可以发现，AlCoCrFeNiCu 涂层在低频区具有比 35CrMo 基体更高的阻抗值，在中频区也具有更大的负向角，表明 AlCoCrFeNiCu 涂层的耐腐蚀性能优于 35CrMo 基体，这和前面动电位极化曲线分析的结论一致。

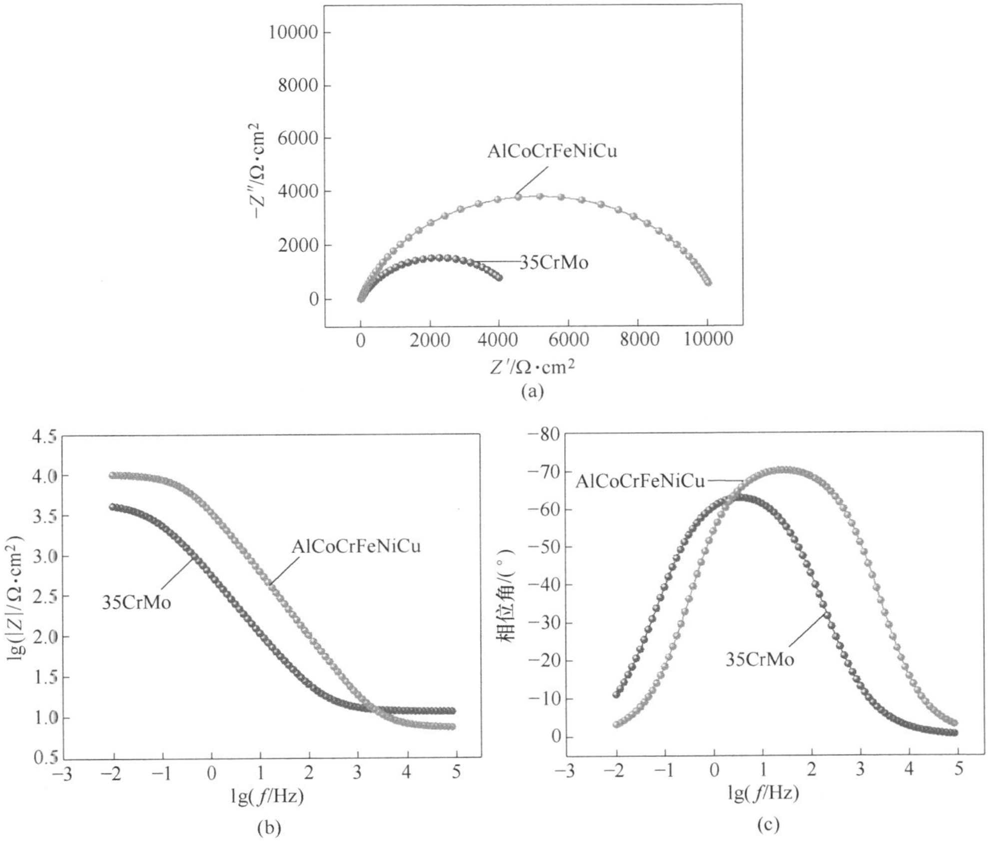

图 3-18 AlCoCrFeNiCu 涂层及 35CrMo 基体的 Nyquist 图和 Bode 图

（a）Nyquist 图；（b）频率-阻抗图；（c）频率-相位角图

采用等效电路图模型对 AlCoCrFeNiCu 高熵合金等离子熔覆层和 35CrMo 基体的 EIS 结果进行分析，如图 3-19 所示。其中 R_s 为 3.5%（质量分数）NaCl 溶液电阻，R_{ct}为涂层表面腐蚀反应相关的电荷转移电阻，由于在腐蚀性环境中电极表面的粗糙和不均匀性，使用常相位角元件（CPE）代替理想电容元件。CPE 的电化学阻抗公式如式（3-3）所示[169]：

$$Z_{CPE} = \frac{1}{(j\omega)^{\alpha} Y_0} \tag{3-3}$$

式中　Z_{CPE}——常相位角元件（CPE）的阻抗，Ω；

Y_0——常相位角元件的导纳系数，$\Omega^{-1} \cdot s^{\alpha}$；

j——虚数单位；

ω——角频率，rad/s；

α——常相位角元件的指数。

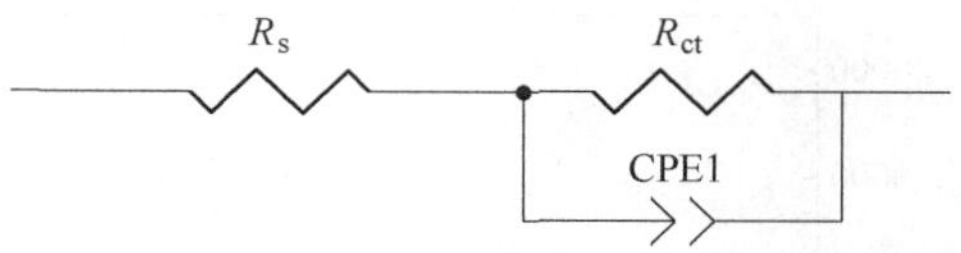

图 3-19　AlCoCrFeNiCu 涂层及 35CrMo 基体等效电路图

当 α 变化时，CPE 表示的元器件性质也会发生变化。当 $\alpha=-1$，代表电感；$\alpha=0$，代表电阻；$\alpha=1$，代表电容；$-1 \leqslant \alpha \leqslant 1$，代表非理想介电行为。AlCoCrFeNiCu 涂层和 35CrMo 基体在 3.5%（质量分数）NaCl 溶液中的等效电路拟合参数见表 3-7。极化阻抗主要受到电荷转移电阻（R_{ct}）影响，电荷转移电阻越大，耐腐蚀能力越好。对比表 3-7 中数据可知，AlCoCrFeNiCu 涂层的电荷转移电阻 R_{ct} 明显大于 35CrMo 基体，表明在相同的腐蚀环境下，AlCoCrFeNiCu 涂层的耐腐蚀性能显著优于 35CrMo 基体，与前面分析的结果一致。

表 3-7　等效电路图拟合参数

试　样	$R_s/\Omega \cdot cm^2$	$R_{ct}/k\Omega \cdot cm^2$	$Q/\Omega^{-1} \cdot cm^{-2} \cdot s^n$	α
35CrMo 基体	8.439	2.609	6.17×10^{-4}	0.807
AlCoCrFeNiCu 涂层	7.149	10.234	5.51×10^{-5}	0.812

通过动电位极化曲线和电化学阻抗谱的分析，结果表明，AlCoCrFeNiCu 高熵合金等离子熔覆层的耐腐蚀性能显著优于 35CrMo 基体。AlCoCrFeNiCu 涂层中含有六种主要元素，它们相互混合形成高达 14.9 J/(mol·K) 的混合熵，降低了合金体系的自由能，使其倾向于形成简单稳定的 FCC 相和 BCC 相固溶体，具有很高的稳定性。且从图 3-10 中 EBSD 相分布图可知，AlCoCrFeNiCu 涂层中 FCC 相占比高达 99.6%，FCC 结构具有最致密的原子排列形式，耐腐蚀性能优良。另

外，AlCoCrFeNiCu 涂层中含有的大量 Al、Cr 元素能在涂层表面形成 Al_2O_3、Cr_2O_3 等致密的氧化膜，减少了腐蚀介质与涂层合金的直接接触，从而进一步提高了涂层的耐腐蚀性能[170]。Lu 等[171]的研究表明，高熵合金中的晶界和相界面可以促进钝化膜的形成，这些钝化膜能够有效阻隔腐蚀介质与合金基体的直接接触，从而提高耐腐蚀性。除此之外，高熵合金的高熵效应和缓慢扩散效应有助于提高其热力学和动力学的稳定性，这也是 AlCoCrFeNiCu 涂层（高熵合金涂层）具有优良耐腐蚀性能的重要原因之一[172]。因此，AlCoCrFeNiCu 高熵合金涂层具有比 35CrMo 基体更加优异的耐腐蚀性能。

3.3 本章小结

本章通过设计正交试验，对井下工具用钢 35CrMo 钢表面制备 AlCoCrFeNiCu 高熵合金涂层的等离子熔覆工艺参数进行优化，并利用优化的工艺参数成功制备了无明显气孔、裂纹等缺陷，且与基体形成良好冶金结合的 AlCoCrFeNiCu 高熵合金涂层。然后对涂层的微观组织和性能进行研究，主要得到以下结论：

（1）通过设计正交试验得到了 35CrMo 钢表面 AlCoCrFeNiCu 高熵合金等离子熔覆层制备的最优化工艺参数：熔覆电流 160 A，喷枪移动速度 100 mm/min，送粉速度 14 g/min。

（2）利用最优化工艺参数制备的 AlCoCrFeNiCu 涂层主要由 FCC 相和 BCC 相构成，其中 FCC 相主要为 Al-Cu-Ni 相和 Fe-Co-Cr-Ni 相，BCC 相主要为 Al-Co-Cr-Fe 相。AlCoCrFeNiCu 涂层与 35CrMo 钢基体形成了良好的冶金结合，涂层底部到顶部依次由平面晶、柱状晶、树枝晶和等轴晶构成，晶内富含 Fe、Co、Cr 等元素，晶间富含 Cu 元素，Al、Ni 元素整体上分布相对均匀。

（3）EBSD 分析结果表明，AlCoCrFeNiCu 高熵合金涂层晶粒取向随机，未发现织构的存在。涂层中小角度晶界（$2°\sim5°$）和大角度晶界（$>15°$）的占比分别为 48.60%和 45.57%，小角度晶界的占比略高于大角度晶界。AlCoCrFeNiCu 高熵合金涂层中 FCC 相占比达 99.6%，为涂层的主相。AlCoCrFeNiCu 高熵合金涂层的几何必要位错密度为 $4.07\times10^{13}\ m^{-2}$。

（4）AlCoCrFeNiCu 高熵合金涂层平均硬度约为 367 $HV_{0.5}$，是 35CrMo 基体的 1.35 倍，涂层晶内区域的弹性模量和纳米硬度均显著高于晶间区域。AlCoCrFeNiCu 涂层和 35CrMo 钢基体在稳定摩擦阶段的平均摩擦系数分别为 0.5629 和 0.6238，涂层磨痕的横截面尺寸小于基体，AlCoCrFeNiCu 涂层存在黏着磨损和磨料磨损两种磨损机制，而 35CrMo 基体以黏着磨损为主，AlCoCrFeNiCu 涂层的耐磨性能优于 35CrMo 基体。

（5）AlCoCrFeNiCu 涂层和 35CrMo 基体在 3.5%（质量分数）的 NaCl 溶液中

的自腐蚀电位分别为-0.622 V 和-0.972 V，自腐蚀电流密度分别为 7.492×10^{-6} A/cm^2 和 1.907×10^{-5} A/cm^2，涂层的自腐蚀电位高于基体，而自腐蚀电流密度明显小于基体，且电荷转移电阻也比 35CrMo 基体更大，AlCoCrFeNiCu 涂层具有比 35CrMo 基体更加优异的耐腐蚀性能。

4 CeO_2 添加对 AlCoCrFeNiCu 高熵合金等离子熔覆层组织和性能的影响

稀土素有“工业维生素”的美誉，在国防军工、能源、冶金等领域具有重要作用。在合金冶炼过程中，稀土元素的加入可以起到净化作用，还能够细化晶粒，改善夹杂物的性质、形态和分布，减少裂纹的生成。同时，稀土元素倾向于富聚于晶界，通过其净化作用减少各种杂质元素在晶界的偏聚，从而提高合金的各项性能[173-175]。近年来，人们针对稀土元素增强涂层性能方面做了大量研究，研究者们通过向熔覆粉末中添加 CeO_2、Y_2O_3、La_2O_3 等稀土氧化物，对涂层起到了细化晶粒，改善晶界状态，提高熔覆层性能的作用[176]。Zhou 等[177]采用等离子熔覆技术制备了添加 Y_2O_3 的钴基合金涂层，Y_2O_3 的加入促进了涂层凝固过程中的非均匀形核，细化了晶粒，对涂层起到了细晶强化的作用。Zhang 等[178]采用激光熔覆技术在 Ti6Al4V 钛合金表面成功制备了不同 CeO_2 添加量的 TiC_x 增强 $CrTi_4$ 基复合涂层，研究结果显示，CeO_2 的加入可以抑制裂纹和气孔的形成。Gu 等[179]向 $AlCoCrFeNi_{2.1}$ 共晶高熵合金涂层中分别添加了 Sc、Y 和 La 等稀土元素，分析了合金的电化学行为和力学性能，结果表明稀土元素的添加可以显著提高合金在 3.5% NaCl 溶液中的耐腐蚀性能，同时，稀土元素的添加能显著提高合金的硬度和强度，且合金仍保持较好的延展性。综上所述，在制备熔覆层的过程中，向涂层中添加适量的稀土元素可以减少涂层缺陷，提高涂层力学性能，改善涂层的化学性能。虽然人们针对添加稀土元素来改善各类涂层性能的研究较多，但是针对利用稀土元素对高熵合金等离子熔覆涂层改性的研究很少，特别是向 AlCoCrFeNiCu 系高熵合金添加稀土元素的研究几近空白。由表 2-2 可知，涂层中元素 Al、Co、Cr、Fe、Ni、Cu 的原子半径分别为 0.1432 nm、0.1251 nm、0.1249 nm、0.1241 nm、0.1246 nm、0.1278 nm，而稀土元素 Ce 原子半径为 0.1870 nm，Ce 原子尺寸远大于涂层中各元素原子的尺寸。因此 Ce 元素的添加容易引起晶格畸变，增加体系的自由能，达到强化的目的[180]。同时，Ce 元素作为一种表面活性元素，在高熵合金涂层凝固过程中，很容易吸附和聚集在晶粒生长最快的晶面上，从而阻止了晶粒的快速生长，起到细化晶粒的作用，有效提升了涂层的强度和韧性[181-182]。因此，本章向 AlCoCrFeNiCu 高熵合金粉末中分别添加 0.3%、0.6%、0.9%、1.2%（质量分数）的 CeO_2 粉末，采用等离子熔覆技术在 35CrMo 钢表面制备不同 CeO_2 含量的高熵合金涂层，以研究 Ce 元素对涂层组织和性能的影响。

4.1　涂层物相分析

图 4-1 为不同 CeO_2 含量的 AlCoCrFeNiCu 高熵合金等离子熔覆涂层的 XRD 图谱，从下到上 CeO_2 含量依次为 0%、0.3%、0.6%、0.9%、1.2%（质量分数）。从图 4-1 中可以看出，各涂层都是由 FCC 相和 BCC 相构成的双相组织，各涂层都分别在 $2\theta=43.28°$、50.36° 和 74.28° 附近出现了 FCC 相的衍射峰，在 $2\theta=44.24°$、64.04° 和 81.68° 附近出现了 BCC 相的衍射峰，且 FCC 相衍射峰的强度显著高于 BCC 相，说明各高熵合金涂层的主相是 FCC 相。在 XRD 检测中没有观察到 CeO_2 的衍射峰，这可能是因为高熵合金粉末中添加的 CeO_2 粉末质量分数相对较少，且粒径较小[183-184]。另外，各涂层衍射峰的位置基本一致，这表明 CeO_2 的添加没有改变高熵合金涂层的相构成，这也与 Cui 等[180] 和 Wang 等[185] 报道的研究结果一致。

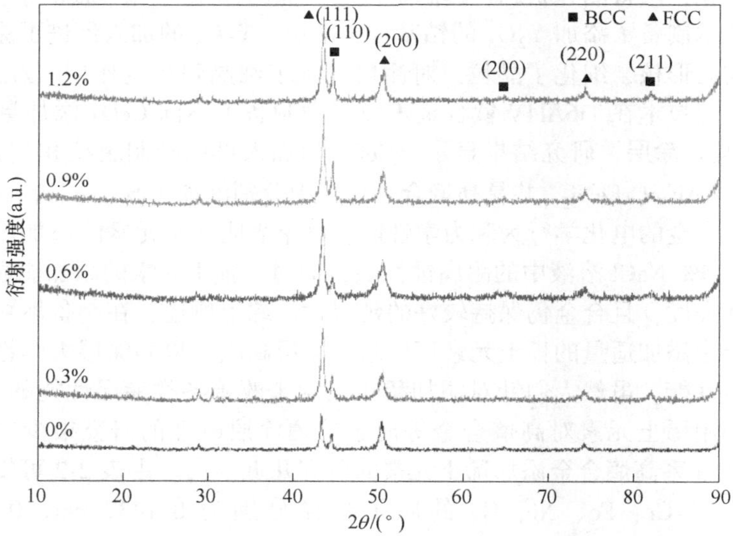

图 4-1　不同 CeO_2 含量 AlCoCrFeNiCu 高熵合金涂层 XRD 图谱

进一步观察可以发现，随着 CeO_2 的添加，AlCoCrFeNiCu 高熵合金涂层的衍射峰强度有不同程度的提高。原因在于，一方面，CeO_2 的加入能与 S、P 等有害元素形成高熔点化合物，起到消除杂质、净化合金的作用[186]。另一方面，CeO_2 还能提高涂层合金凝固过程中的温度梯度和凝固速度，改善液态合金的流动性，降低其表面张力并有利于扩散的进行，进而改善涂层合金的润湿性和凝固性能[187]。最终使得合金点阵畸变程度减小，应力降低，提高了晶格分布的规律性和周期性，导致合金的衍射峰强度增加[188]。

4.2 涂层微观组织分析

图 4-2（a_1）、（b_1）、（c_1）、（d_1）分别是 CeO_2添加量 0.3%、0.6%、0.9%、1.2%（质量分数）的高熵合金涂层横截面的 SEM 照片，图 4-2（a_2）、（b_2）、（c_2）、（d_2）分别是图 4-2（a_1）、（b_1）、（c_1）、（d_1）中黄色虚线框区域的放大图像。从图 4-2 中可以看出，不同 CeO_2 添加量的 AlCoCrFeNiCu 高熵合金等离子熔覆层组织主要是由树枝晶构成，晶内区域与晶间区域区分明显。通过对比观察可以发现，随着 CeO_2 添加量的逐渐增加，涂层枝晶有逐渐细化的趋势。这是因为添加 CeO_2 提高了高熵合金涂层凝固过程中液态金属的流动性，增加了涂层凝固过程中的形核率，从而使涂层晶粒得到细化[189]。另外，CeO_2 也可能直接作为

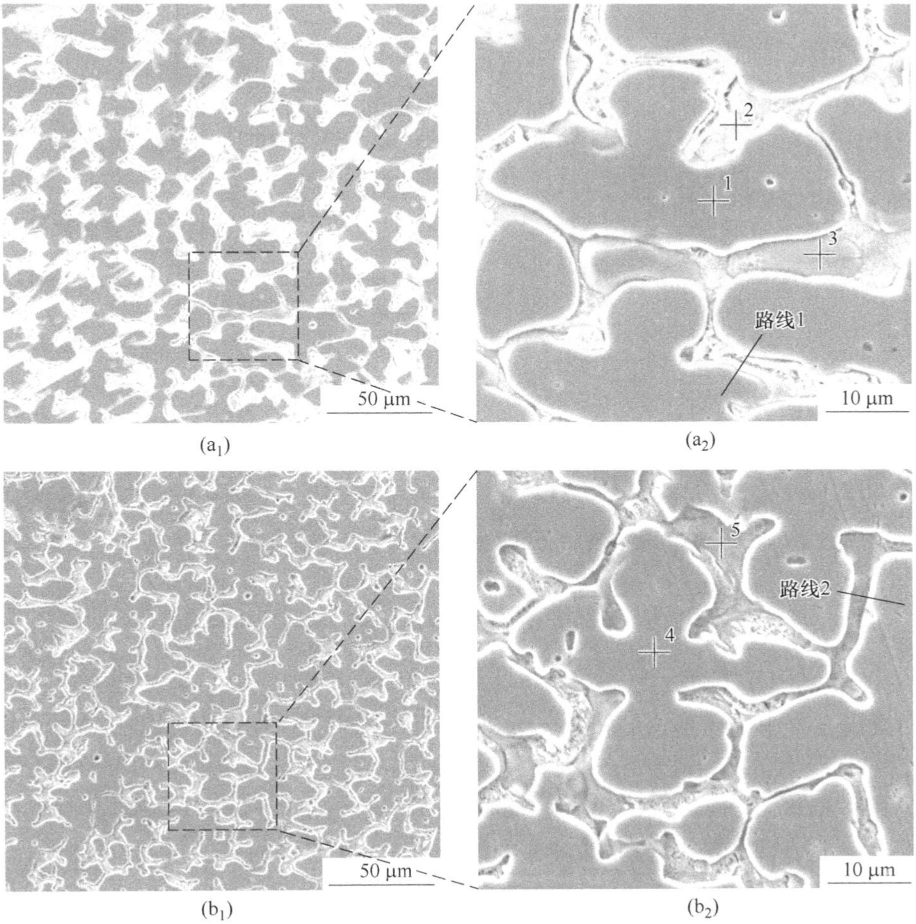

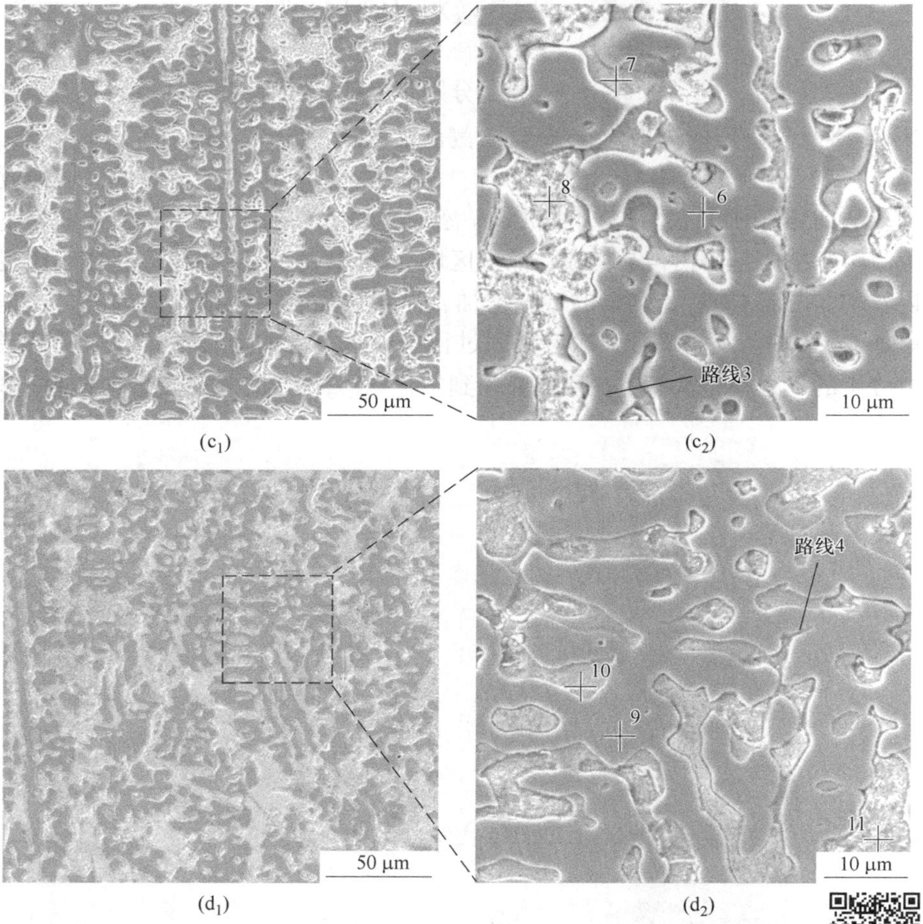

彩图

图 4-2　不同 CeO_2 添加量的 AlCoCrFeNiCu 高熵合金涂层 SEM 照片

(a_1) 0.3%；(a_2) 图(a_1)中虚线框放大图；(b_1) 0.6%；
(b_2) 图(b_1)中虚线框放大图；(c_1) 0.9%；(c_2) 图(c_1)中虚线框放大图；
(d_1) 1.2%；(d_2) 图(d_1)中虚线框放大图

涂层凝固过程中异质形核的核心，促进了高熵合金涂层的结晶过程，从而使晶粒尺寸减小。

利用 EDS 点扫描对图 4-2 中各涂层晶内区域和晶间区域标记的各点进行成分分析，分析结果见表 4-1。将表 4-1 中数据与表 3-4 未添加 CeO_2 涂层的 EDS 点扫描分析数据对比可知，CeO_2 的添加对涂层中各成分分布影响不明显，添加 CeO_2 以后，涂层中各元素的分布规律与未添加涂层基本一致，各涂层晶内区域 Fe 元素富聚明显，另外还有 Co、Cr 等元素，而晶间区域主要以 Cu 元素为主，Al 元素和 Ni 元素在涂层内整体来说分布相对比较均匀，只是它们在晶间区域的含量稍多于晶内区域。

表 4-1 不同 CeO_2 含量 AlCoCrFeNiCu 高熵合金等离子熔覆层 EDS 点扫描分析（原子数分数） （%）

试样	区域	Al	Co	Cr	Fe	Ni	Cu
0.3%CeO_2	1	9.29	17.95	18.42	34.21	11.63	8.51
	2	9.32	5.96	3.68	8.98	10.89	61.17
	3	9.83	16.93	17.56	31.52	13.29	10.87
0.6%CeO_2	4	11.56	14.80	14.35	30.09	14.38	14.82
	5	12.11	4.26	2.75	8.51	10.53	61.84
0.9%CeO_2	6	10.41	16.29	17.55	32.03	12.93	10.79
	7	14.21	5.95	5.60	11.78	10.01	52.45
	8	19.60	14.60	14.59	26.43	15.44	9.34
1.2%CeO_2	9	10.68	17.57	17.96	28.66	14.01	11.12
	10	13.93	4.87	3.12	6.99	10.30	60.79
	11	16.45	15.07	17.26	25.40	13.75	12.07

为了更加直观地观察不同区域元素变化的趋势，按照图 4-2 中各涂层红色线条所示的路线 1、路线 2、路线 3 和路线 4 的路径对不同 CeO_2 添加量的 AlCoCrFeNiCu 高熵合金涂层进行了 EDS 线扫描分析，扫描路径从晶内区域开始、穿过晶间区域以后又回到晶内区域。图 4-3～图 4-6 依次为 CeO_2 添加量为 0.3%、0.6%、0.9%、1.2%（质量分数）的高熵合金涂层各物相之间元素含量的变化趋势。从图 4-3～图 4-6 中可以看出，各涂层元素分布的趋势比较一致，都是晶内相富聚 Fe、Co、Cr 等元素，而晶间相以 Cu 元素为主，Al、Ni 元素在晶间区域分布稍多于晶内区域，变化不太明显，相对来说分布比较均匀，这与表 4-1 的分析结果一致。

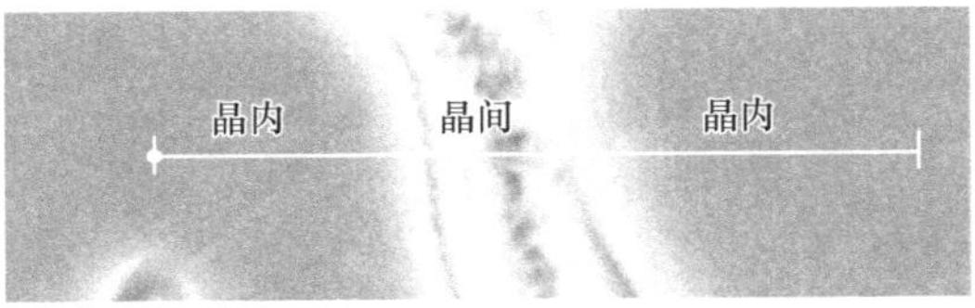

(a)

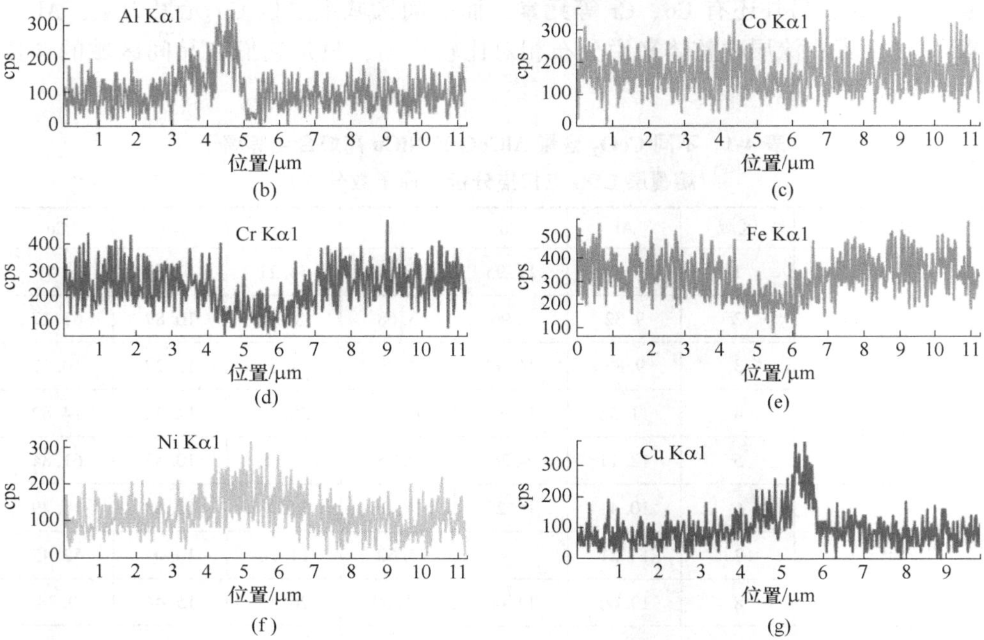

图 4-3　CeO_2 添加量为 0.3%的 AlCoCrFeNiCu 高熵合金涂层 EDS 线扫描分析

（a）扫描路线；（b）Al 元素分布；（c）Co 元素分布；（d）Cr 元素分布；

（e）Fe 元素分布；（f）Ni 元素分布；（g）Cu 元素分布

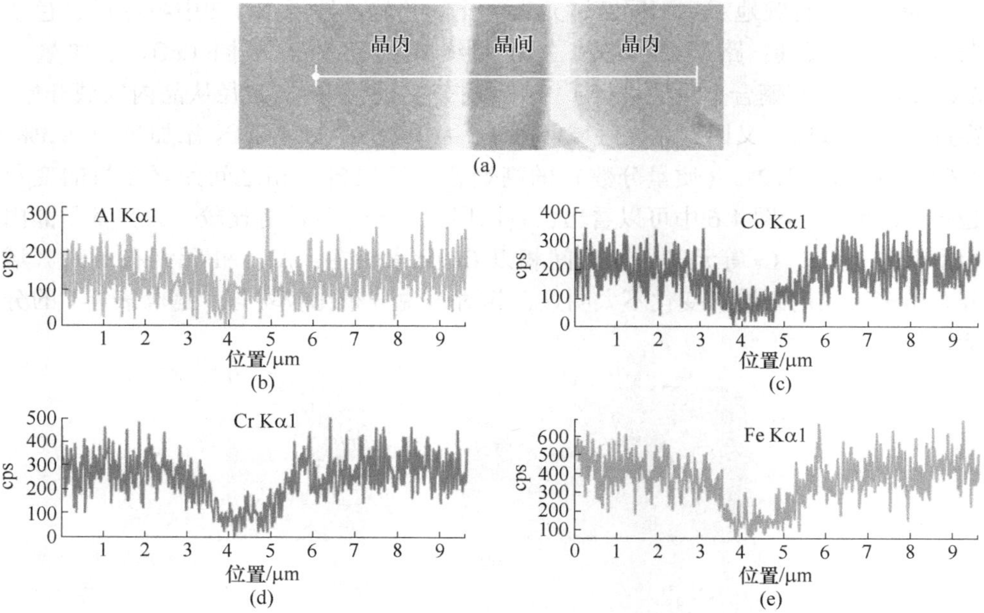

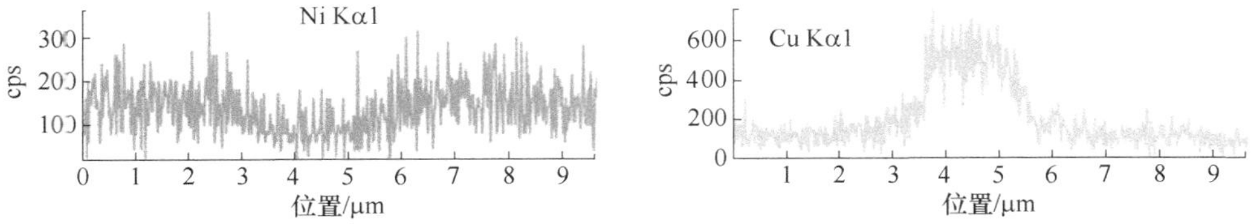

(f) (g)

图 4-4 CeO_2 添加量为 0.6%的 AlCoCrFeNiCu 高熵合金涂层 EDS 线扫描分析
(a) 扫描路线；(b) Al 元素分布；(c) Co 元素分布；(d) Cr 元素分布；
(e) Fe 元素分布；(f) Ni 元素分布；(g) Cu 元素分布

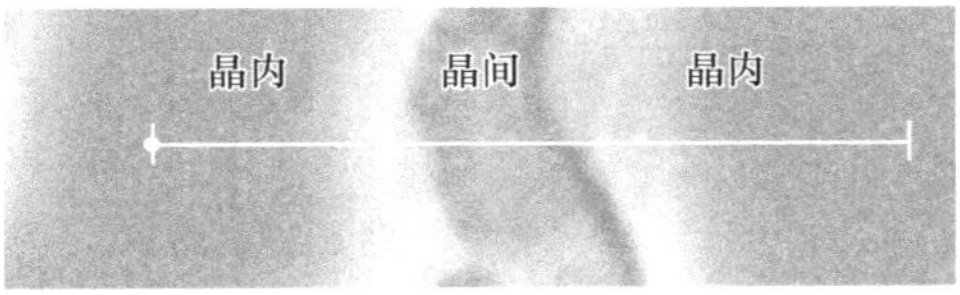

(a)

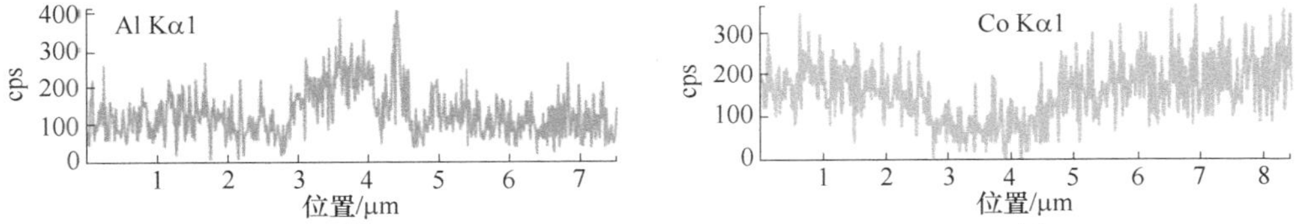

(b) (c)

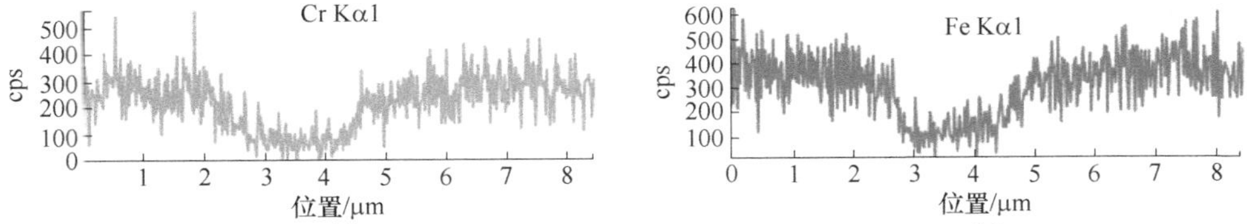

(d) (e)

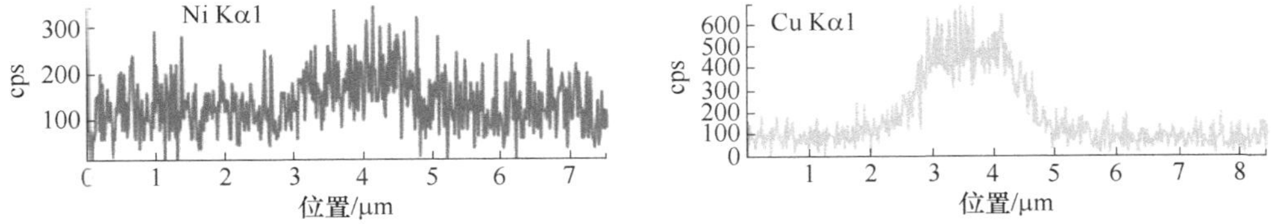

(f) (g)

图 4-5 CeO_2 添加量为 0.9%的 AlCoCrFeNiCu 高熵合金涂层 EDS 线扫描分析
(a) 扫描路线；(b) Al 元素分布；(c) Co 元素分布；(d) Cr 元素分布；
(e) Fe 元素分布；(f) Ni 元素分布；(g) Cu 元素分布

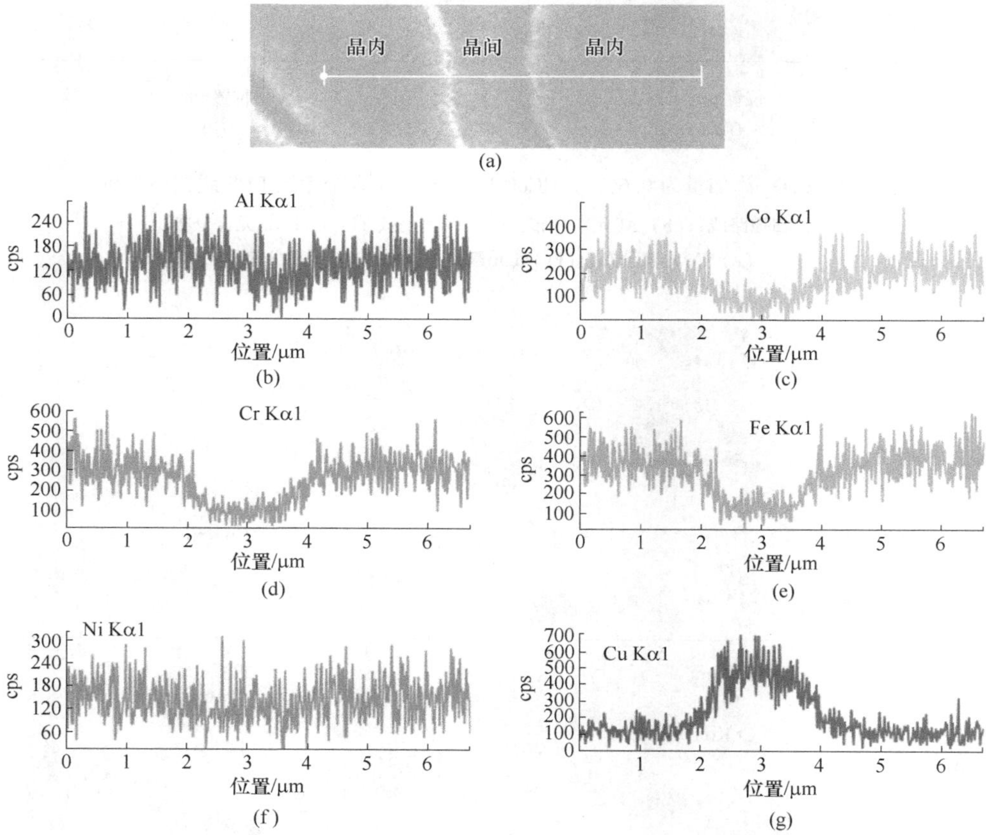

图 4-6 CeO_2 添加量为 1.2%的 AlCoCrFeNiCu 高熵合金涂层 EDS 线扫描分析

(a) 扫描路线；(b) Al 元素分布；(c) Co 元素分布；(d) Cr 元素分布；

(e) Fe 元素分布；(f) Ni 元素分布；(g) Cu 元素分布

通过 SEM-EDS 面扫描来进一步分析各涂层的元素分布情况，如图 4-7~图 4-10 所示，各涂层面扫描结果比较相似，都是 Fe、Co、Cr 等高熔点元素在晶内区域含量较多，而熔点较低的 Cu 元素主要分布在晶间区域，这与前面的 EDS 点扫描和 EDS 线扫描的分析结果一致。结合 XRD 的结果进行分析可知，不同 CeO_2 添加量的 AlCoCrFeNiCu 涂层枝晶内主要由富含 Fe、Co、Cr、Ni 等元素的 FCC 相和 BCC 相构成，而枝晶间区域以富含 Cu 元素的 FCC 相为主。

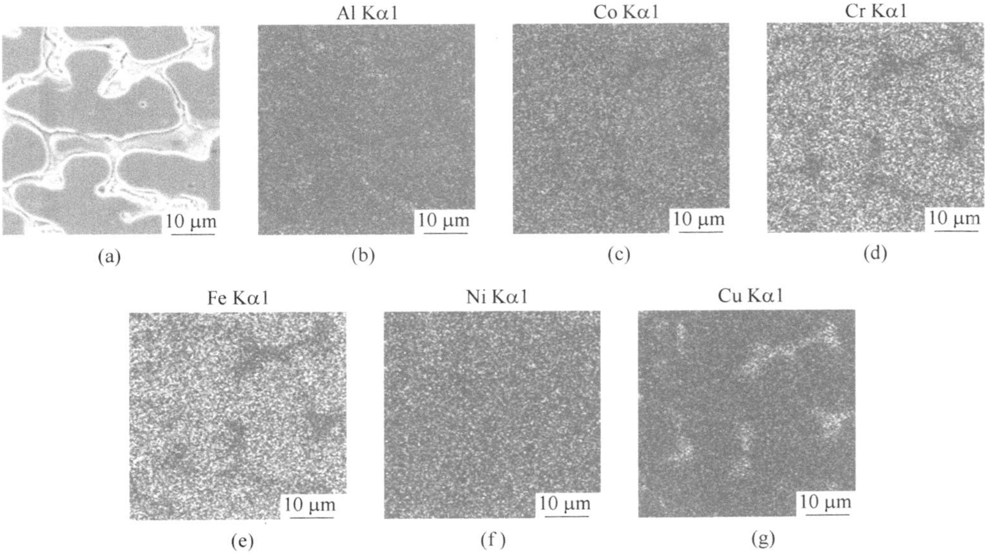

图 4-7 CeO_2 添加量为 0.3%的 AlCoCrFeNiCu 高熵合金涂层 EDS 面扫描分析

（a）扫描区域；（b）Al 元素分布；（c）Co 元素分布；（d）Cr 元素分布；（e）Fe 元素分布；（f）Ni 元素分布；（g）Cu 元素分布

彩图

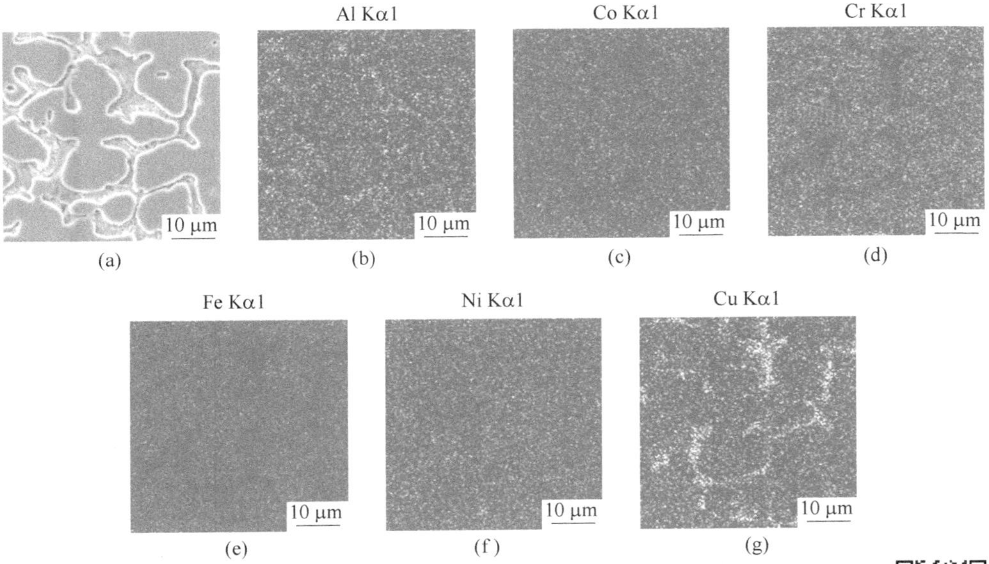

图 4-8 CeO_2 添加量为 0.6%的 AlCoCrFeNiCu 高熵合金涂层 EDS 面扫描分析

（a）扫描区域；（b）Al 元素分布；（c）Co 元素分布；（d）Cr 元素分布；（e）Fe 元素分布；（f）Ni 元素分布；（g）Cu 元素分布

彩图

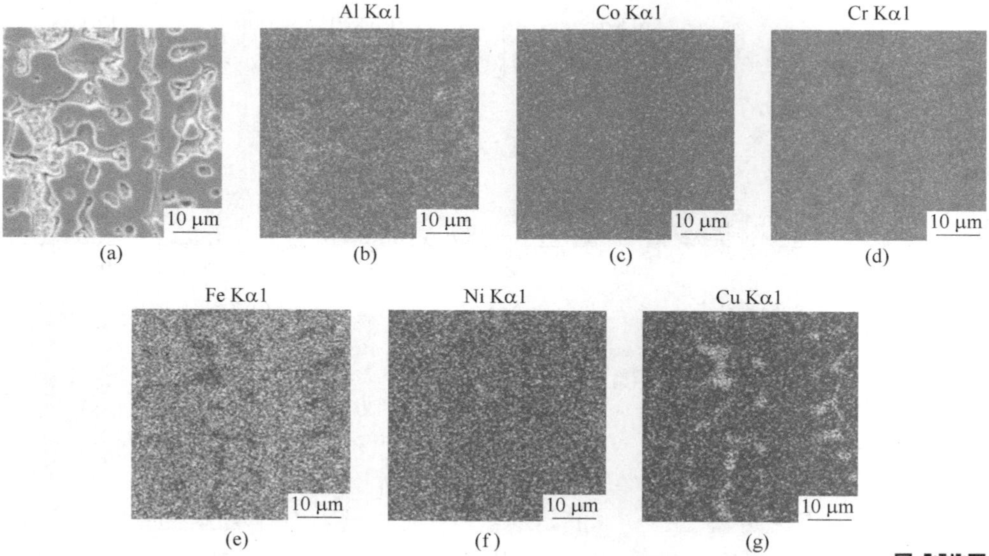

图 4-9　CeO_2 添加量为 0.9%的 AlCoCrFeNiCu 高熵合金涂层 EDS 面扫描分析
（a）扫描区域；（b）Al 元素分布；（c）Co 元素分布；（d）Cr 元素分布；
（e）Fe 元素分布；（f）Ni 元素分布；（g）Cu 元素分布

彩图

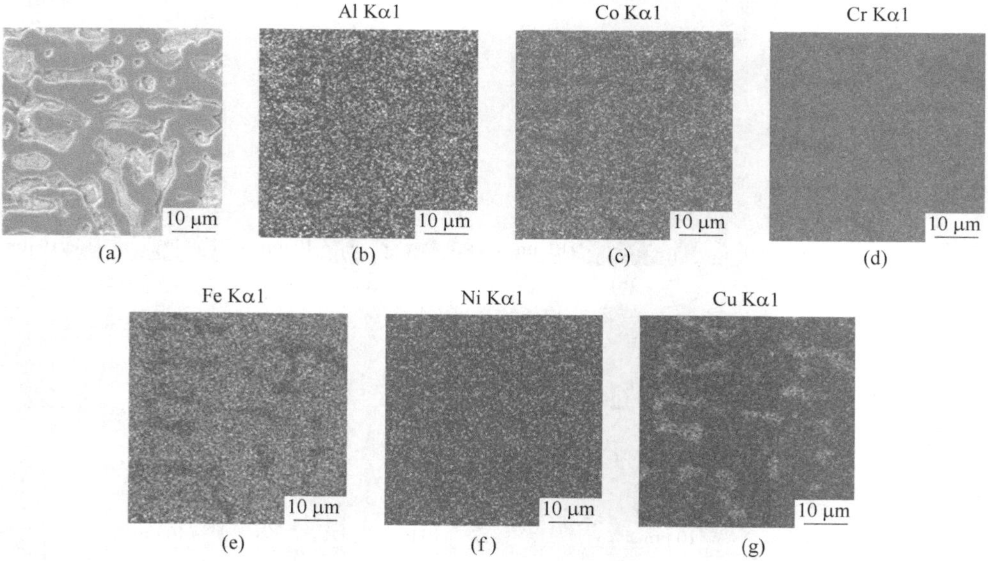

图 4-10　CeO_2 添加量为 1.2%的 AlCoCrFeNiCu 高熵合金涂层 EDS 面扫描分析
（a）扫描区域；（b）Al 元素分布；（c）Co 元素分布；（d）Cr 元素分布；
（e）Fe 元素分布；（f）Ni 元素分布；（g）Cu 元素分布

彩图

为了进一步确定熔覆层中各物相的相结构，对 CeO_2 添加量为 0.9%（质量分数）的 AlCoCrFeNiCu 高熵合金涂层进行了 TEM 分析，分析结果如图 4-11 所示。采用 FIB 切取一个同时包含了树枝晶区域和枝晶间区域的样品，如图 4-11（a）所示，它为 FIB 切取的样品的明场像，从图中可以发现中间有一条明显的分界线，为晶内区域和晶间区域的界面。对图 4-11（a）中包含界面的虚线框区域进行放大得到了图 4-11（b），图 4-11（b）中界面左边是晶内区域，右边是晶间区域。分别对两个区域进行了高分辨透射电镜（HRTEM）分析和选区电子衍射（SAED）分析，如图 4-11（c）~（h）所示。图 4-11（c）和（e）分别是晶内区域的 HRTEM 图和 SAED 图，HRTEM 图右上角插图是对其进行傅里叶变换（FFT）分析的结果，对 FFT 图仔细观察可以发现存在两套不同的衍射花样，其中较亮的主衍射花样与图 4-11（e）的衍射花样一致，选取图 4-11（e）中 3 个点并测量它们到中心点的间距，间距分别为 0.214 nm、0.215 nm、0.188 nm，通过与 PDF 卡片进行对比可知，图 4-11（e）中的 3 个点分别对应了 PDF 卡片 ICDD 00-057-0472 的（111）、（111）、（002）晶面族，结合前面 SEM-EDS 的结果分析可知，晶内区域的主相为 Fe-Co-Cr-Ni 相。通过对图 4-11（c）中虚线框区域进行反傅里叶变换，得到图 4-11（d），利用 Digital Micrograph 软件测得其 $(1\bar{1}\bar{1})$ 和（002）晶面的晶面间距分别为 0.21 nm 和 0.185 nm，这与前面的 SAED 分析结果以及 PDF 卡片 ICDD 00-057-0472 数据吻合，进一步说明了晶内区域的主相为 FCC 结构的 Fe-Co-Cr-Ni 相。

图 4-11（f）和（g）分别是晶间区域的 HRTEM 图和 SAED 图，HRTEM 图右上角插图是对其进行傅里叶变换分析的结果，其 FFT 图只有一套衍射花样，并且与图 4-11（f）的衍射花样完全一致，选取图 4-11（f）中 3 个点并测量它们到中心点的间距，间距分别为 0.133 nm、0.115 nm、0.218 nm，通过与 PDF 卡片进行对比可知，图 4-11（f）中的 3 个点分别对应了 PDF 卡片 ICDD 00-050-1295 的（022）、（131）、（111）晶面族，结合前面 SEM-EDS 的结果分析可知，晶间区域为单一的 FCC 结构的 Al-Cu-Ni 相。通过对图 4-11（g）中虚线框区域进行反傅里叶变换，得到图 4-11（h），通过测量得到其（111）和 $(02\bar{2})$ 晶面的晶面间距分别为 0.215 nm 和 0.128 nm，这与前面的 SAED 分析结果以及 PDF 卡片 ICDD 00-050-1295 的数据吻合，进一步说明了晶间区域为 FCC 结构 Al-Cu-Ni 相。

通过以上分析可以发现，CeO_2 添加量为 0.9%（质量分数）的 AlCoCrFeNiCu 高熵合金涂层晶内区域的主相为 FCC 结构的 Fe-Co-Cr-Ni 相，晶间区域主要为 FCC 结构的 Al-Cu-Ni 相。而从图 4-1 的 XRD 图谱中可以看出，该涂层除了有 FCC 结构的衍射峰以外，还出现了相对较弱的 BCC 结构的衍射峰，结合图 4-11（c）中 HRTEM 图的 FFT 分析结果中出现的两套衍射花样可以推测，图中较弱的衍射花样可能对应着 XRD 图谱中的 BCC 相。

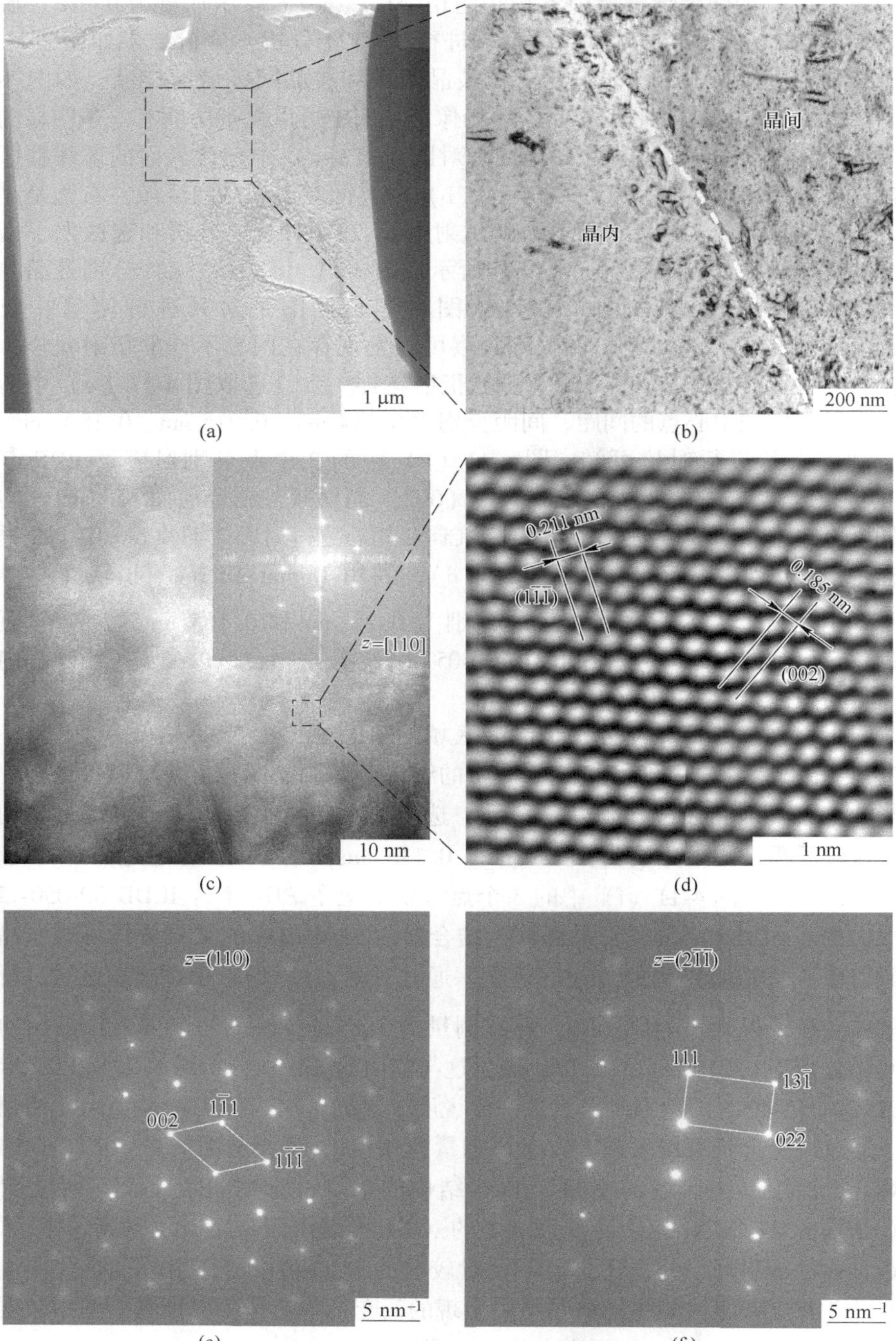
1 μm
(a)
晶间
晶内
200 nm
(b)
z=[110]
10 nm
(c)
0.211 nm
(1$\bar{1}\bar{1}$)
0.185 nm
(002)
1 nm
(d)
z=(110)
002
$\bar{1}\bar{1}$1
1$\bar{1}\bar{1}$
5 nm^{-1}
(e)
z=(2$\bar{1}\bar{1}$)
111
13$\bar{1}$
02$\bar{2}$
5 nm^{-1}
(f)

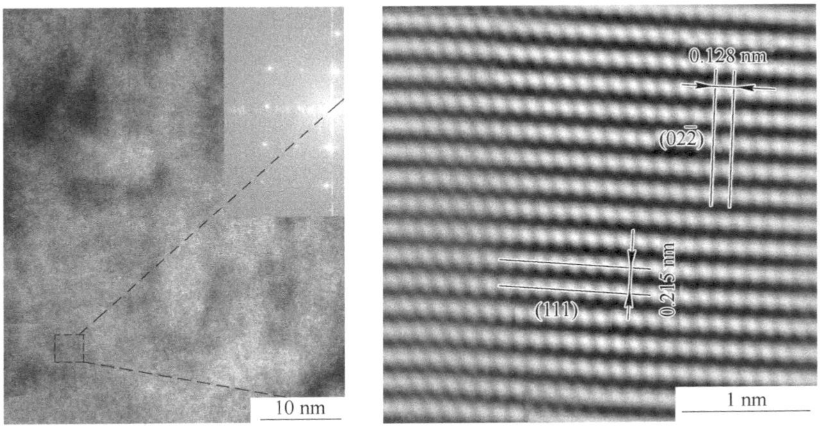

(g) (h)

图 4-11 CeO_2 添加量为 0.9%(质量分数)AlCoCrFeNiCu 高熵合金涂层 TEM 图
(a) FIB 样品明场像; (b) 图 (a) 中虚线框区域的放大图;
(c) 图(b)中晶内区域的 HRTEM 图; (d) 图(c)中虚线框区域的 IFFT 图;
(e) 图(b)中晶内区域的 SAED 图; (f) 图(b)中晶间区域的 SAED 图;
(g) 图(b)中晶间区域的 HRTEM 图; (h) 图(g)中虚线框区域的 IFFT 图

采用高角度环形暗场(HAADF)模式对 CeO_2 添加量为 0.9%(质量分数)的 AlCoCrFeNiCu 高熵合金涂层样品进行形貌观察和微区成分分析，结果如图 4-12 所示。从图 4-12 中可以看出，晶内和晶间两个区域的元素分布差别较大，晶内区域 Fe 元素和 Cr 元素富聚明显而 Cu 元素缺乏；晶间区域 Cu 元素和 Ni 元素富聚，而 Fe、Cr 元素含量比较少；Al 元素和 Co 元素在整个区域内分布相对比较均匀，这与前面的 SEM-EDS 分析结果一致。值得注意的是，晶间区域出现了 Fe 元素和 Cr 元素富聚的小颗粒，对小颗粒进行 EDS 点扫描分析发现，Fe 元素与 Cr 元素含量之比接近 3 : 1，采用 Digital Micrograph 软件的 “line with length label” 功能对这些小颗粒的尺寸进行了测量，结果显示它们尺寸范围为 60~100 nm，由此推测晶间区域出现的小颗粒可能为 $L1_2$ 相 Fe_3Cr。研究者们通过对不同的 FCC 结构高熵合金进行热处理研究，发现退火处理能够促使 $L1_2$ 相的析出，且 $L1_2$ 相含量随着退火保温时间的延长而增加[190-192]。在本书中，由于等离子熔覆过程中涂层在基体和垫板热传导的作用下快速冷却，产生了热应力，熔覆结束后对高熵合金涂层进行了 400 ℃条件下保温 2 h 的去应力退火处理，这就为涂层中 $L1_2$ 相的析出提供了条件。但是，由于退火处理时保温时间较短，所以析出的 $L1_2$ 相颗粒较少。

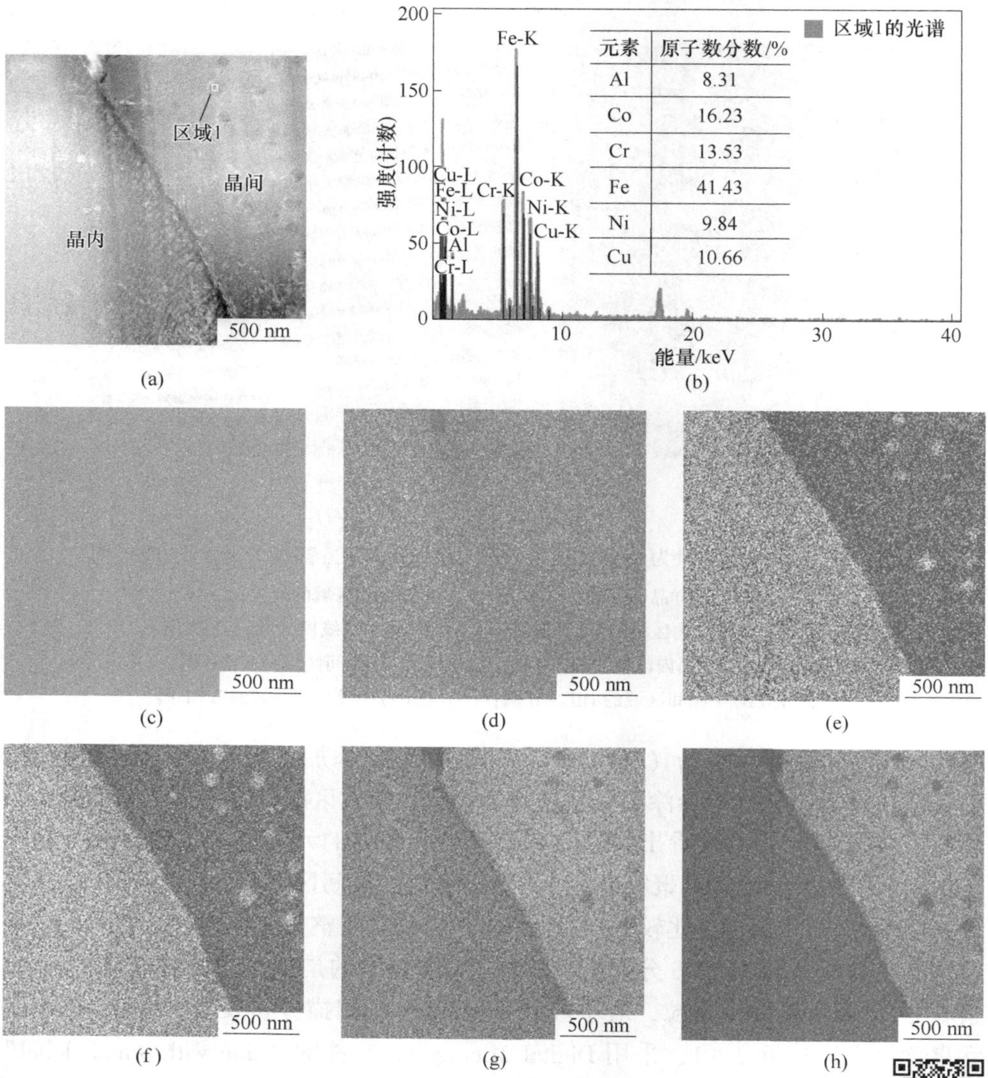

图 4-12　CeO_2 添加量为 0.9%（质量分数）的 AlCoCrFeNiCu 涂层 HAADF-STEM 形貌及对应的 STEM-EDS 元素分布

（a）HAADF-STEM 形貌；（b）区域 1 光谱；（c）Al 元素分布；（d）Co 元素分布；（e）Cr 元素分布；（f）Fe 元素分布；（g）Ni 元素分布；（h）Cu 元素分布

彩图

为了研究 CeO_2 添加对 AlCoCrFeNiCu 高熵合金涂层晶粒取向、晶粒尺寸、晶界特征、相分布以及晶粒局部取向差等晶体信息的影响规律，采用 EBSD 分别对 CeO_2 添加量为 0.3%、0.6%和 0.9%（质量分数）的 AlCoCrFeNiCu 高熵合金涂层进行了表征。图 4-13 是各涂层的反极图（IPF）和晶粒尺寸分布柱状图，从图中

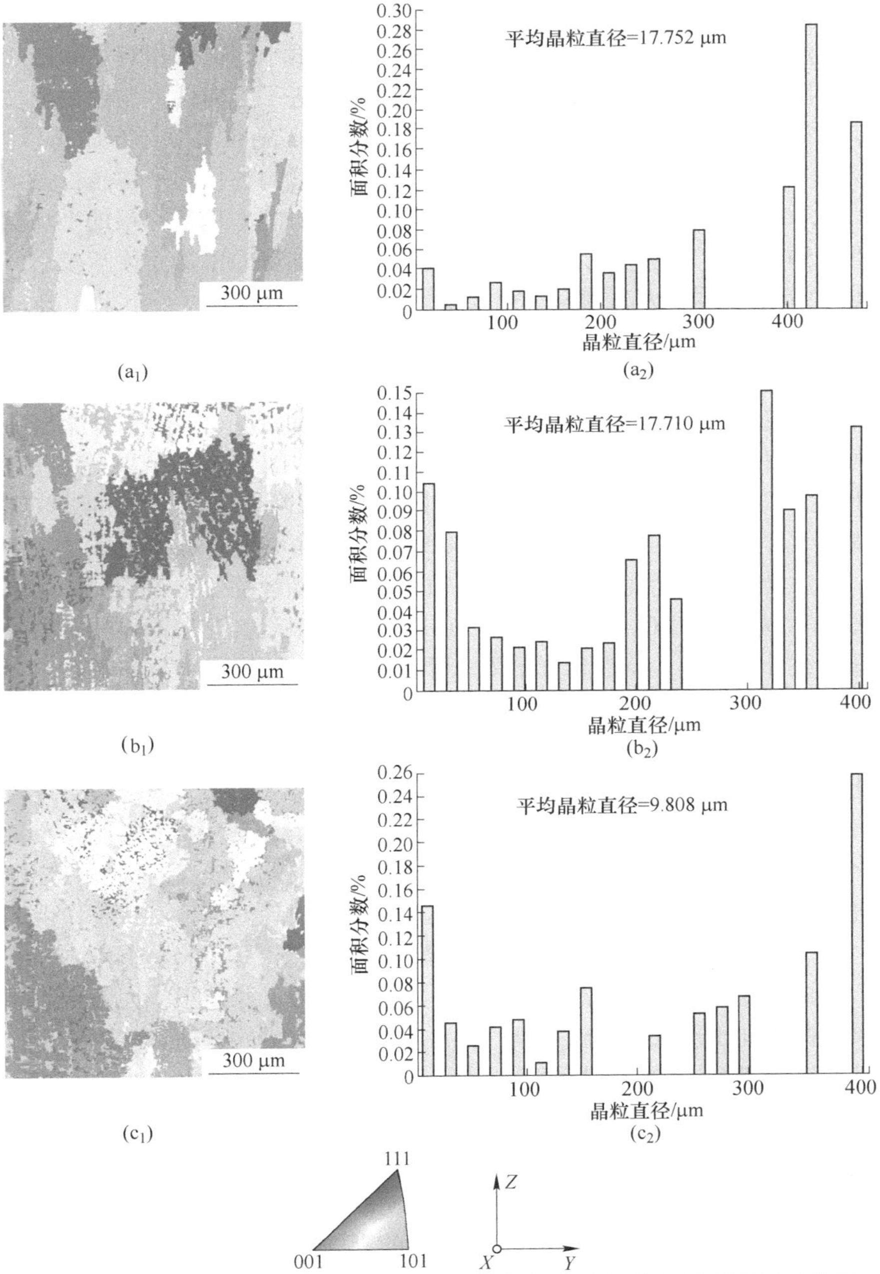

图 4-13 不同 CeO_2 添加量的 AlCoCrFeNiCu 高熵合金涂层反极图和晶粒尺寸分布

(a_1) 0.3%CeO_2 涂层反极图；(a_2) 0.3%CeO_2 涂层晶粒尺寸分布统计图；
(b_1) 0.6%CeO_2 涂层反极图；(b_2) 0.6%CeO_2 涂层晶粒尺寸分布统计图；
(c_1) 0.9%CeO_2 涂层反极图；(c_2) 0.9%CeO_2 涂层晶粒尺寸分布统计图

彩图

可以看出，各涂层晶粒取向具有较大随机性，这是因为在等离子熔覆过程中，熔覆层材料经历了一个完全熔化再凝固的过程，涂层的中间部位相对于靠近基体的界面处凝固的时间更晚，且此时的熔池散热逐渐失去了方向性，晶粒在生长过程中处于随机状态[193]。通过分析图 4-13（a_2）~（c_2）晶粒尺寸分布图可以发现，当涂层中 CeO_2 添加量为 0.3%、0.6%、0.9%时，它们各自的平均晶粒直径分别为 17.752 μm、17.710 μm、9.808 μm，显著小于未添加 CeO_2 涂层的平均晶粒尺寸（89.459 μm），涂层平均晶粒尺寸随着 CeO_2 添加量的增加而逐渐减小，添加了 CeO_2 以后，涂层的晶粒细化非常明显。对柱状图中晶粒直径小于 3 0μm 的小尺寸晶粒所占的面积比例进行统计可知，CeO_2 添加量为 0.3%、0.6%、0.9%的涂层的小尺寸晶粒所占的面积比例分别为 4.13%、10.41%、15.52%，对比图3-8的统计结果可知，随着 CeO_2 添加量的增加，AlCoCrFeNiCu 高熵合金涂层中小尺寸晶粒的数量增多，晶粒得到细化，这与图 4-2 中 SEM 观察的结果一致。这是因为稀土作为表面活性剂在涂层结晶过程中可以起到降低表面张力和形核能的作用，提高了形核率，同时，纳米级的 CeO_2 颗粒在涂层结晶过程中可直接作为形核剂，促进液态金属的非均匀形核，从而起到细化晶粒的作用[185]。

图 4-14 为不同 CeO_2 添加量的 AlCoCrFeNiCu 高熵合金涂层晶界分布图及其角度取向差统计柱状图。从晶界分布图中可以看出，各涂层晶粒分布不均匀，主要为晶粒角度取向差 2°~5°的小角度晶界和大于 15°的大角度晶界，从晶界分布图对应的柱状图上也可以看出，各涂层均呈双峰分布，一个峰出现在小角度，另一个峰出现在大角度。对晶界进行统计发现，各涂层小角度晶界（2°~5°）占比分别为 48.52%、31.34%、15.49%，大角度晶界（>15°）的占比分别为 48.17%、64.89%、77.62%，即随着涂层中 CeO_2 含量的增加，小角度晶界比例逐渐减少，大角度晶界比例逐渐增加。小角度晶界实质是晶体缺陷的一种，可看作由一系列刃型位错、螺型位错或混合位错组成的网状结构[152, 194]。对比图 4-13 分析可以发现，大角度晶界的占比与晶粒尺寸相关，涂层晶粒尺寸越小，大角度晶界比例越高，细晶倾向于形成大角度晶界。大角度晶界对位错的运动有阻碍作用，阻止了晶体滑移的进行，增加了材料的强度，同时大角度晶界还对晶粒内部裂纹的扩展有一定的阻碍作用，从而在一定程度上提高材料的韧性[195]。

图 4-15 是不同 CeO_2 添加量的高熵合金涂层的相分布图，图中绿色表示 FCC 相，红色表示 BCC 相。从图 4-15 中可以看出，各涂层的主相都是 FCC 相，这与前面 XRD 分析的结果一致。与图 3-10 所示的未添加 CeO_2 涂层的相分布图对比，添加 CeO_2 以后，涂层中的 BCC 相的含量明显增加，通过 TSL OIM Analysis 6 软件计算 CeO_2 添加量为 0.3%、0.6%和 0.9%（质量分数）的 AlCoCrFeNiCu 高熵合金涂层中 BCC 相的比例分别为 3.8%、19.7%和 17.2%，均显著高于未添加 CeO_2 涂层的比例 0.4%。这表明 Ce 元素的加入促进了高熵合金涂层中 BCC 相的

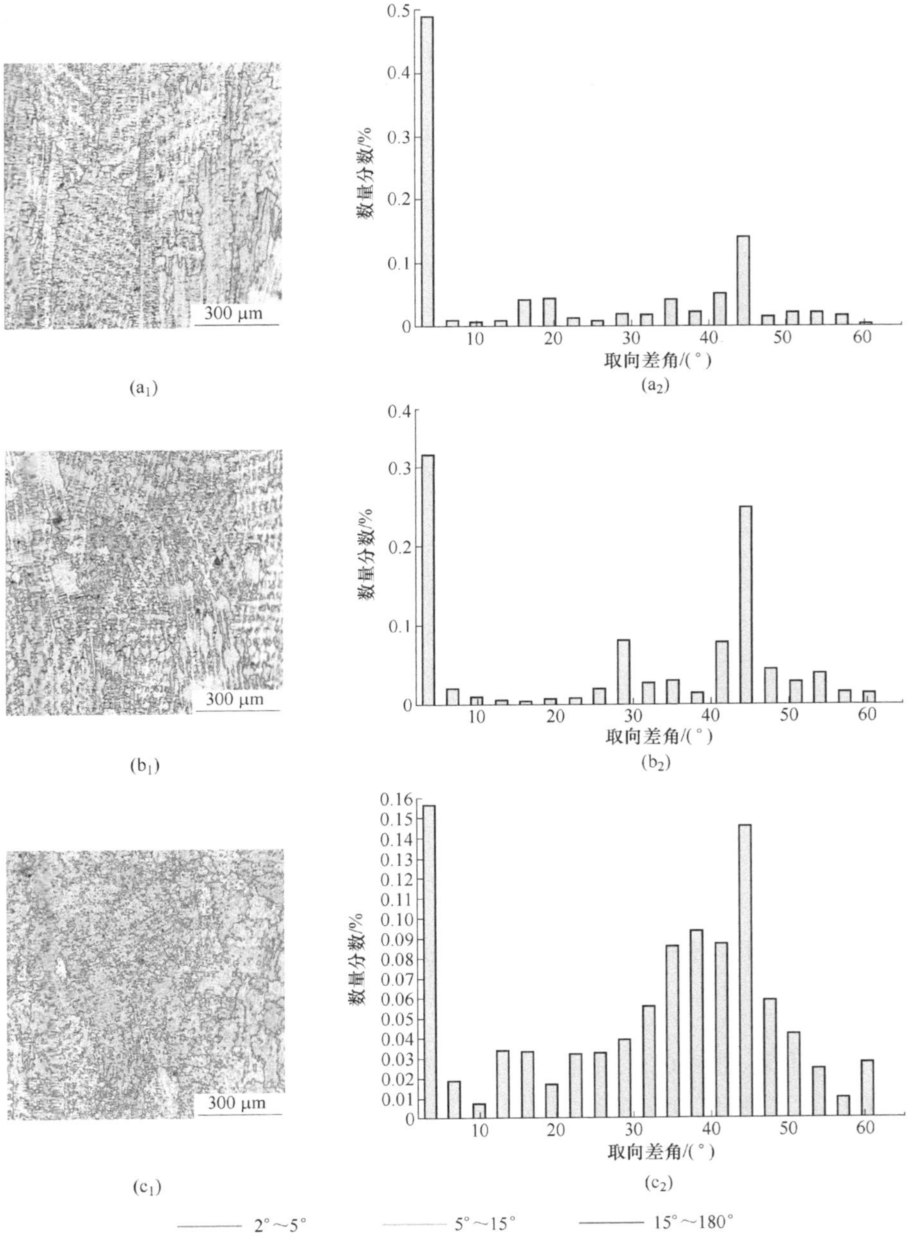

图 4-14 不同 CeO_2 添加量 AlCoCrFeNiCu 高熵合金涂层晶界角度取向差分布

(a_1) 0.3% CeO_2 涂层晶界分布图；(a_2) 0.3% CeO_2 涂层晶界角度取向差统计图；
(b_1) 0.6% CeO_2 涂层晶界分布图；(b_2) 0.6% CeO_2 涂层晶界角度取向差统计图；
(c_1) 0.9% CeO_2 涂层晶界分布图；(c_2) 0.9% CeO_2 涂层晶界角度取向差统计图

彩图

形成，Wu 等[196]和 Liu 等[197]的文献中也报道了类似的结果。对比分析图 4-15（b）和（c）可以发现，这两幅图 BCC 相含量相差不大，但是图 4-15（c）中 BCC 相分布更加弥散均匀，原因在于 CeO_2 含量增加以后晶粒更加细化，BCC 相也得到细化，这有助于提高涂层的力学性能。

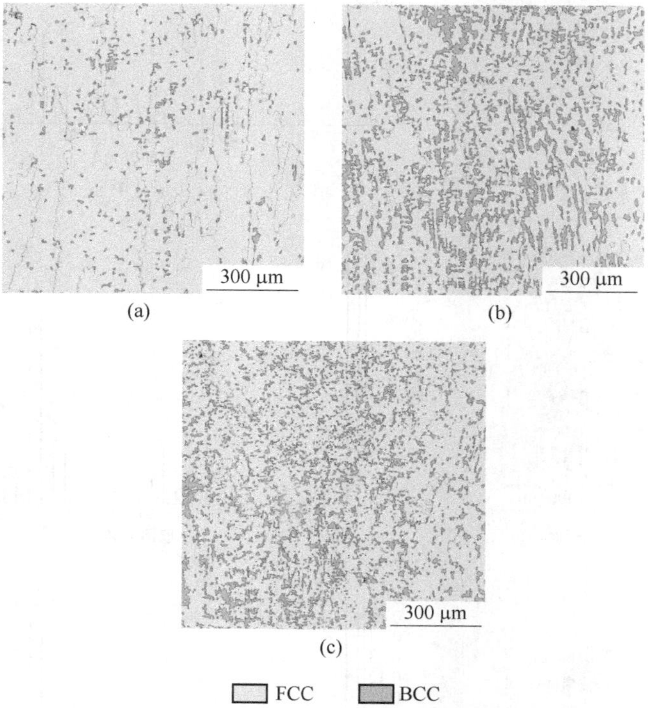

彩图

图 4-15　不同 CeO_2 添加量的 AlCoCrFeNiCu 高熵合金涂层相分布图
（a）0.3%；（b）0.6%；（c）0.9%

图 4-16 是不同 CeO_2 添加量的 AlCoCrFeNiCu 高熵合金涂层的核平均取向差（*KAM*）图及 *KAM* 值分布情况。从图 4-16 可知，CeO_2 添加量为 0.3%、0.6%、0.9%（质量分数）的涂层 *KAM* 平均值分别为 0.737°、0.728°、0.653°。将各涂层的 *KAM* 平均值代入公式（3-2）计算可以得到各涂层的几何必要位错密度，分别为 $5.58\times10^{13}\ m^{-2}$、$5.51\times10^{13}\ m^{-2}$、$4.95\times10^{13}\ m^{-2}$。对比图 3-11 中未添加 CeO_2 涂层的 *KAM* 图分析结果可以发现，添加了 CeO_2 的涂层的 *KAM* 值高于未添加的涂层，导致添加了 CeO_2 的涂层的几何必要位错密度更高。更高的位错密度使得位错滑移更加困难，材料的变形抗力增加，强度提高[198]。因此，向 AlCoCrFeNiCu 高熵合金涂层中添加 CeO_2 以后可以提高其强度。

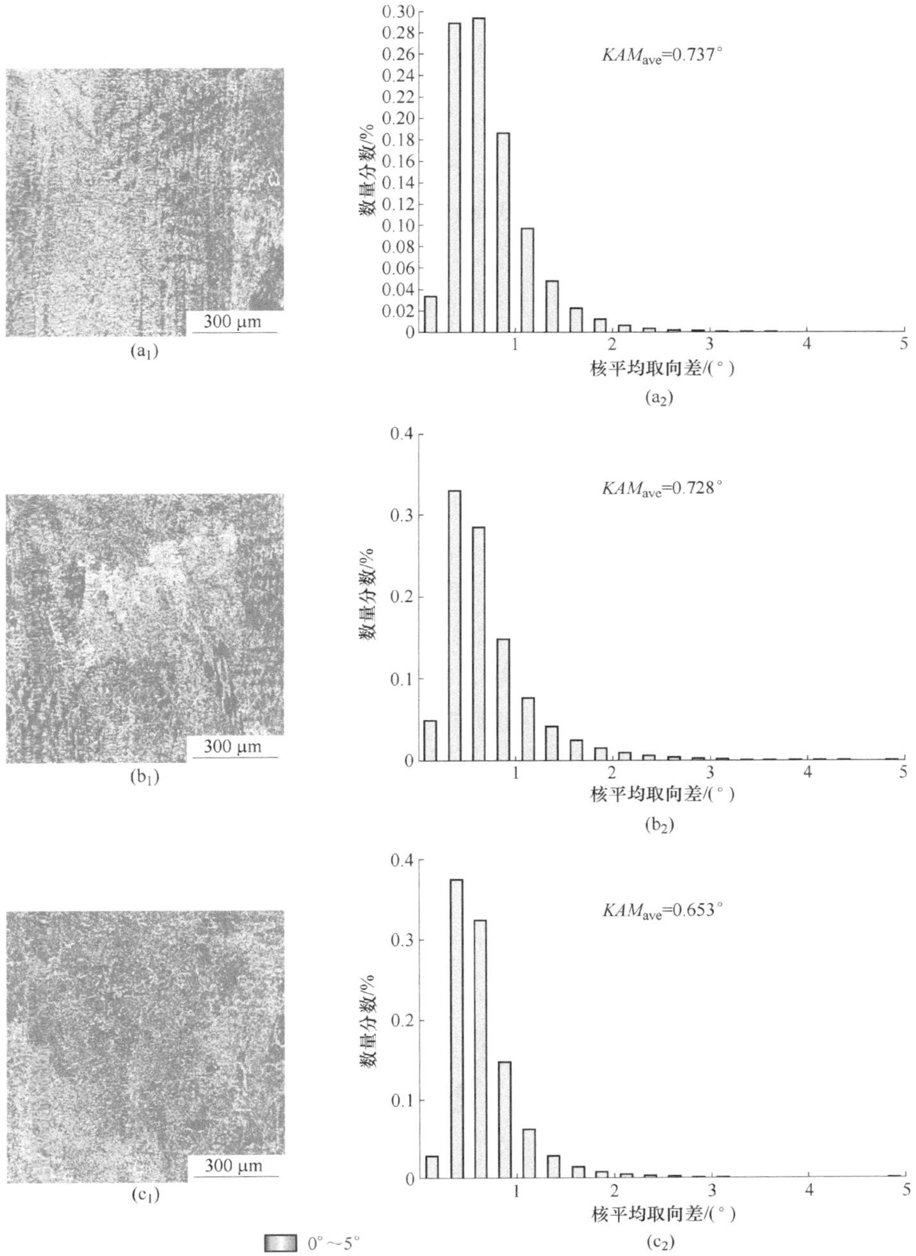

图 4-16 不同 CeO_2添加量的 AlCoCrFeNiCu 高熵合金涂层 *KAM* 图及 *KAM* 值分布

(a_1) 0.3%CeO_2 涂层 *KAM* 图；(a_2) 0.3%CeO_2 涂层 *KAM* 值分布统计图；
(b_1) 0.6%CeO_2 涂层 *KAM* 图；(b_2) 0.6%CeO_2 涂层 *KAM* 值分布统计图；
(c_1) 0.9%CeO_2 涂层 *KAM* 图；(c_2) 0.9%CeO_2 涂层 *KAM* 值分布统计图

彩图

4.3　涂层性能分析

4.3.1　显微硬度

图 4-17 是不同 CeO_2 添加量的 AlCoCrFeNiCu 高熵合金涂层横截面从表层向基体方向的显微硬度分布情况。从图 4-17 中可以看出，各涂层的硬度均高于 35CrMo 钢基体，CeO_2 添加量从 0~1.2%（质量分数），涂层的平均硬度值分别为 367 $HV_{0.5}$、381 $HV_{0.5}$、388 $HV_{0.5}$、400 $HV_{0.5}$、419 $HV_{0.5}$，而 35CrMo 的平均硬度约为 272 $HV_{0.5}$。高熵合金涂层的"晶格畸变效应"是导致涂层硬度明显高于基体的主要原因。高熵合金由多种主元组成，不同元素的原子尺寸差异会引起晶格畸变，这种晶格畸变增加了位错运动的阻力，从而提高了材料的硬度。通过对比各涂层的平均硬度可以发现，涂层的硬度随着 CeO_2 添加量的增加有逐渐增加的趋势，这主要归因于 CeO_2 对高熵合金涂层晶粒的细化作用，从各涂层的 SEM 照片图 4-2 也可以看出，各涂层的组织随着 CeO_2 添加量的增加而逐渐细化。另外，从前面 EBSD 分析的结果可知，随着 CeO_2 添加量的增加，各涂层的平均晶粒直径在逐渐减小，且添加了 CeO_2 后，涂层的大角度晶界比例和位错密度等都明显高于未添加的涂层，这些都是高熵合金涂层显微硬度增加的重要因素。根据 Hall-Petch 关系，材料的强度与晶粒尺寸成反比，即晶粒尺寸越小，材料的强度越高。涂层晶粒细化后，晶界数量显著增多。由于晶界处原子排列呈现不规则性，

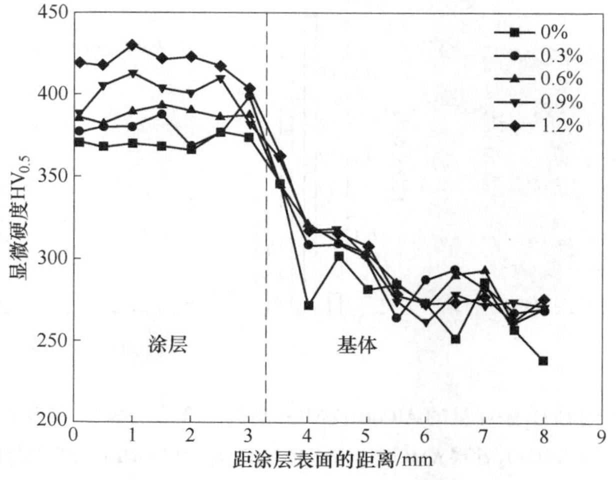

图 4-17　不同 CeO_2 添加量的 AlCoCrFeNiCu 高熵合金等离子熔覆层显微硬度曲线

蕴含着较高的能量状态，因而对材料内部位错的运动产生明显的阻碍效应。随着晶粒细化，晶界总面积相应增大，这使得位错的运动面临更大的阻力，进而有效提升了材料的强度[199]。

4.3.2 纳米压痕

为了研究 CeO_2 添加对 AlCoCrFeNiCu 高熵合金等离子熔覆层弹性模量和纳米硬度等力学性能的影响，对 CeO_2添加量为 0.9%（质量分数）的 AlCoCrFeNiCu 涂层进行了纳米压痕实验，结果如图 4-18 和表 4-2 所示。图 4-18（a）中圆圈 1 和圆圈 2 分别是涂层枝晶（DR）区域和晶间（ID）区域的测试位置，图 4-18（b）为相应的纳米压痕载荷-位移曲线。从载荷-位移曲线可以看出，晶内区域曲线围成的面积小于晶间区域曲线围成的面积，晶内区域具有更好的抵抗塑性变形能力。同时，两条曲线均在保压阶段出现了平台，且晶内区域的平台长度更短，这说明两个区域在保压阶段均发生了蠕变，且晶内区域抗蠕变性能优于晶间区域。通过对比试验数据可知，该涂层的晶内区域和晶间区域的最大压痕深度 h_{max} 分别为 60.39 nm 和 91.99 nm，低于未添加 CeO_2 涂层对应区域的最大压痕深度 67.92 nm 和 128.42 nm，说明在相同载荷条件下各涂层晶内区域的变形抗力均优于晶间区域，且添加 CeO_2 以后，涂层晶内区域和晶间区域的变形抗力均得到提升。表 4-2 为 CeO_2 添加量为 0.9%的 AlCoCrFeNiCu 高熵合金涂层各区域的弹性模量和纳米硬度，从表中可以看出，晶内区域和晶间区域的弹性模量分别为 219.220 GPa、166.256 GPa，纳米硬度分别为 5.085 GPa、2.596 GPa，晶内的弹性模量和纳米硬度均高于晶间区域。根据前面的 EDS 分析结果可知，Cu 元素富聚在晶间区域，这就使得该区域的弹性模量和纳米硬度均低于晶内区域。同时，从图 4-11 中对涂层的 TEM 分析还可以看出，晶间区域只包含了富 Cu 的 FCC 相，而晶内区域除了 FCC 相以外，还包含了少量的 BCC 相，BCC 相的密排面（110）面的面间距比 FCC 相的密排面（111）面的面间距更小，位错在 BCC 相密排面上滑移比在 FCC 相密排面滑移更加困难，所以 BCC 相弹性模量和纳米硬度高于 FCC 相，因此含有 BCC 相的晶内区域的弹性模量和纳米硬度均高于只含有 FCC 相单相存在的晶间区域[200]。将表 4-2 中的数据与第 3 章未添加 CeO_2 涂层的数据（表 3-5）对比可以看出，添加 CeO_2 以后，AlCoCrFeNiCu 等离子熔覆涂层晶内和晶间区域的弹性模量和纳米硬度均高于未添加 CeO_2 的涂层，而最大压痕深度小于未添加 CeO_2 的涂层。这说明 CeO_2 的添加使 AlCoCrFeNiCu 等离子熔覆涂层各区域的性能均得到了提升。结合前面针对涂层的 EBSD 分析可以发现，添加 CeO_2 以后，涂层的晶粒得到了明显的细化，位错密度增加，且 BCC 相的含量也得到了显著增加，这些都是导致涂层在添加 CeO_2 以后其晶内和晶间区域的弹性模量和纳米硬度增加、涂层变形抗力增加的重要因素。

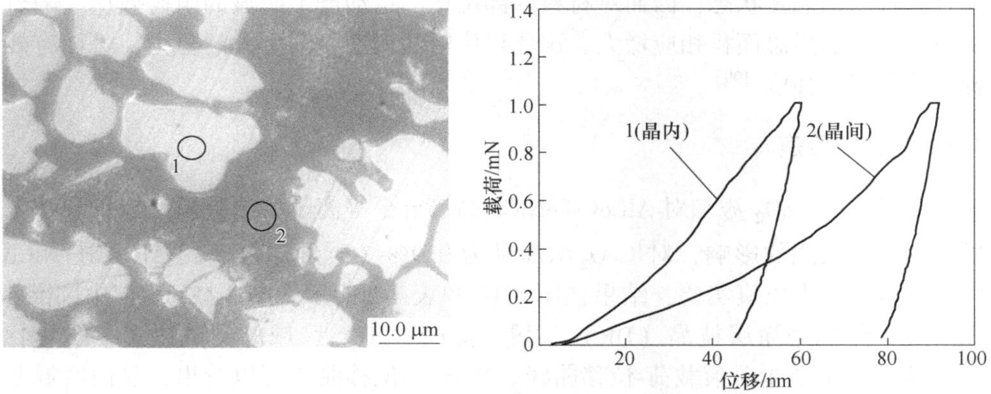

(a)　　(b)

图 4-18　CeO_2添加量为 0.9%（质量分数）的 AlCoCrFeNiCu 高熵合金等离子熔覆层纳米压痕分析

(a) 测试区域；(b) 载荷-位移曲线

表 4-2　CeO_2添加量为 0.9%（质量分数）的 AlCoCrFeNiCu 高熵合金涂层的弹性模量和纳米硬度

区　域	弹性模量 E/GPa	纳米硬度 H/GPa	最大压痕深度 h_{max}/nm
1（晶内）	219.220	5.085	60.39
2（晶间）	166.256	2.596	91.99

4.3.3　耐磨性

图 4-19 是不同 CeO_2 添加量的 AlCoCrFeNiCu 高熵合金等离子熔覆层的摩擦系数图。从图 4-19 中可以看出，各涂层的摩擦系数都包含急剧上升的磨合阶段和相对比较稳定的稳定摩擦阶段。这是因为在磨合初期，由于涂层表面磨损量和接触面积的增大，摩擦系数随着时间的增加而迅速增大，然后进入到相对稳定的摩擦阶段[201]。CeO_2 添加量从 0%到 1.2%（质量分数），各涂层平均摩擦系数分别为 0.5800、0.5795、0.5727、0.5603、0.5183，可以看出摩擦系数与涂层硬度成反比，随着 CeO_2 添加量的增加，各涂层摩擦系数有逐渐降低的趋势，特别是当 CeO_2 添加量为 1.2%时，摩擦系数降低比较明显。这表明 CeO_2 的添加有利于提高 AlCoCrFeNiCu 高熵合金涂层的耐磨性。

图 4-20 是不同 CeO_2 添加量的 AlCoCrFeNiCu 高熵合金等离子熔覆层的磨痕 3D 形貌及磨痕横截面轮廓。经测量可知，0%、0.3%、0.6%、0.9%、1.2% CeO_2（质量分数）添加量的涂层的平均磨痕宽度分别为 1615.327 μm、1596.888 μm、1588.450 μm、1575.762 μm 和 1357.305 μm，最大磨痕深度分别为 113.673 μm、

103.904 μm、102.070 μm、99.139 μm 和 65.433 μm。根据测量数据可知，各涂层磨痕的尺寸随着 CeO_2 添加量的增加有逐渐减小的趋势，表明各涂层的抗磨能力随着 CeO_2 添加量的增加而增大。高熵合金涂层的摩擦磨损行为与涂层的显微组织、相组成、显微硬度等都密切相关[202]。根据涂层 EBSD 分析结果可知，各涂层都是以 FCC 相为主，添加 CeO_2 以后，Ce 元素促进了涂层中 BCC 相的形成，使得涂层中 BCC 相的含量增加，提高了涂层的强度和硬度。与此同时，涂层的晶粒尺寸随着 CeO_2 含量的增加而减小，晶粒得到细化，CeO_2 在起到细晶强化作用的同时，BCC 相在 FCC 相基础之上分布更加弥散均匀，两相之间形成了较好的强韧匹配，有利于提高涂层的耐磨性。所以随着 CeO_2 含量的增加，各涂层的磨痕尺寸逐渐减小，耐磨性能逐渐提升。

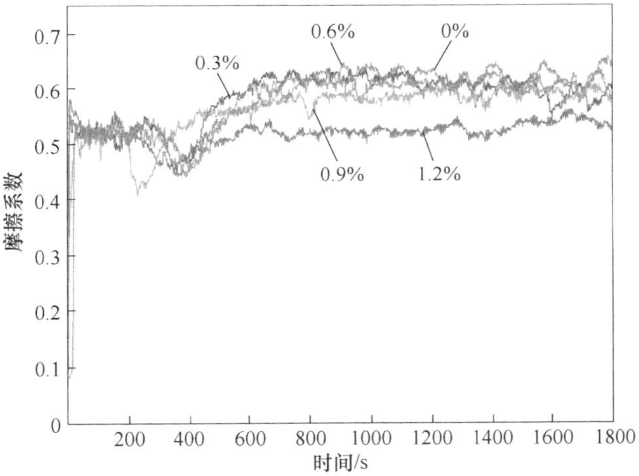

彩图

图 4-19　不同 CeO_2 添加量的 AlCoCrFeNiCu 涂层摩擦系数

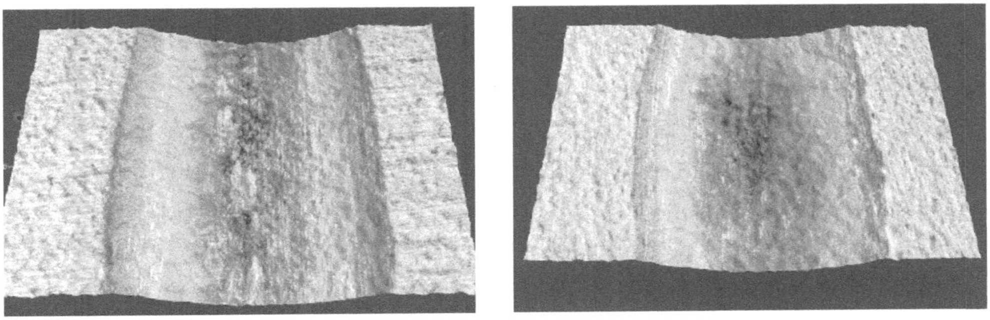

(a)　(b)

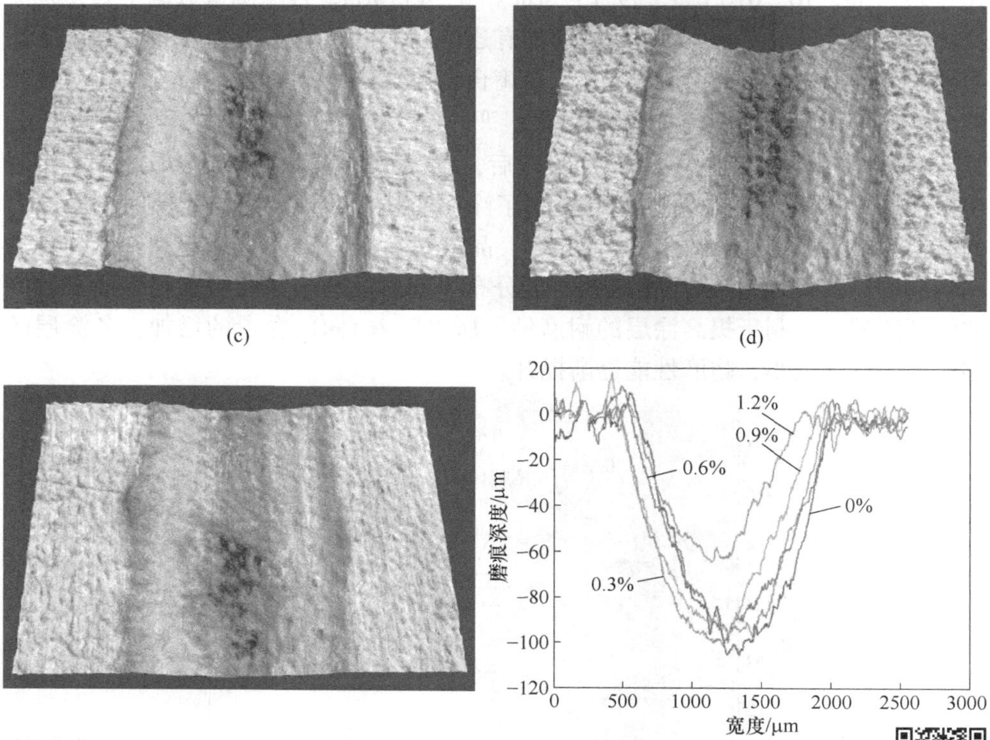

(e) (f)

彩图

图 4-20 不同 CeO_2 添加量的 AlCoCrFeNiCu 涂层磨痕 3D 形貌及磨痕横截面轮廓

(a) 0%；(b) 0.3%；(c) 0.6% ；(d) 0.9% ；(e) 1.2%；(f) 磨痕横截面轮廓

图 4-21 是不同 CeO_2 添加量的 AlCoCrFeNiCu 高熵合金等离子熔覆层的磨损表面形貌，表 4-3 为图 4-21 中 1~10 号点位的 EDS 分析。从图 4-21 中可以看出，各涂层的磨损表面都出现了明显的分层现象，形成了颜色较暗的表层和相对较亮的底层，并且各涂层的底层区域都有沟槽的产生，这表明各涂层在摩擦磨损过程中不仅存在黏着磨损，同时还伴随着磨料磨损。对图 4-21 中各标记点进行 EDS 分析可以发现，各涂层磨面的表层都富含 O 元素，这是因为在磨损过程中产生的摩擦热使得涂层表面在空气中被氧化而形成氧化层，氧化层在切应力的作用下发生塑性变形并逐步形成裂纹，裂纹的出现导致材料容易从涂层表面分层剥离，形成分层现象，呈现出氧化磨损的特征[203]。同时，在各涂层的氧化层中都检测到少量的 Si 元素，这与摩擦磨损试验过程中材料从 Si_3N_4 摩擦球向 AlCoCrFeNiCu 高熵合金涂层发生了转移有关[204]。对比分析各涂层磨损表面形貌还可以发现，当 CeO_2 含量较少时涂层的分层现象比较明显，表层出现了大面积的块状剥落，主

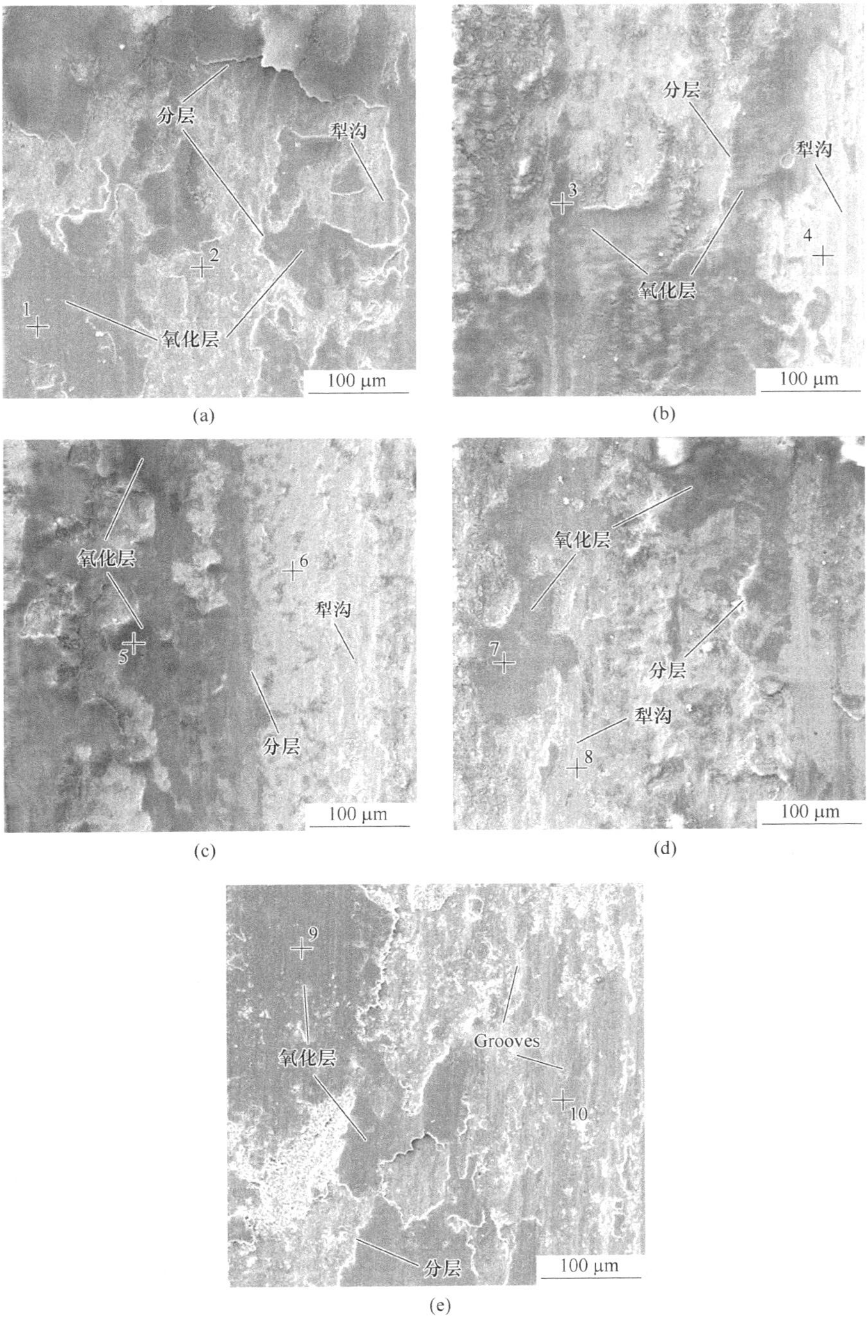

图 4-21 不同 CeO_2 添加量的 AlCoCrFeNiCu 涂层的磨损表面形貌及成分分析

（a）0%；（b）0.3%；（c）0.6%；（d）0.9%；（e）1.2%

要表现出黏着磨损的特征，磨损比较严重，如图 4-21（a）（b）和（c）所示；当涂层中 CeO_2 含量较高时，涂层表面硬度增加，抗磨能力增强，磨损表面块状剥落区域减小，而呈现出更多的犁沟形貌，表现出更多的磨料磨损的特征，如图 4-21（d）和（e）所示。因此，随着涂层中 CeO_2 含量的增加，其表面在摩擦磨损过程中呈现出由黏着磨损向磨料磨损转化的趋势，涂层的耐磨性能逐渐增加。

表 4-3 不同 CeO_2 含量的 AlCoCrFeNiCu 高熵合金涂层磨损表面 EDS 点扫描分析（原子数分数） （%）

试样	测试点	Al	Co	Cr	Fe	Ni	Cu	O	Si
0% CeO_2	1	4.38	4.88	5.12	23.30	4.39	5.82	48.66	2.74
	2	8.27	9.96	9.99	50.52	9.56	10.47	—	—
0.3% CeO_2	3	4.91	5.45	5.77	10.40	5.29	5.57	59.56	2.46
	4	12.45	15.00	15.88	29.93	13.87	11.94	—	—
0.6% CeO_2	5	6.59	6.54	7.15	15.14	6.28	6.00	49.72	1.78
	6	11.03	11.22	12.06	26.22	12.28	18.85	7.39	—
0.9% CeO_2	7	6.33	6.83	7.15	14.03	6.62	7.63	48.58	2.18
	8	14.46	12.43	13.22	25.50	14.52	14.95	4.02	—
1.2% CeO_2	9	7.58	8.49	9.16	17.93	7.85	10.11	37.78	0.42
	10	12.10	14.47	14.05	29.00	13.84	15.68	—	—

4.3.4 耐腐蚀性

为了研究 CeO_2 含量对 AlCoCrFeNiCu 高熵合金涂层耐腐蚀性能的影响，在 3.5%（质量分数）NaCl 溶液中对试样进行了电化学测试。图 4-22 为高熵合金涂层及 35CrMo 基体在 3.5%（质量分数）NaCl 溶液中的动电位极化曲线。由图 4-22 可知，阴极区极化曲线没有发生明显变化，阳极区极化曲线出现了明显的变化，添加了 CeO_2 的涂层开始钝化的电流密度更小，表明 Ce 含量对阴极区极化没有明显影响，对阳极区极化产生较大的影响，更有利于涂层的钝化。表 4-4 为图 4-22 中动电位极化曲线对应的电化学参数，展示了不同 CeO_2 添加量的 AlCoCrFeNiCu 高熵合金涂层及 35CrMo 基体的自腐蚀电位（E_{corr}）及自腐蚀电流密度（i_{corr}）。其中，自腐蚀电位以及自腐蚀电流密度是评价涂层腐蚀性能的重要参数。当自腐蚀电位越正，说明涂层具有更好的热力学稳定性，在相同腐蚀环境下更加稳定，当自腐蚀电流密度越小时，涂层的腐蚀速率越低，耐腐蚀性能越好[205]。通过比较发现，高熵合金涂层相较于基体，表现出较高的自腐蚀电位和较低的自腐蚀电流密度，因此各高熵合金涂层的耐腐蚀性能均高于基体。添加 CeO_2 以后涂层的自腐蚀电位均高于未添加涂层，自腐蚀电流密度均低于未添加的涂层，说明添加

CeO_2 可以提高 AlCoCrFeNiCu 涂层的耐腐蚀性能。随着 CeO_2 添加量的增加，各涂层的自腐蚀电位呈先升高后降低趋势，而自腐蚀电流密度呈先减小后增加的趋势，0.3%CeO_2 涂层具有最高的自腐蚀电位和最小的自腐蚀电流密度，表明各涂层的耐腐蚀性能随着 CeO_2 添加量的增加呈先增大后减小的非线性趋势，0.3% CeO_2 涂层的耐腐蚀性能最佳。

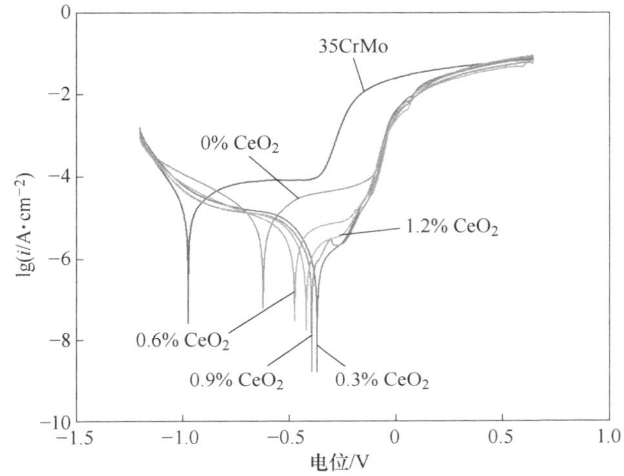

图 4-22 不同 CeO_2 添加量的高熵合金涂层及基体在 3.5%（质量分数）NaCl 溶液中动电位极化曲线

表 4-4 不同 CeO_2 添加量的高熵合金涂层及 35CrMo 基体的电化学参数

试 样	E_{corr} (vs. SCE)/V	i_{corr}/A · cm^{-2}
35CrMo 基体	−0.972	1.907×10^{-5}
0% CeO_2	−0.622	7.492×10^{-6}
0.3% CeO_2	−0.235	2.410×10^{-6}
0.6% CeO_2	−0.421	2.928×10^{-6}
0.9% CeO_2	−0.470	3.246×10^{-6}
1.2% CeO_2	−0.496	3.796×10^{-6}

图 4-23 为不同 CeO_2 添加量的 AlCoCrFeNiCu 高熵合金涂层在 3.5%（质量分数）NaCl 溶液中测得的电化学阻抗图谱。如图 4-23（a）所示，Nyquist 曲线呈半圆弧状，表明溶液界面和电极表面发生了电荷转移。图 4-23（a）中 Nyquist 曲线半径随着 CeO_2 含量的增加先增大后减小，0.3% CeO_2 涂层 Nyquist 半圆弧曲线半径最大，说明涂层耐腐蚀性能随着 CeO_2 含量的增加呈现先升高后下降的趋势，0.3% CeO_2 涂层具有最好的耐腐蚀性能，Nyquist 曲线图的分析结果和动电位极

化曲线分析结果相一致。图 4-23（b）和（c）分别为不同 CeO_2 添加量的 AlCoCrFeNiCu 高熵合金涂层的频率-阻抗和频率-相位角图。通过对比可知，基体的阻抗 $|Z|$ 和负相位角最小，耐腐蚀性能最差，0.3%CeO_2 涂层的阻抗 $|Z|$ 和负相位角最大，具有最佳的耐腐蚀性能。

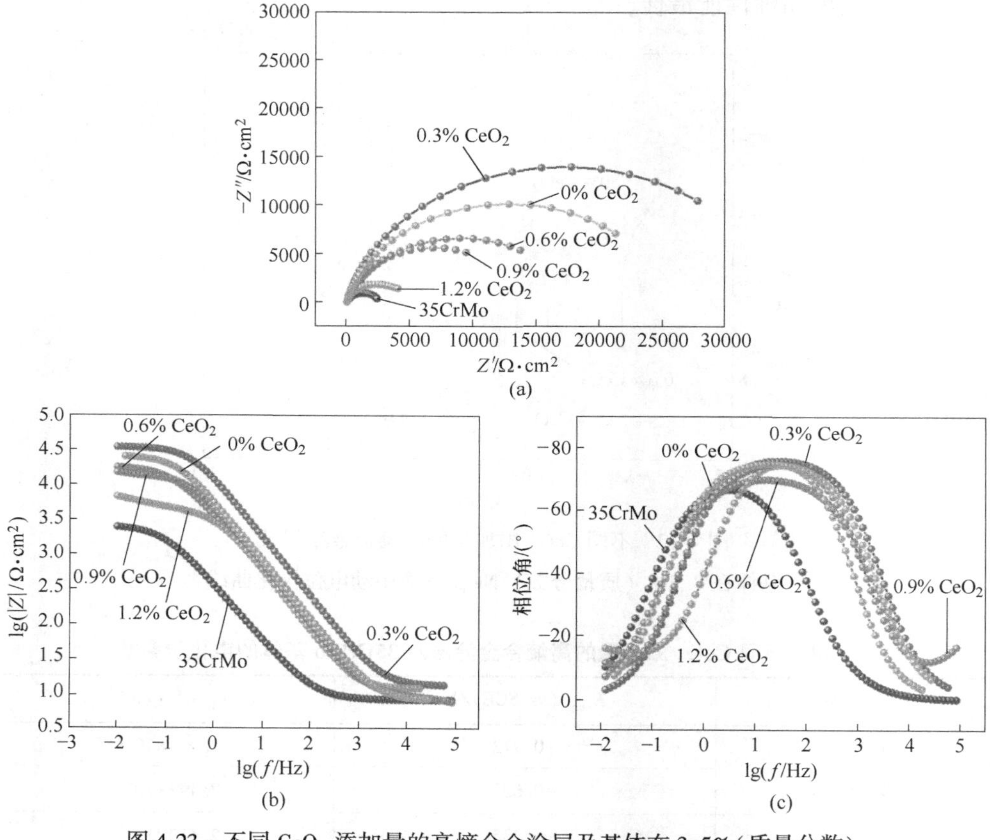

图 4-23　不同 CeO_2 添加量的高熵合金涂层及基体在 3.5%（质量分数）NaCl 溶液中的 Nyquist 图和 Bode 图

（a）Nyquist 图；（b）频率-阻抗图；（c）频率-相位角图

为进一步分析涂层的腐蚀情况，采用 ZView 软件分析阻抗数据，并建立等效电路图，拟合的等效电路图如图 4-24 所示。表 4-5 为不同 CeO_2 添加量（质量分数）的 AlCoCrFeNiCu 高熵合金涂层在 3.5%（质量分数）NaCl 溶液中的等效电路图拟合参数。由表 4-5 中数据可以看出，随着 CeO_2 含量的增加，涂层电荷转移电阻 R_{ct} 分别为 10.234 kΩ · cm^2、34.469 kΩ · cm^2、18.176 kΩ · cm^2、13.891 kΩ · cm^2、3.767 kΩ · cm^2，呈先增大后减小的趋势。而基体电荷转移电阻为 2.609 kΩ · cm^2，小于各高熵合金涂层的电荷转移电阻。因此，在相同的腐蚀环境下，不同 CeO_2 添加量的高熵合金涂层的耐腐蚀性能均高于基体，且耐腐蚀性能随着 CeO_2 添加量的增多呈先增大后降低的趋势，0.3% CeO_2 涂层具有最佳的耐腐蚀性能，这与前面分析的结果一致。

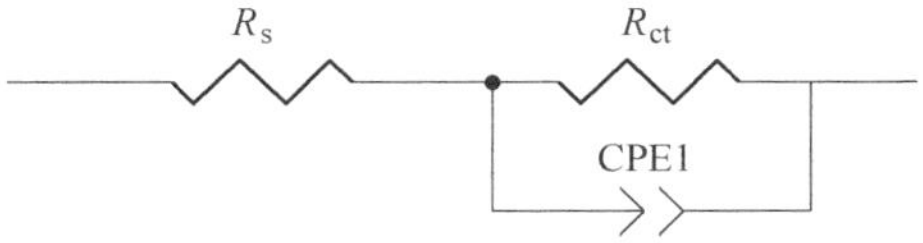

图 4-24 不同 CeO_2 添加量的高熵合金涂层等效电路图

表 4-5 等效电路图拟合参数

试　样	$R_s/\Omega\cdot cm^2$	$R_{ct}/k\Omega\cdot cm^2$	$Q/\Omega^{-1}\cdot cm^{-2}\cdot s^n$	α
35CrMo 基体	8.439	2.609	6.17×10^{-4}	0.807
0% CeO_2	7.149	10.234	5.51×10^{-5}	0.812
0.3% CeO_2	13.35	34.469	1.54×10^{-5}	0.867
0.6% CeO_2	8.425	18.176	6.01×10^{-5}	0.801
0.9% CeO_2	8.894	13.891	4.08×10^{-5}	0.858
1.2% CeO_2	12.14	3.767	5.01×10^{-5}	0.862

综上所述，不同 CeO_2 添加量的 AlCoCrFeNiCu 高熵合金涂层的耐腐蚀性能均显著优于35CrMo 基体，且随着 CeO_2 添加量的增多，各涂层耐腐蚀性能呈现先提高后减小的趋势，当 CeO_2添加量为 0.3%时，涂层耐腐蚀性能最佳。影响涂层耐腐蚀性能的因素较多，包括元素分布、晶粒尺寸、各相含量等，通过前面对涂层的 EDS 分析可知，涂层中 Fe、Co、Cr 等高熔点元素主要分布在晶内，而 Cu 元素在晶界偏聚，各元素在涂层中分布不均匀，且涂层晶粒越粗大，各元素分布均匀性就越差，当往涂层中添加 CeO_2 以后，晶粒得到了细化，使得各元素分布更加均匀，这有利于提高涂层的耐腐蚀性能[167]；所以在涂层中添加 0.3% 的 CeO_2 以后，涂层中的元素分布更加均匀，耐腐蚀性能得到提升。但是，随着涂层中 CeO_2 添加量的增加，涂层的晶粒在得到进一步细化的同时，涂层中 BCC 相的含量也在大幅度增加，FCC 相含量降低，由于 FCC 相比 BCC 相的原子排列具有更高的致密度，使其具有更好的耐腐蚀性，所以 FCC 相含量降低导致了涂层耐腐蚀性能降低。因此，随着 CeO_2 添加量的增加，高熵合金涂层的耐腐蚀性能先增加后降低[206-207]。

4.4 本章小结

本章采用等离子熔覆技术在 35CrMo 钢表面制备了 CeO_2 添加量分别为 0.3%、0.6%、0.9%和 1.2%（质量分数）的 AlCoCrFeNiCu 高熵合金涂层，研究了 CeO_2 添加对涂层的相结构、微观组织及性能的影响，揭示了 CeO_2 对 AlCoCrFeNiCu 高熵合金等离子熔覆层组织和性能的影响规律及作用机理，主要得到以下结论：

（1）各涂层都是由 FCC 相和 BCC 相构成的双相组织，且 XRD 衍射峰的位置基本一致，说明 CeO_2 的添加没有改变高熵合金涂层的相构成。各涂层均主要由树枝晶构成，晶内为 FCC 结构的 Fe-Co-Cr-Ni 相及少量 BCC 相，晶间区域主要是 FCC 结构的 Al-Cu-Ni 相及少量纳米颗粒析出相 $L1_2$ 相。

（2）各涂层的晶粒取向具有较大的随机性。随着 CeO_2 添加量的增加，涂层的晶粒逐渐细化，大角度晶界比例也逐渐增加，CeO_2 含量为 0.9%的涂层平均晶粒直径为 9.808 μm，大角度晶界占比达 77.62%，晶粒细化效果明显。添加 CeO_2 以后，BCC 相含量增加且分布更加弥散，涂层的几何必要位错密度也明显增加。

（3）各涂层的显微硬度均高于 35CrMo 钢基体，且涂层平均硬度随着 CeO_2 添加量的增加呈逐渐升高的趋势，CeO_2 含量为 1.2%的涂层具有最高的平均硬度值，达到了 419 $HV_{0.5}$；涂层中晶内区域的弹性模量和纳米硬度高于晶间区域，且添加 CeO_2 以后，涂层各区域的变形抗力得到了提升。

（4）各涂层的耐磨性能优于 35CrMo 钢基体，且随着 CeO_2 含量的增加而逐渐提高。涂层的磨损机制包括了氧化磨损、黏着磨损和磨料磨损，且随着 CeO_2 含量的增加，涂层表面磨损机制有由黏着磨损向磨料磨损转化的趋势，1.2% CeO_2涂层磨料磨损特征最明显，具有最好的耐磨性能。

（5）涂层的耐腐蚀性能均显著优于35CrMo 基体，且随着 CeO_2 含量的增加呈现先增加后降低的趋势，当 CeO_2添加量为 0.3%时，涂层具有最高的自腐蚀电位和最小的自腐蚀电流密度，耐腐蚀性能最佳。各涂层的元素分布、晶粒尺寸以及各相含量等都是影响其耐腐蚀性能的重要原因。

5 Si、Sn 元素添加对 AlCoCrFeNiCu 高熵合金等离子熔覆层组织和性能的影响

根据合金化的思想，向高熵合金中添加适量的主要元素以外的其他元素，会对高熵合金起到改善组织、提高性能的作用，这也是目前高熵合金涂层强化的主要手段之一。因此，本章拟向 AlCoCrFeNiCu 高熵合金粉末中分别添加不同含量的 Si 元素和 Sn 元素，来研究这两种元素对 AlCoCrFeNiCu 高熵合金等离子熔覆层组织和性能的影响。

5.1 Si 元素添加对 AlCoCrFeNiCu 高熵合金等离子熔覆层组织和性能的影响

Si 元素是一种常用的固溶强化元素，在高熵合金涂层的研究领域，人们常通过向各类高熵合金中添加一定量的 Si 元素来实现涂层性能的进一步提升。Liu 等[208]研究了 $FeCrMnVSi_x$ 高熵合金涂层的显微组织和高温抗氧化性能的演变规律，研究发现 Si 的加入加剧了 HEA 涂层的晶格收缩和晶格畸变程度，在涂层中形成了富 Si 枝晶组织，随着 Si 含量的增加，涂层的高温抗氧化性能提高。Kumar 等[209]通过试验和数值模拟的方法研究了 Si 元素添加对等摩尔比 CoCrFeMnNi 高熵合金组织和力学性能的影响，发现 Si 元素适量添加可以使室温条件下的 CoCrFeMnNi 高熵合金中的孪晶减少，提高合金的强度和塑性。Li 等[210]研究了 Si 元素添加对 $AlCrFeNiMo_{0.5}$ 高熵合金显微组织和耐磨性的影响，研究表明：Si 元素的加入使得合金的枝晶间出现了 $(Cr,Mo)_3Si$ 相，HEA 涂层形貌转变为片层状的共晶结构，涂层的显微硬度和耐磨性随着 Si 元素含量的增加而提高。Liu 等[211]研究了 Si 微合金化对 $(Ti_{28}Zr_{40}Al_{20}Nb_{12})_{100-x}Si_x$ ($x=0,0.1,0.2,0.5$) 高熵合金组织和力学性能的影响，研究发现：Si 微合金化对相组成的影响较小，但对元素偏析、相形态和力学性能的影响较大，与 Si_0 合金相比，$Si_{0.1}$ 和 $Si_{0.2}$ 合金的屈服强度略有提高，随着 Si 元素含量的增加，合金的断裂应变减小。综上所述，在高熵合金涂层中添加一定量的 Si 元素，可有效改善涂层的显微组织、力学性能以及耐腐蚀性能等。因此，本章拟向 AlCoCrFeNiCu 高熵合金粉末中添加不同含量的 Si 元素，采用等离子熔覆技术在 35CrMo 钢表面制备 $AlCoCrFeNiCuSi_x$ ($x=0.1,0.2,0.3,0.4,0.5$) 高熵合金涂层，并对其组织和性能进行研究，探讨

Si 元素添加对 AlCoCrFeNiCu 高熵合金等离子熔覆层相结构、显微组织、成分分布、显微硬度、耐磨性以及耐腐蚀性等的影响，揭示 Si 元素掺杂对 AlCoCrFeNiCu 高熵合金涂层组织演化和性能强化的作用机理。

5.1.1 涂层物相分析

图 5-1 为 $AlCoCrFeNiCuSi_x$（$x=0$，0.1，0.2，0.3，0.4，0.5）（Si_0、$Si_{0.1}$、$Si_{0.2}$、$Si_{0.3}$、$Si_{0.4}$、$Si_{0.5}$）涂层的 XRD 图谱。从图 5-1 中可以看出，涂层分别在 $2\theta=43.19°$、50.30° 和 73.89° 附近出现了 FCC 相衍射峰，晶面指数分别为（111）、（200）和（220），在 $2\theta=44.68°$、65.03° 和 82.34° 附近出现了 BCC/B2 的衍射峰，晶面指数分别为（110）、（200）和（211）。这表明涂层主要由 FCC 相和 BCC/B2 相构成。此外，在等离子熔覆层中没有观察到 Si 以及 Si 化物的衍射峰，表明 Si 元素已经全部溶入涂层的晶体相中，形成含 Si 的固溶体相。进一步观察可以发现，随着 Si 含量的增加，BCC/B2 相衍射峰强度逐渐增加，而 FCC 相的衍射峰强度逐渐减小。未添加 Si 元素时，涂层中 FCC 相衍射峰强度较高，BCC/B2 相衍射峰强度极低。随着 Si 含量的增加，FCC 相衍射峰强度逐渐降低，BCC/B2 相衍射峰强度逐渐增加，涂层逐渐由 FCC 相主导变为 BCC 相主导。Si 含量的添加引起了高熵合金涂层中相结构的较大变化，表明 Si 原子的掺杂促进了 BCC/B2 相的形成。产生这种现象是由于 Si 元素与其他元素原子半径差相差较大，随着 Si 含量的增加，晶格应变增大导致晶格畸变能增大。且 BCC/B2 结构的致密度为 0.68，低于 FCC 结构，形成较低的致密度结构可以降低晶格畸变能。因此，随着 Si 含量的增加，亚稳态 FCC 晶体结构趋向于转变为相对稳定的 BCC/B2 晶体结构[212]。此外，从图 5-1 中可以看出，随着 Si 含量的增加，BCC/B2 衍射峰逐渐向右发生偏移，晶格常数逐渐降低。根据 Bragg 以及晶面间距公式[213]：

$$2d\sin\theta = n\lambda \tag{5-1}$$

$$d = \frac{a}{\sqrt{h^2 + k^2 + l^2}} \tag{5-2}$$

式中 d——晶面间距，nm；
n——衍射级数；
λ——X 射线的波长，nm；
θ——衍射角度，(°)；
h，k，l——晶面指数；
a——晶格常数，nm。

结合公式（5-1）和公式（5-2）计算可以得出，$AlCoCrFeNiCuSi_x$（$x=0$，0.1，0.2，0.3，0.4，0.5）涂层 BCC/B2 相晶格常数分别为 0.29271 nm、0.28815 nm、0.28729 nm、0.28705 nm、0.28695 nm 和 0.28620 nm，这表明

BCC/B2 相晶格常数随着 Si 含量的增加而逐渐降低。这是由于 BCC/B2 晶格的八面体和四面体间隙较小，无法容纳 Si 原子，原子半径较小的 Si 置换了 BCC 固溶体中其他原子，导致晶格收缩，晶格常数降低[214]。

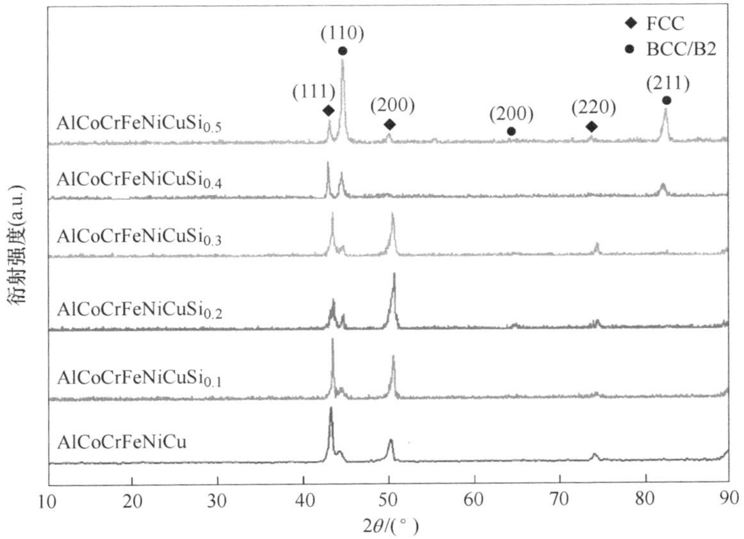

图 5-1　不同 Si 含量 AlCoCrFeNiCu 高熵合金涂层 XRD 图谱

根据式（2-6）可以计算出 $AlCoCrFeNiCuSi_x$ 的价电子浓度，得到不同 Si 含量与价电子浓度关系图，如图 5-2 所示。从图 5-2 中可以看出，随着 Si 的加入，价电子浓度逐渐降低，表明 Si 元素是促进 BCC 相稳定化元素，$AlCoCrFeNiCuSi_x$

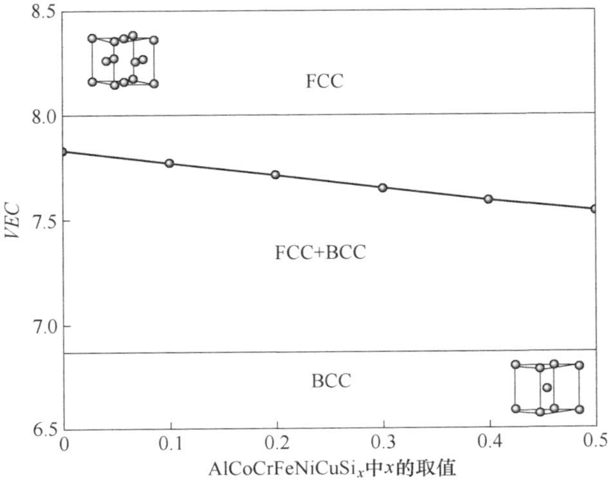

图 5-2　Si 含量与价电子浓度变化的关系

价电子浓度为 7.83~7.54，表明涂层晶体结构主要由 BCC 相和 FCC 相构成[215]。计算结果与 XRD 分析结果相一致。

5.1.2　涂层微观组织分析

图 5-3 为 $AlCoCrFeNiCuSi_x$ 高熵合金涂层横截面的 SEM 照片。从图 5-3 中可以看出，不同 Si 含量的 AlCoCrFeNiCu 高熵合金等离子熔覆层组织主要由树枝晶构成，晶内区域（DR）与晶间区域（ID）区分明显。添加 Si 元素以后，涂层的枝晶得到细化。一方面，由于 Si 元素与其他元素原子半径相差较大，随着 Si 含量的增加，表现出严重的晶格畸变，产生了较强的固溶强化效果和迟滞扩散效应。另一方面，随着 Si 元素的添加，降低了合金熔点从而提高了凝固过程的过冷度[216]。此外，从图 5-3（d_2）和（e_2）可以看出，$Si_{0.4}$ 和 $Si_{0.5}$ 涂层有大量短棒状的腐蚀坑分布在晶内，推测这可能是在金相腐蚀时 B2 相被稀王水腐蚀所形成的腐蚀坑。从前面的分析可知，Si 元素能促进涂层 BCC/B2 相的形成，从图 5-1 也可以看出，Si 元素添加较多的 $Si_{0.4}$ 和 $Si_{0.5}$ 涂层中 BCC/B2 相取代 FCC 相占主导地位。且 B2 相相较于 BCC 相，耐腐蚀性更差，在稀王水的腐蚀下会成为细小的腐蚀坑。虽然 B2 相中的 Al 元素能促进含 Al_2O_3 的钝化膜形成，但该钝化膜是多孔的，致密度较低，在腐蚀液中易被破坏，而 BCC 相富含 Cr 元素，能形成含 Cr_2O_3 的高致密度钝化膜。这与 Wang 等[216]和 Xiang 等[217]的研究结果相一致。

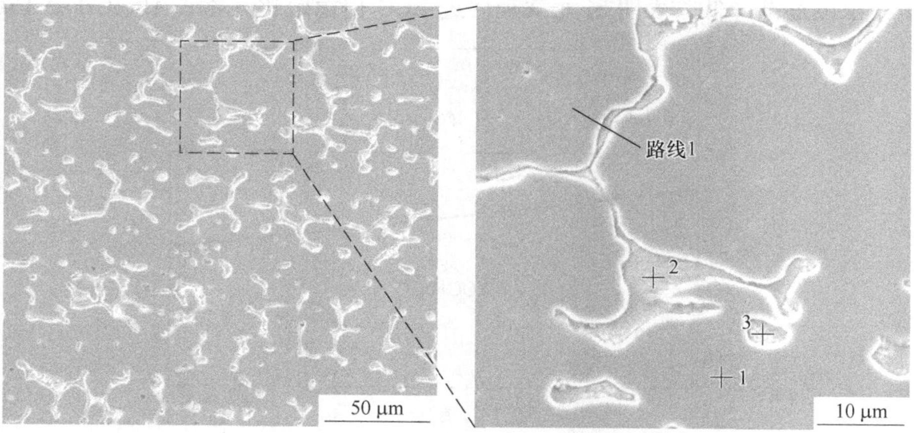

(a_1)　　(a_2)

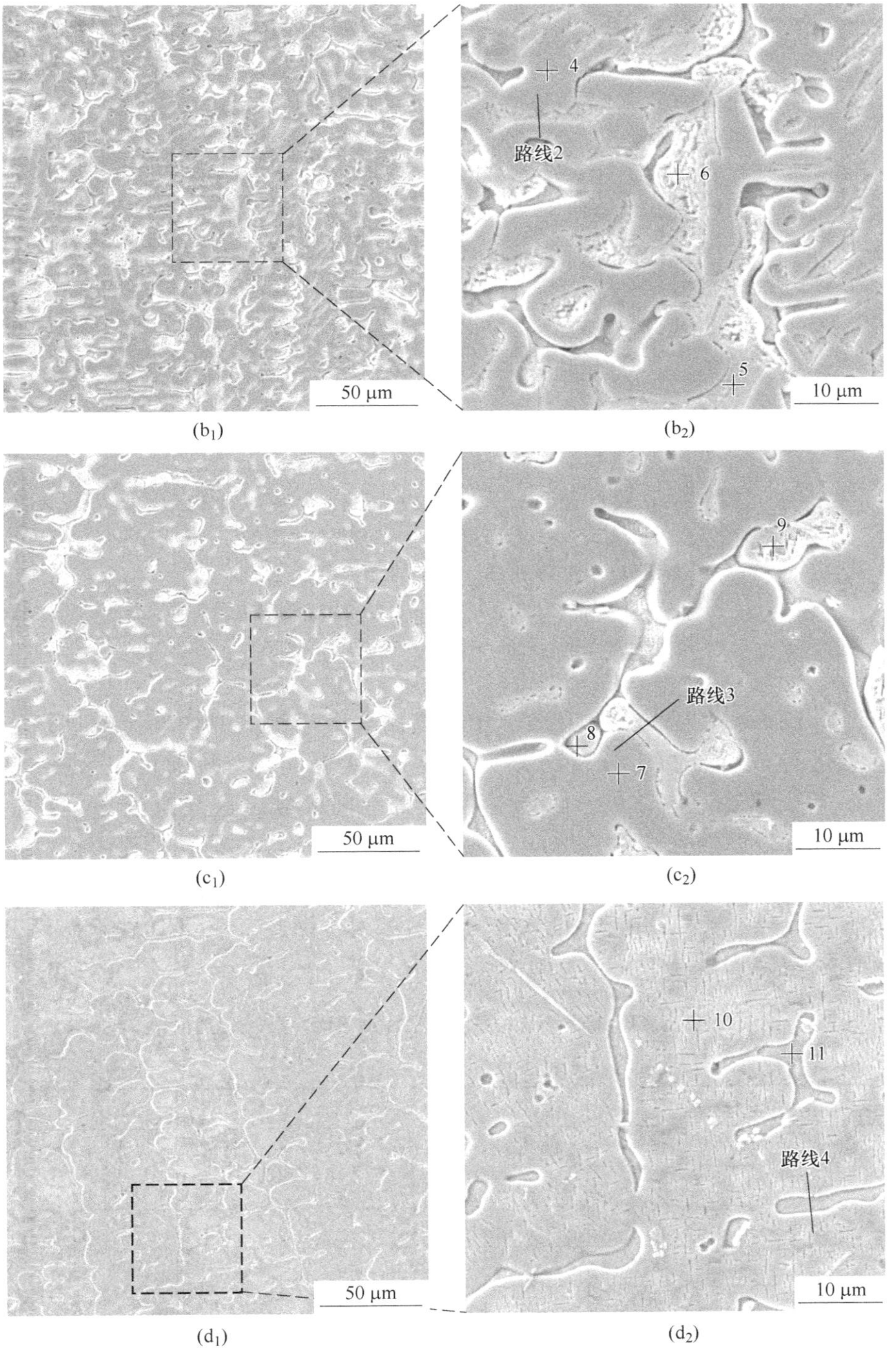
50 μm
(b1)
4
路线2
6
5
10 μm
(b2)
50 μm
(c1)
9
路线3
8
7
10 μm
(c2)
50 μm
(d1)
10
11
路线4
10 μm
(d2)

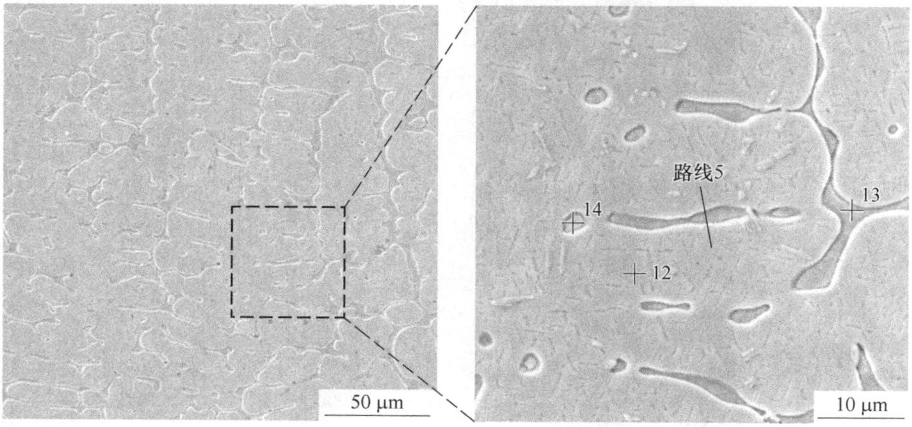

(e1) (e2)

彩图

图 5-3 不同 Si 含量 AlCoCrFeNiCu 高熵合金涂层 SEM 照片
(a_1) $Si_{0.1}$；(a_2) 图(a_1)中虚线框放大图；
(b_1) $Si_{0.2}$；(b_2) 图(b_1)中虚线框放大图；(c_1) $Si_{0.3}$；
(c_2) 图(c_1)中虚线框放大图；(d_1) $Si_{0.4}$；(d_2) 图(d_1)中虚线框放大图；
(e_1) $Si_{0.5}$；(e_2) 图(e_1)中虚线框放大图

利用 EDS 点扫描分别对图 5-3 中各高熵合金涂层的晶内和晶间区域标记的各点进行成分分析，分析结果见表 5-1。从表 5-1 中数据可以看出，Fe、Co、Cr 等元素在晶内富集，Cu 元素富集在晶间区域。这是由于 Fe、Co、Cr 等元素具有较好的互溶性且熔点较高，因此这些元素在凝固过程中优先形成树枝晶，而 Cu 元素与其他金属互溶性较差且熔点较低，最终在晶间区域形成偏聚。此外，由于 Cu 和 Ni 具有无限固溶度，因此，Ni 元素在涂层内分布相对比较均匀[218]。

表 5-1 不同 Si 含量 AlCoCrFeNiCu 高熵合金涂层 EDS 点扫描分析（原子数分数）

（%）

试样	测试点	Al	Co	Cr	Fe	Ni	Cu	Si
$Si_{0.1}$	1	6.97	11.42	12.06	52.74	7.95	8.07	0.79
	2	13.64	3.90	3.03	14.45	9.70	55.28	—
	3	15.42	3.72	2.70	13.27	10.13	54.76	—
$Si_{0.2}$	4	8.16	13.97	13.79	40.30	11.61	9.92	2.25
	5	11.96	5.01	4.83	13.28	9.28	55.63	—
	6	14.70	12.40	13.33	35.77	12.87	7.84	3.09

续表 5-1

试样	测试点	Al	Co	Cr	Fe	Ni	Cu	Si
$Si_{0.3}$	7	7.72	11.07	11.37	49.01	9.05	9.32	2.46
	8	14.51	2.4	1.51	11.19	8.49	60.90	—
	9	13.17	9.60	17.12	38.00	11.90	7.66	2.55
$Si_{0.4}$	10	10.05	13.47	15.13	36.36	12.04	7.32	5.63
	11	10.96	3.30	1.91	7.96	8.28	67.59	—
$Si_{0.5}$	12	8.54	13.07	14.51	37.56	10.10	10.01	6.21
	13	10.06	2.94	1.77	7.07	8.09	70.07	—
	14	10.02	5.53	4.79	13.33	8.15	56.60	1.58

为了更加直观地观察不同区域元素变化的趋势，按照图 5-3 中红线所示的路线（路线 1~ 路线 5）对高熵合金涂层进行了 EDS 线扫描分析，扫描路径从晶内区域开始，穿过晶间区域以后又回到晶内区域。图 5-4~图 5-8 依次为不同 Si 含量高熵合金涂层元素的变化趋势，从图中可以看出，各涂层元素分布的趋势比较一致，晶内 Fe、Co、Cr、Si 等元素含量明显高于晶间，表明这几种元素在晶内富集。Cu 元素分布呈现相反的趋势，在晶间含量明显高于晶内，表明 Cu 元素在晶间富集。Ni 元素在晶内和晶间分布变化不太明显，相对均匀，这与表 5-1 点扫描分析结果一致。

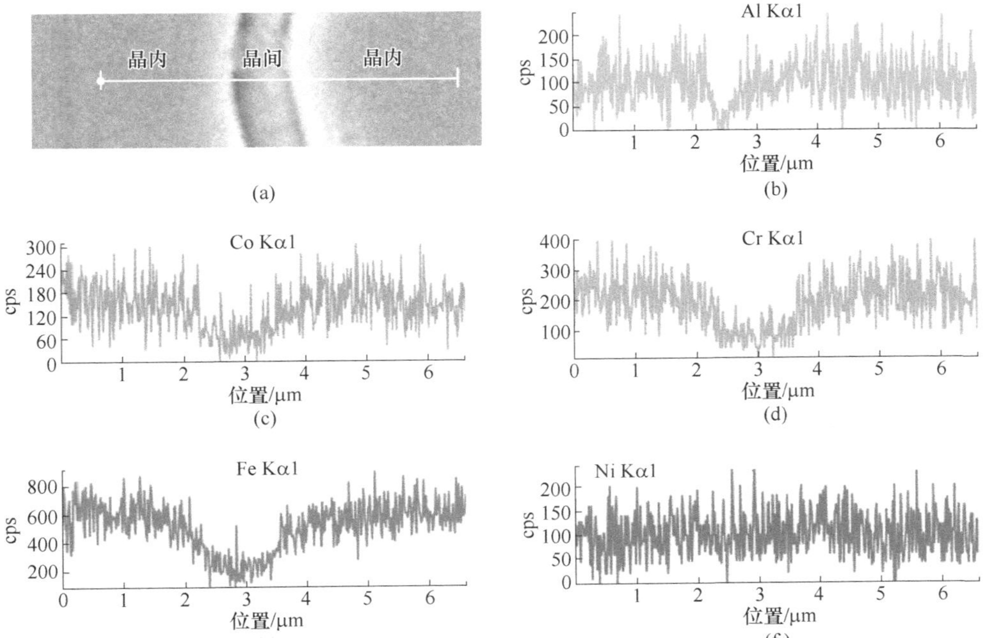

(a) (b) (c) (d) (e) (f)

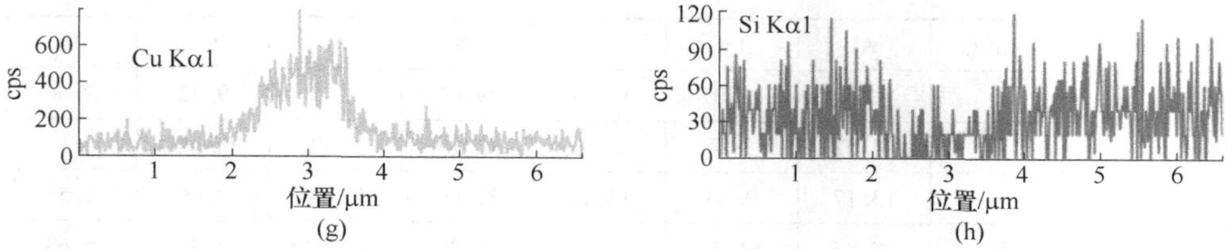

图 5-4　AlCoCrFeNiCuSi$_{0.1}$高熵合金涂层 EDS 线扫描分析

（a）扫描路线；（b）Al 元素分布；（c）Co 元素分布；（d）Cr 元素分布；
（e）Fe 元素分布；（f）Ni 元素分布；（g）Cu 元素分布；（h）Si 元素分布

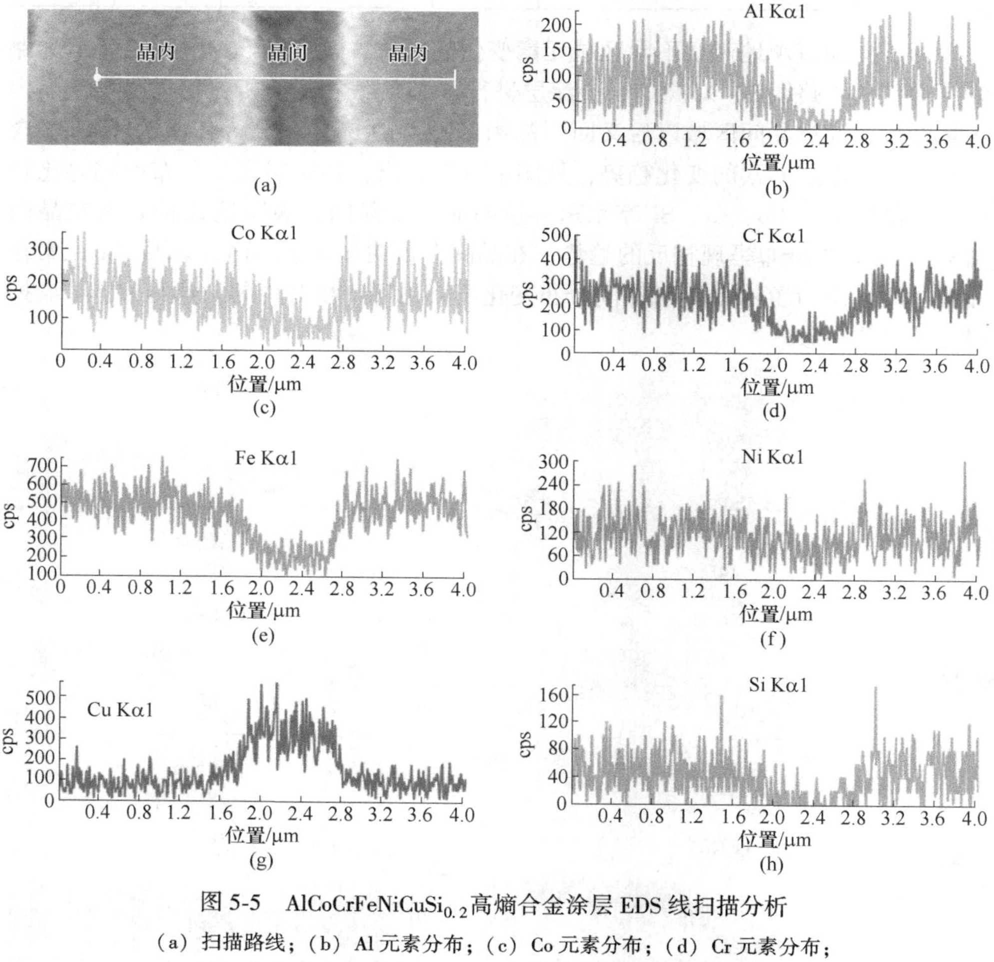

图 5-5　AlCoCrFeNiCuSi$_{0.2}$高熵合金涂层 EDS 线扫描分析

（a）扫描路线；（b）Al 元素分布；（c）Co 元素分布；（d）Cr 元素分布；
（e）Fe 元素分布；（f）Ni 元素分布；（g）Cu 元素分布；（h）Si 元素分布

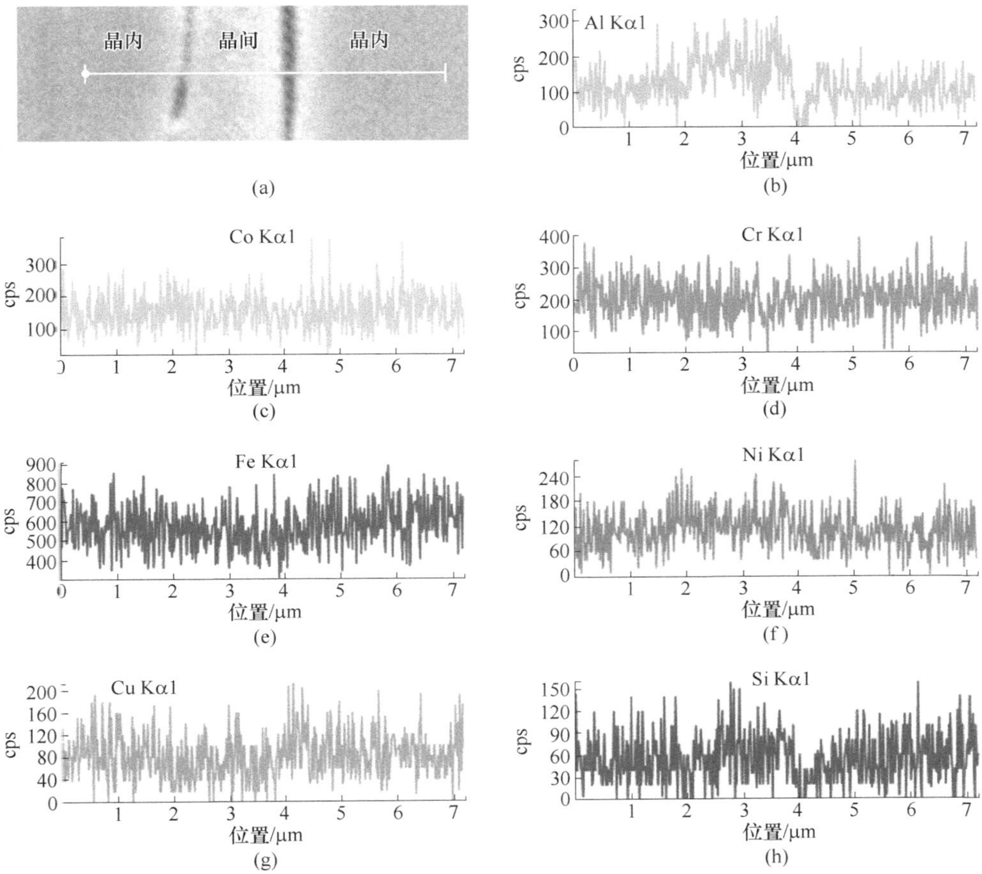

图 5-6 $AlCoCrFeNiCuSi_{0.3}$高熵合金涂层 EDS 线扫描分析

(a) 扫描路线；(b) Al 元素分布；(c) Co 元素分布；(d) Cr 元素分布；(e) Fe 元素分布；(f) Ni 元素分布；(g) Cu 元素分布；(h) Si 元素分布

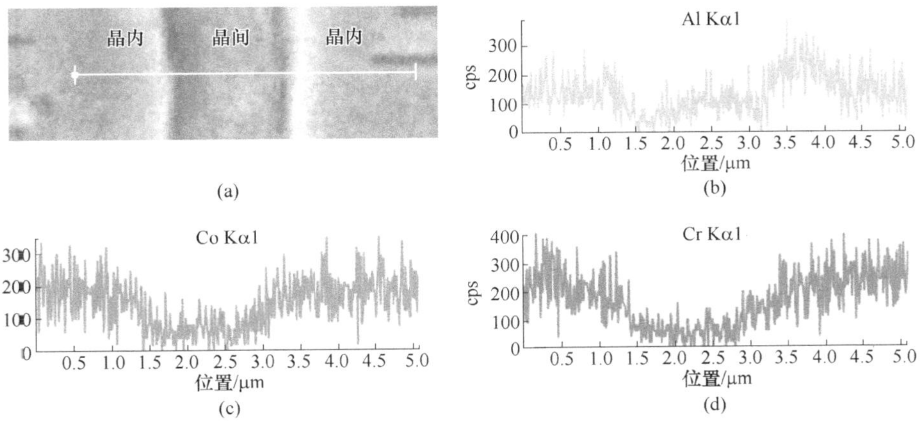

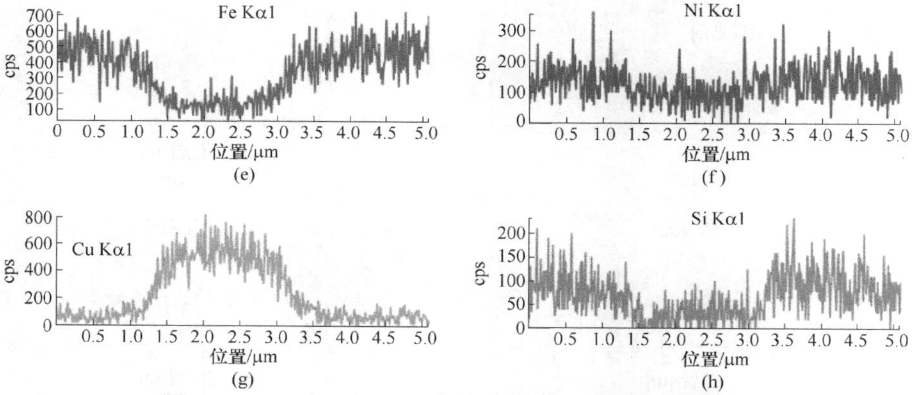

图 5-7　$AlCoCrFeNiCuSi_{0.4}$高熵合金涂层 EDS 线扫描分析

（a）扫描路线；（b）Al 元素分布；（c）Co 元素分布；（d）Cr 元素分布；
（e）Fe 元素分布；（f）Ni 元素分布；（g）Cu 元素分布；（h）Si 元素分布

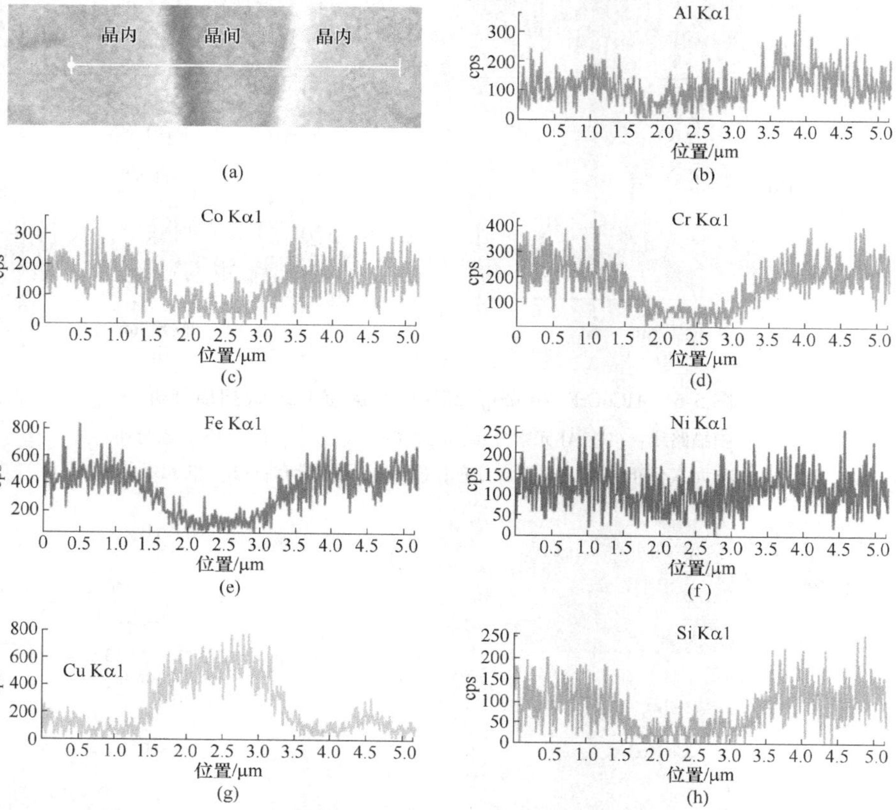

图 5-8　$AlCoCrFeNiCuSi_{0.5}$高熵合金涂层 EDS 线扫描分析

（a）扫描路线；（b）Al 元素分布；（c）Co 元素分布；（d）Cr 元素分布；
（e）Fe 元素分布；（f）Ni 元素分布；（g）Cu 元素分布；（h）Si 元素分布

通过对图 5-3 中不同 Si 含量 AlCoCrFeNiCu 高熵合金涂层进行 SEM-EDS 面扫描来进一步分析了各涂层的元素分布情况，结果如图 5-9～图 5-13 所示，从图中可以看出，各涂层元素分布情况比较相似，Fe、Co、Cr 等元素主要分布在晶内区域，Cu 元素主要分布在晶间区域，这与前面的 EDS 点扫描和线扫描分析结果一致。结合 XRD 分析结果可知，不同 Si 含量的 AlCoCrFeNiCu 涂层中，晶内区域主要由含 Fe、Co、Cr、Ni、Si 等元素的 FCC 相和 BCC/B2 相构成；晶间区域则由含 Cu、Ni、Al 等元素的 FCC 相构成。

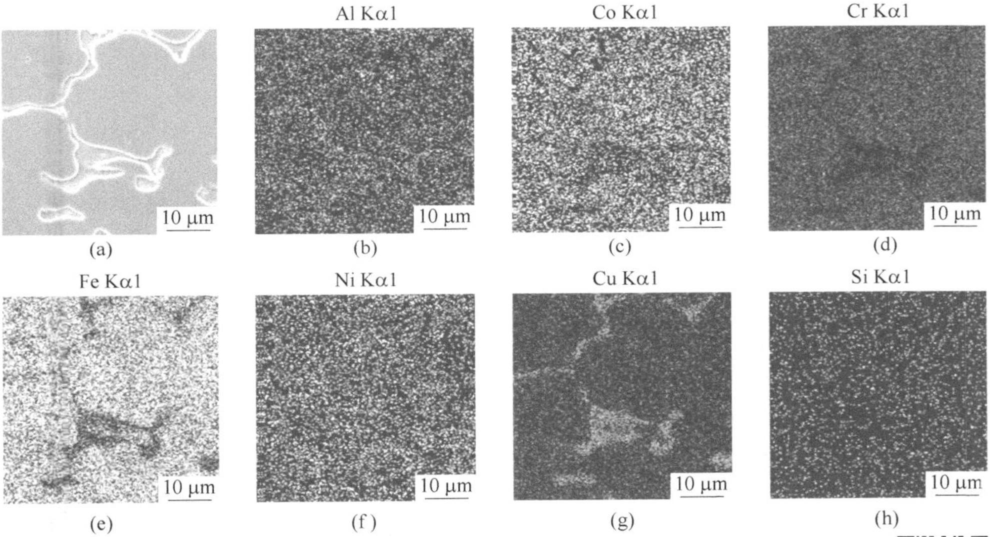

图 5-9 AlCoCrFeNiCu$Si_{0.1}$高熵合金涂层 EDS 面扫描分析

(a) 扫描区域；(b) Al 元素分布；(c) Co 元素分布；(d) Cr 元素分布；(e) Fe 元素分布；(f) Ni 元素分布；(g) Cu 元素分布；(h) Si 元素分布

彩图

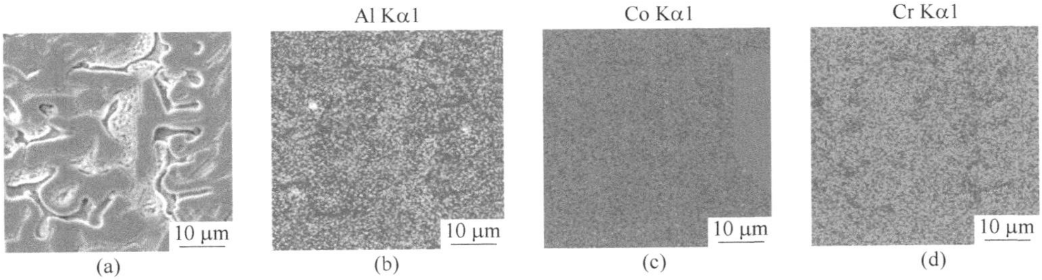

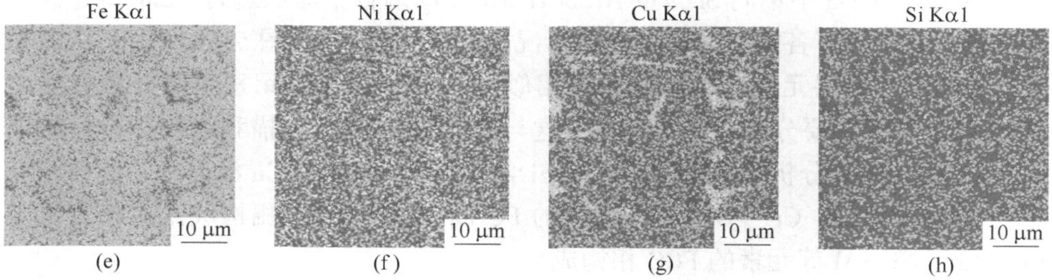

图 5-10　AlCoCrFeNiCuSi$_{0.2}$高熵合金涂层 EDS 面扫描分析

（a）扫描区域；（b）Al 元素分布；（c）Co 元素分布；（d）Cr 元素分布；
（e）Fe 元素分布；（f）Ni 元素分布；（g）Cu 元素分布；（h）Si 元素分布

彩图

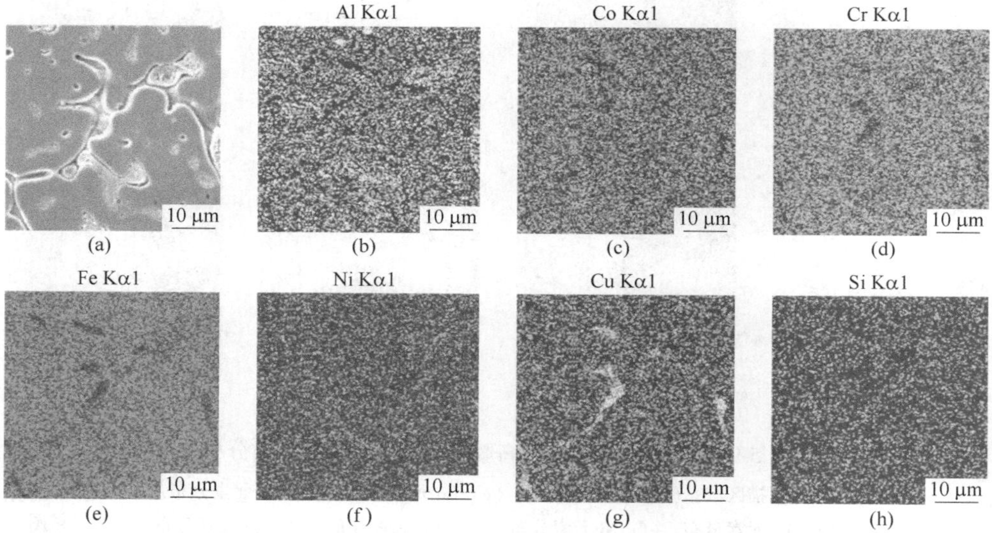

图 5-11　AlCoCrFeNiCuSi$_{0.3}$高熵合金涂层 EDS 面扫描分析

（a）扫描区域；（b）Al 元素分布；（c）Co 元素分布；（d）Cr 元素分布；
（e）Fe 元素分布；（f）Ni 元素分布；（g）Cu 元素分布；（h）Si 元素分布

彩图

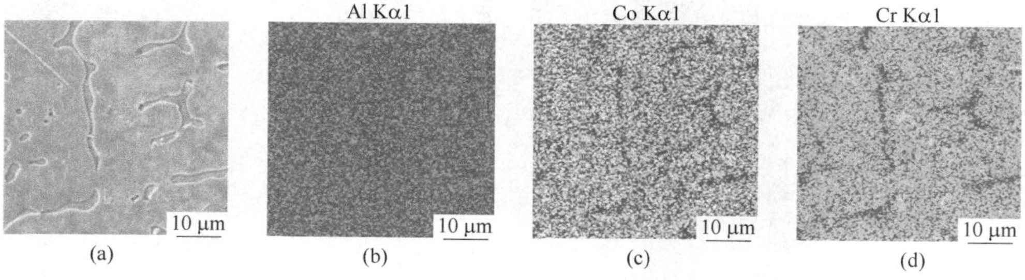

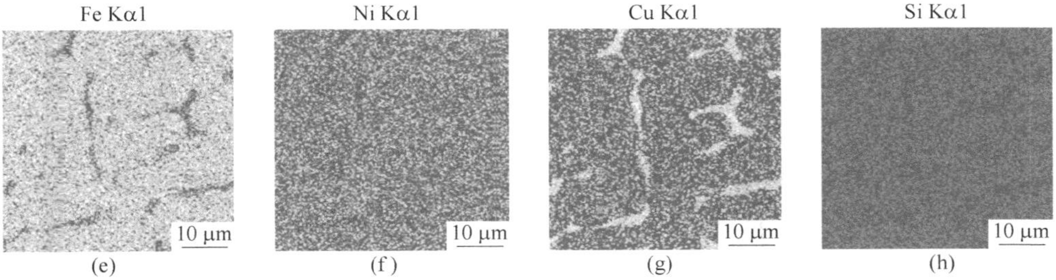

图 5-12 AlCoCrFeNiCuSi$_{0.4}$高熵合金涂层 EDS 面扫描分析

(a) 扫描区域；(b) Al 元素分布；(c) Co 元素分布；(d) Cr 元素分布；(e) Fe 元素分布；(f) Ni 元素分布；(g) Cu 元素分布；(h) Si 元素分布

彩图

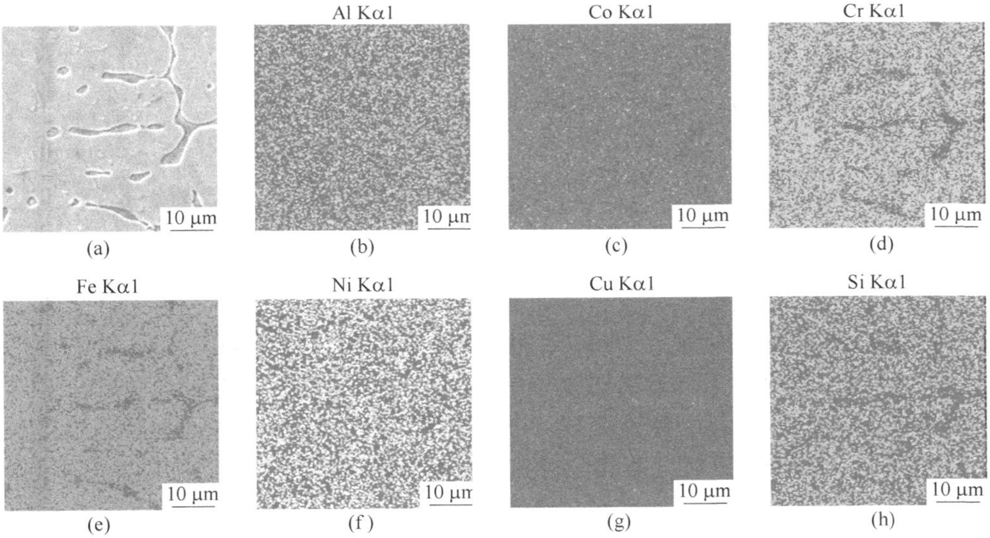

图 5-13 AlCoCrFeNiCuSi$_{0.5}$高熵合金涂层 EDS 面扫描分析

(a) 扫描区域；(b) Al 元素分布；(c) Co 元素分布；(d) Cr 元素分布；(e) Fe 元素分布；(f) Ni 元素分布；(g) Cu 元素分布；(h) Si 元素分布

彩图

利用 FIB 技术在 AlCoCrFeNiCuSi$_{0.4}$涂层中切取一个同时包含晶内和晶间区域的样品进行 TEM 表征。图 5-14 是 AlCoCrFeNiCuSi$_{0.4}$涂层 FIB 试样的明场像，从图中可以看出，晶内区域和晶间区域呈现不同的衬度，试样中间是晶间区域，四周是晶内区域，它们之间有明显的分界线。仔细观察会发现，在晶内区域出现了条纹状组织，结合前面的分析推测其可能是由于 BCC 相和 B2 相交替分布的结果，后面将对其进行进一步的表征。

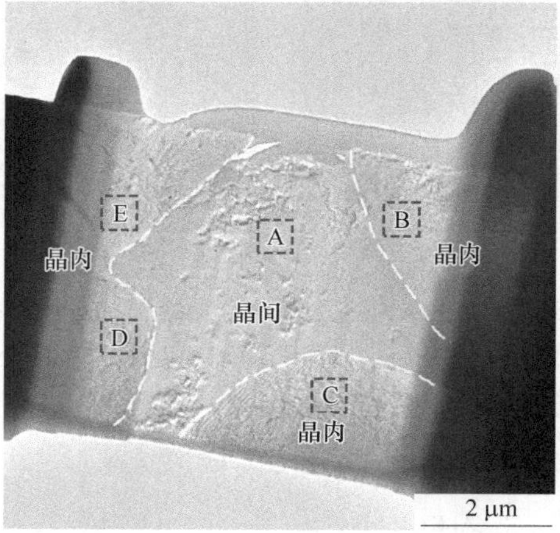

图 5-14　$AlCoCrFeNiCuSi_{0.4}$高熵合金涂层 FIB 试样明场像

在 HAADF 模式下对 FIB 样品进行面扫描成分分析，结果如图 5-15 所示。从图 5-15 中可以看出，晶内和晶间区域元素分布差异较大，四周的晶内区域富含 Fe、Co、Cr、Ni 等元素，而中间的晶间区域富含 Cu 元素，并且在晶间区域析出了较多与晶内区域元素分布相似的颗粒相。为了进一步确定元素分布的具体情况，在样品中选取了四个典型的区域来进行元素定量分析，如图 5-15 所示，区域 1 是晶间区域析出的颗粒相，区域 2 是晶间区域不包含颗粒相的部分，区域 3 和区域 4 均为晶内区域，分析结果见表 5-2。从表 5-2 的数据可以看出，区域 1 与区域 3、区域 4 成分分布比较一致，证明晶间区域析出的颗粒相与晶内区域的物相结构一致，结合图 5-1 XRD 分析的结果来进行推测，它们可能由富含 Fe、Co、Cr、Ni 等元素的 FCC 相和 BCC/B2 相构成；而区域 2 主要以 Cu 元素为主，另外还含有相对较多 Al 元素和 Ni 元素，而且其他元素含量很少，结合前面的分析推测其可能主要由富含 Cu、Al、Ni 元素的 FCC 相构成。Luan 等[219]的研究表明，随着高熵合金中元素数量增加或温度的降低，会使合金越来越倾向于发生调幅分解。由此可以推断，晶间区域观察到的颗粒析出相可能是调幅分解的结果，当向 AlCoCrFeNiCu 高熵合金涂层中添加 Si 元素以后，增加了元素种类的数量，使得涂层在降温冷却过程中发生了调幅分解，从而在晶间区域析出了颗粒相。Chen 等[220]和 Wang 等[216]在针对高熵合金的研究中也发现了类似的调幅分解现象，并且发现适当的调幅分解有利于提高材料的力学性能。

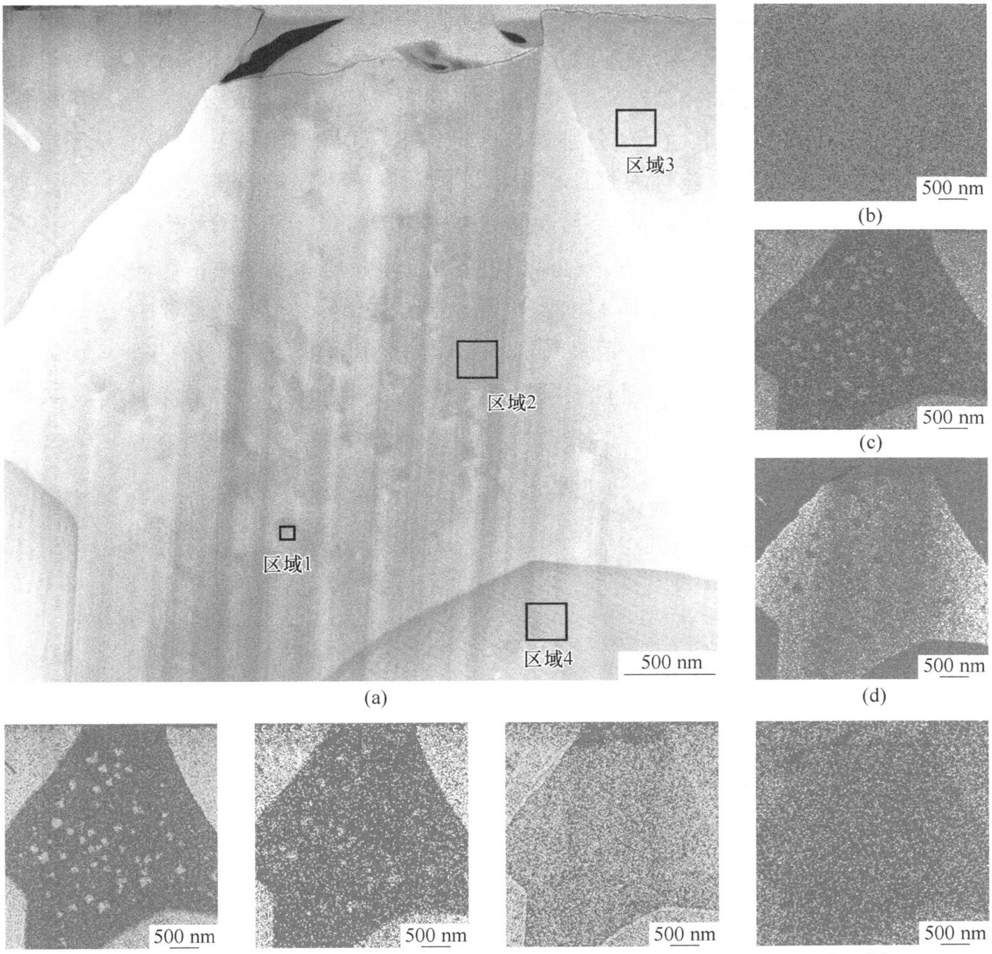

图 5-15 AlCoCrFeNiCu$Si_{0.4}$涂层 HAADF-STEM 形貌及对应的 STEM-EDS 元素分布图

(a) HAADF-STEM 形貌；(b) Al 元素分布；(c) Co 元素分布；(d) Cr 元素分布；(e) Fe 元素分布；(f) Ni 元素分布；(g) Cu 元素分布；(h) Si 元素分布

彩图

表 5-2 图 5-15 中红框区域的 TEM-EDS 成分分析（原子数分数） (%)

区域	Al	Co	Cr	Fe	Ni	Cu	Si
1	6.53	8.26	9.04	37.51	7.06	30.35	1.24
2	6.33	0.59	1.19	1.65	10.57	78.79	0.88
3	4.76	8.66	8.64	38.80	7.55	28.70	2.89
4	7.60	8.23	7.48	34.79	8.78	30.51	2.63

在图 5-14 的 FIB 试样中选取了 A、B、C、D、E 五个比较典型的区域来进行 SAED、HRTEM 等分析，以确定涂层的物相构成及晶体结构。图 5-16 是 FIB 样品 A 区域的 TEM 分析，图 5-16（a）是该区域的明场像，图 5-16（b）是该区域的暗场像，图 5-16（c）和（d）分别是该区域的 SAED 和 HRTEM 图像。从暗场像可以清楚地观察到有颗粒状的第二相析出，同时在它的 SAED 图中也观察到了两套衍射斑点。较亮的衍射斑点与 PDF 卡片 ICDD 00-050-1295 相对应，在其 HRTEM 图中测量的（$11\bar{1}$）和（111）面的晶面间距均为 0.208 nm，这也与 PDF 卡片数据相吻合，证明它是由 Al-Cu-Ni 元素构成的 FCC 相；较暗的衍射斑点对应着 $L1_2$ 相，且根据 SAED 结果可知，$L1_2$ 相与 FCC 相之间存在明显的取向关系：$(001)_{L1_2}//(002)_{FCC}$，$(111)_{L1_2}//(111)_{FCC}$，$[\bar{1}10]_{L1_2}//[\bar{1}10]_{FCC}$，表明

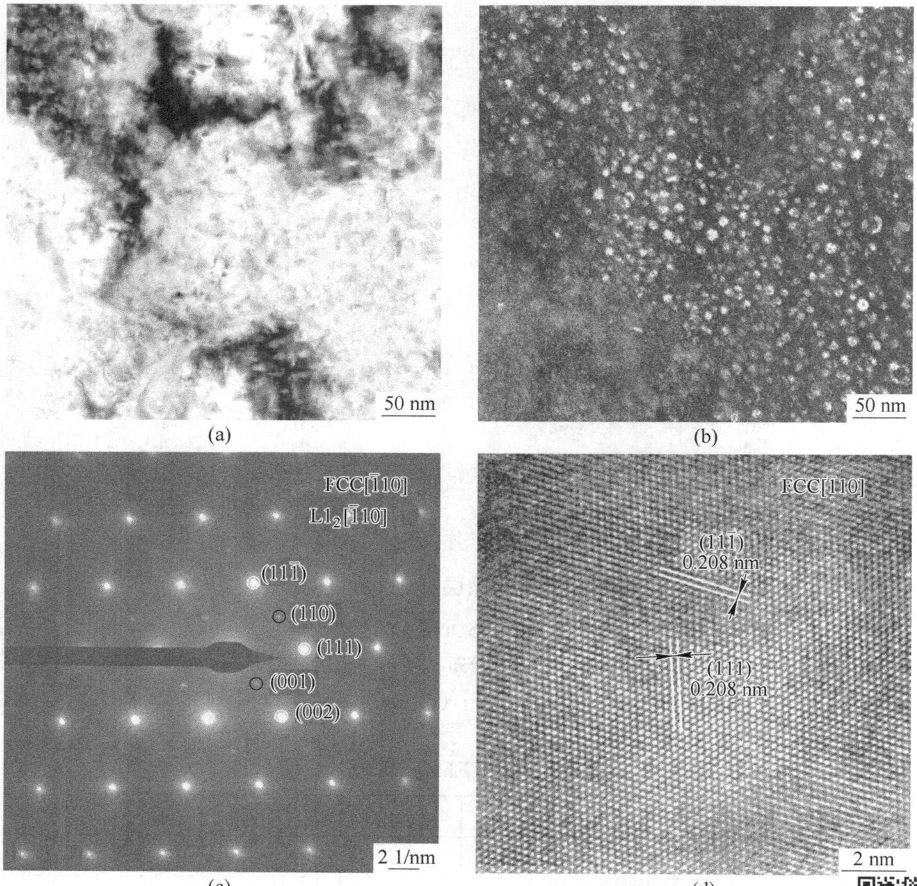

图 5-16　图 5-14 中 A 区域的 TEM 分析

（a）明场像；（b）暗场像；（c）SAED 图；（d）HRTEM 图

彩图

$L1_2$ 相是从 FCC 相基础之上共格析出。$L1_2$ 相是一种有序结构相，与 FCC 相结构具有一定的相似性，它们在界面处的原子匹配度较高，从而有利于形成共格的界面关系。

图 5-17 是图 5-14 中 B 区域的 TEM 分析，图 5-17（a）~（d）依次是该区域的明场像、暗场像、SAED 图谱和 HRTEM 图像。从明场像和暗场像中均能观察到颗粒状的析出相，从图 5-17（c）中也可以看出该区域的 SAED 图谱可以沿 [$\bar{1}$10] 轴标定出明暗两套衍射斑点，较亮的衍射斑点标记了（11$\bar{1}$）、（111）和（002）三个典型晶面，在图 5-17（d）的 HRTEM 图像中测得其（111）和（002）晶面的晶面间距分别是 0.211 nm 和 0.182 nm，与 PDF 卡片 ICDD 00-057-0472 相对应，结合前面的 XRD 和 EDS 分析可以确定它为 FCC 结构的 Fe-Co-Cr-Ni 相；较暗的衍射斑点标记了（001）、（110 ）和（111）三个典型的晶面，在

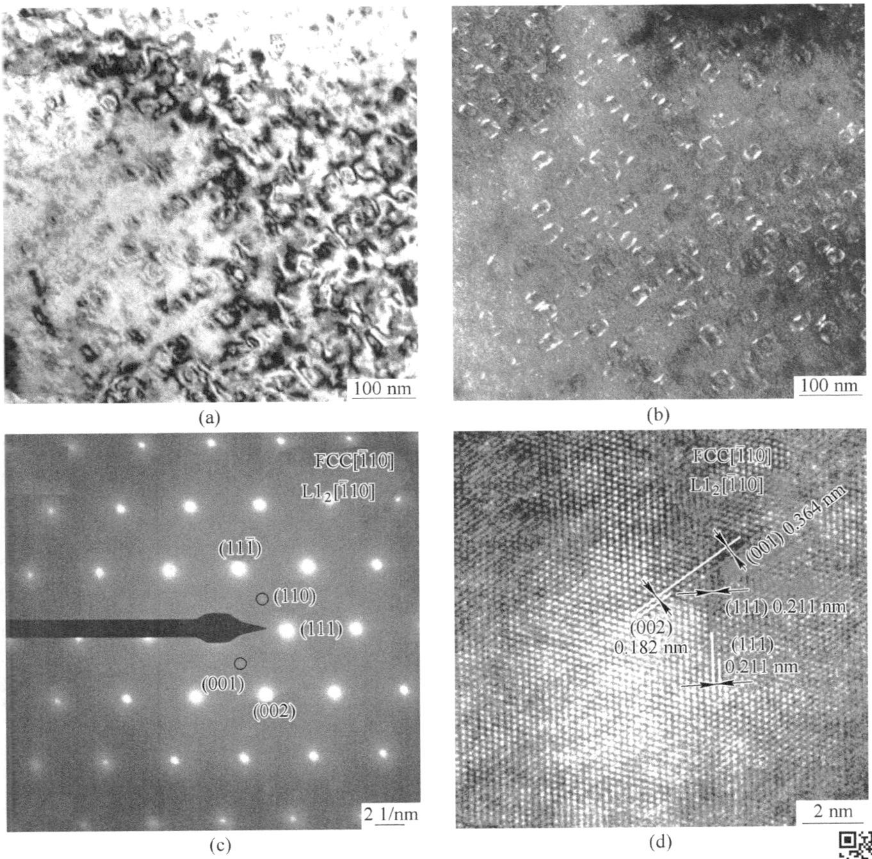

图 5-17　图 5-14 中 B 区域的 TEM 分析

（a）明场像；（b）暗场像；（c）SAED 图；（d）HRTEM 图

彩图

HRTEM 图像中测得其（001）和（111）晶面的晶面间距分别为 0.364 nm 和 0.211 nm，对应着 $L1_2$ 相，并且从 SAED 图谱和 HRTEM 图像均可发现 $L1_2$ 相与 FCC 相之间存在如下的晶体学位向关系：$(001)_{L1_2}//(002)_{FCC}$，$(111)_{L1_2}//(111)_{FCC}$，$[\bar{1}10]_{L1_2}//[\bar{1}10]_{FCC}$。

图 5-18 是图 5-14 中 C 区域的 TEM 分析，图 5-18（a）和（b）分别是该区域的明场像和暗场像，从图中可以看出，该区域存在两个呈片层相间分布的相。图 5-18（c）（d）和（e）分别是该区域沿着 $[1\bar{1}0]$ 晶带轴的 SAED 图谱、HRTEM 图以及两相界面处的反傅里叶变换（IFFT）图，从图 5-18（c）中可以清楚地观察到两套衍射斑点，较亮的一套衍射斑点标记了（002）、（112）和（110）三个典型的晶面，测得其（002）和（110）晶面的晶面间距分别为 0.144nm 和 0.203nm，与 PDF 卡片 ICDD 00-059-0168 相对应，结合前面的 XRD 和 EDS 分析可以确定该相为 BCC 结构的 Al-Co-Cr-Fe 相；较暗的一套衍射斑点标

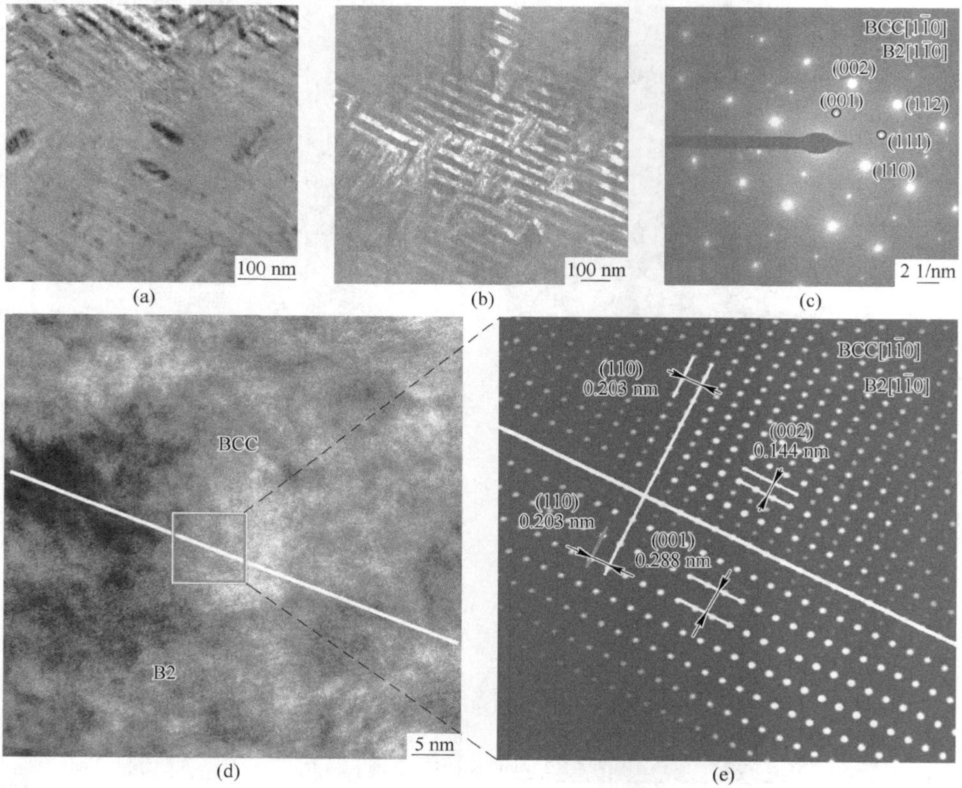

图 5-18　图 5-14 中 C 区域的 TEM 分析
（a）明场像；（b）暗场像；（c）SAED 图；（d）HRTEM 图；
（e）图 5-18(d)中红框区域的 IFFT 图

彩图

记了（001）、（111）和（110）三个典型的晶面，测得其（001）和（110）晶面的间距分别为0.288nm和0.203nm，与PDF卡片ICDD 00-020-0019相对应，因此该物相为B2相。根据SAED图谱和界面处的IFFT图，还可以看出BCC相和B2相之间存在如下的界面关系：$(110)_{B2}//(110)_{BCC}$，$(001)_{B2}//(002)_{BCC}$，$[1\bar{1}0]_{B2}//[1\bar{1}0]_{BCC}$。

图5-19是图5-14中C区域的HAADF-STEM图及其对应的STEM-EDS面扫描分析。从HAADF-STEM图中可以观察到衬度不同的两相呈宽窄相间的片层状分布，在窄片层区域还有米粒状的颗粒相析出。元素面扫描分析显示，宽片层相富含Fe、Cr等元素，而窄片层区域富含Al、Ni等元素，结合前面的分析可知，宽片层区域为BCC相，而窄片层区域为B2相。同时，图5-19中显示米粒状析出相富含Cu元素，对其进行SAED分析和HRTEM分析，结果如图5-20所示。在图5-20（b）的SAED图谱中沿［001］晶带轴标记了（020）、（220）和（200）三个典型的晶面，在图5-20（c）的HRTEM图中测得（020）和（200）晶面的晶面间距均为0.180 nm，符合Cu的晶体结构，故析出相为富Cu相。由EDS分析可知，窄片层的B2相区域主要含Al元素和Ni元素，根据表2-3中的数据可知，Al-Ni元素之间的混合焓为−22 kJ/mol，而Cu-Al元素和Cu-Ni元素之间的混合焓分别是−1 kJ/mol和4 kJ/mol，明显高于Al-Ni元素之间混合焓，因此Cu元素与Al、Ni元素间的结合能较低，B2相区域的Cu元素难以与Al、Ni元素形成结合，在冷却过程中会优先聚集形成富Cu相。对图5-14中D区域和E区域分别进行了

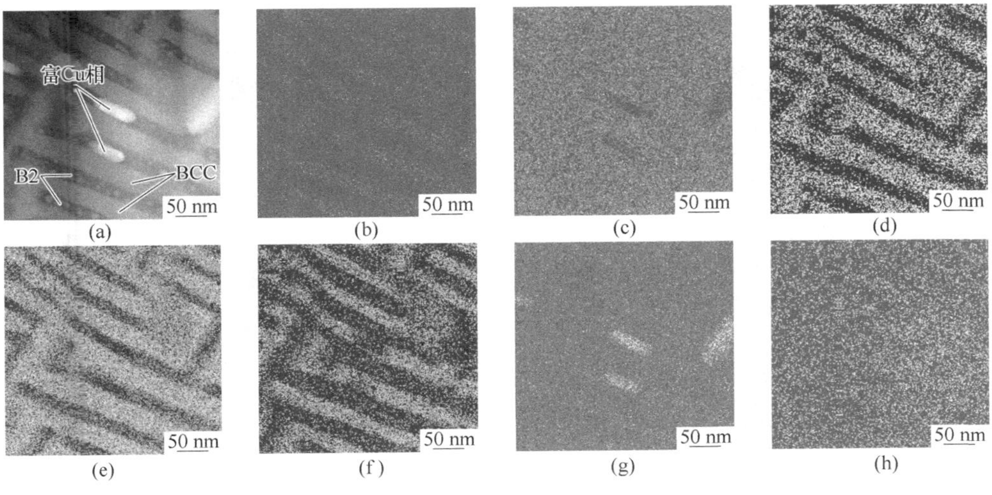

图5-19 图5-14中C区域的HAADF-STEM形貌及对应的STEM-EDS元素分布图
（a）HAADF-STEM形貌；（b）Al元素分布；（c）Co元素分布；（d）Cr元素分布；（e）Fe元素分布；（f）Ni元素分布；（g）Cu元素分布；（h）Si元素分布

彩图

SAED 分析，如图 5-21 所示，这两个区域 SAED 结果与 C 区域的分析结果一致，也是由 BCC 相和 B2 相构成。

综上所述，$AlCoCrFeNiCuSi_{0.4}$涂层主要由树枝晶构成，晶内区域由片层相间的 BCC 结构的 Al-Co-Cr-Fe 相和 B2 结构的 Al-Ni 相构成，B2 相内有富 Cu 纳米颗粒相析出，同时晶内区域还包含了 FCC 结构的 Fe-Co-Cr-Ni 相，在 FCC 相里面有 $L1_2$ 相析出。晶间区域主要由 FCC 结构的 Al-Cu-Ni 相构成，且在该区域发生了调幅分解，析出了与 DR 区域成分一致的颗粒相。

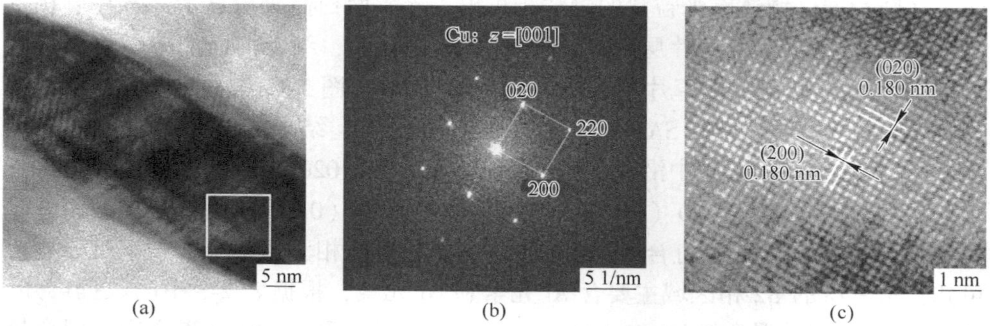

图 5-20　图 5-19 中富 Cu 颗粒 TEM 分析
（a）HRTEM 图；（b）图(a)中方框区域 SAED 图；
（c）图(a)中方框区域 HRTEM 图

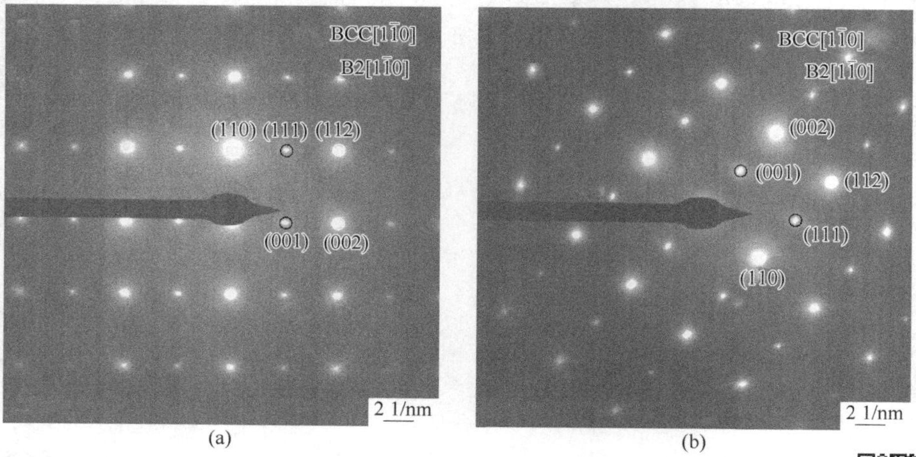

图 5-21　图 5-14 中 D 区域和 E 区域的 SAED 分析
（a）D 区域；（b）E 区域

采用 EBSD 对 $Si_{0.2}$、$Si_{0.3}$和 $Si_{0.4}$涂层进行表征，将表征结果与第 3 章未添加 Si 元素的 AlCoCrFeNiCu 高熵合金涂层的 EBSD 数据进行对比，分析 Si 元素含量对 AlCoCrFeNiCu 高熵合金涂层的晶粒取向、晶粒尺寸、晶界特征、相分布以及晶粒局部取向差等晶体信息的影响。图 5-22 是 $AlCoCrFeNiCuSi_x$（$x=0.2$，0.3，0.4）高熵合金涂层反极图和晶粒尺寸分布图，从图 5-22（a_1）~（c_1）各涂层的反极图可以看出，$AlCoCrFeNiCuSi_x$高熵合金涂层晶粒取向并不明显，未出现织构。这和等离子熔覆的特点有关，在高熵合金等离子熔覆层制备过程中，粉末迅速熔化并凝固，使得晶粒没有足够的时间进行择优取向，从而避免了织构的形成[221]。图 5-22（a_2）~（c_2）显示，$Si_{0.2}$、$Si_{0.3}$和 $Si_{0.4}$涂层的平均晶粒直径分别为 11.666 μm、13.036 μm 和 29.016 μm，相较于 Si_0涂层的平均晶粒尺寸 89.459 μm（图 3-8），含有 Si 元素的涂层晶粒显著细化，结合前面的分析可知，Si 元素的添加促进了涂层中 FCC 相向 BCC 相的转变，在转变过程中伴随着晶格的扭曲和收缩，从而起到了细化涂层晶粒的效果[222]。另外，有研究表明，向高熵合金涂层中添加适量 Si 元素可以增加熔池过冷度，增加涂层凝固过程中的形核率，抑制晶粒长大[223]。

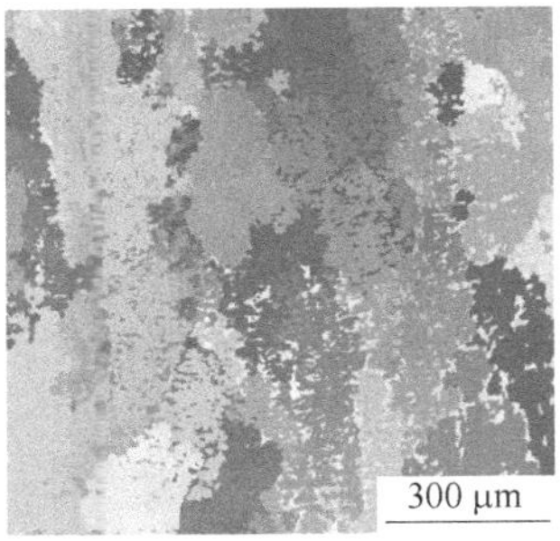

(a_1)

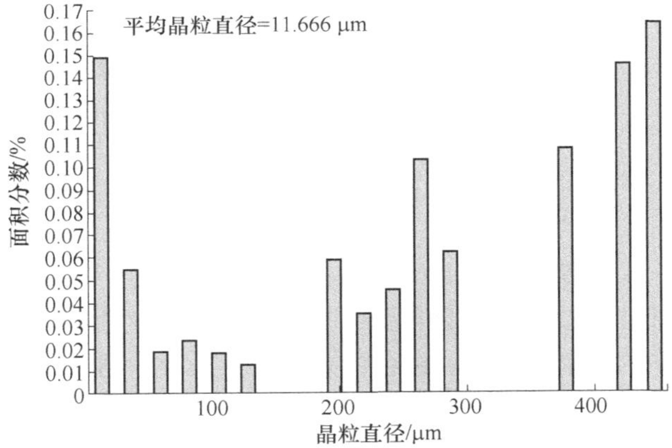

(a_2)

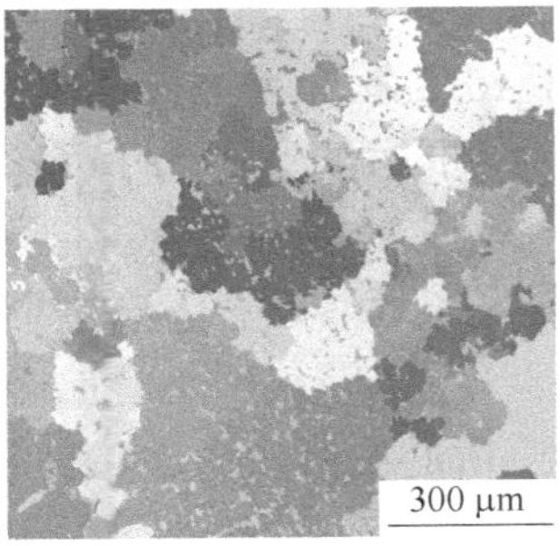

(b_1)

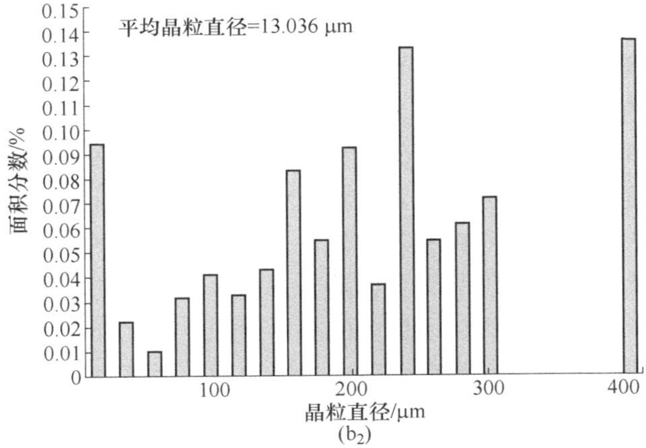

(b_2)

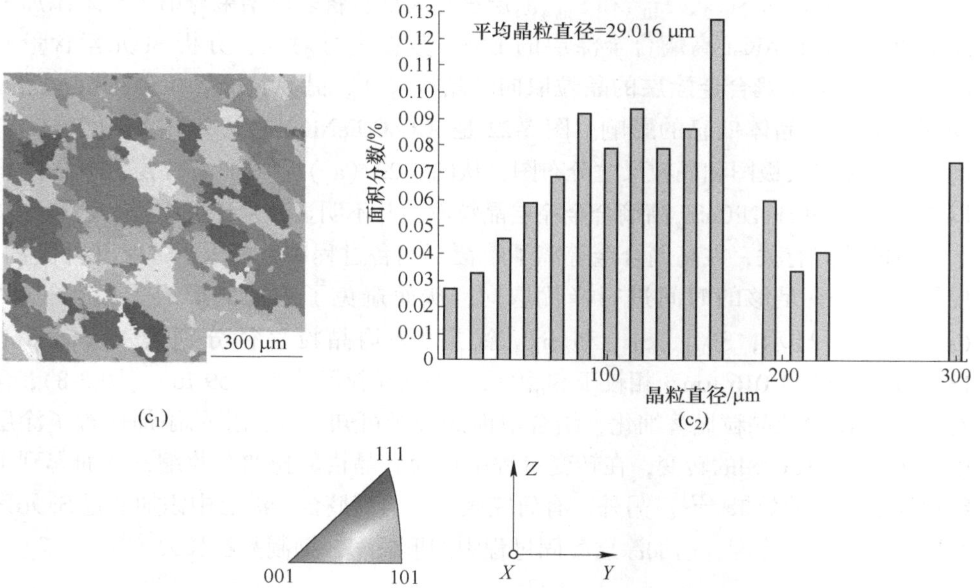

图 5-22　AlCoCrFeNiCuSi$_x$高熵合金涂层反极图和晶粒尺寸分布

（a$_1$）Si$_{0.2}$涂层反极图；（a$_2$）Si$_{0.2}$涂层晶粒尺寸分布统计图；

（b$_1$）Si$_{0.3}$涂层反极图；（b$_2$）Si$_{0.3}$涂层晶粒尺寸分布统计图；

（c$_1$）Si$_{0.4}$涂层反极图；（c$_2$）Si$_{0.4}$涂层晶粒尺寸分布统计图

彩图

图 5-23 是 AlCoCrFeNiCuSi$_x$高熵合金涂层晶界分布图及相应的角度取向差统计柱状图。晶界分布图中晶界颜色和晶粒角度取向有关，红色代表取向差为 2°~5°的小角度晶界，绿色代表取向差为 5°~15°的晶界，蓝色代表取向差大于 15°的大角度晶界。从图 5-23 中可以看出，各涂层的角度取向差统计柱状图均呈双峰分布，第一个峰出现在 2°~5°的小角度晶界区域，第二个峰出现在 45°左右的大角度晶界区域附近，说明各涂层主要是以 2°~5°的小角度晶界和大于 15°的大角度晶界为主。对晶界长度进行统计发现，Si$_{0.2}$、Si$_{0.3}$和 Si$_{0.4}$涂层包含的 2°~5°小角度晶界占比分别为 22.83%、22.73%和 28.94%，大于 15°的大角度晶界占比分别为 75.32%、72.69%和 68.76%，从图 3-9 中可知 Si$_0$涂层的小角度晶界和大角度晶界占比分别为 48.60% 和 45.57%。对比可以发现，添加 Si 元素使得涂层中大角度晶界占比显著增加，且大角度晶界的占比与平均晶粒尺寸变化呈相关性，涂层中大角度晶界占比随着平均晶粒尺寸的减小而增大，这是因为细小的晶粒在单位面积内提供了更多的晶界面积，而其中大角度晶界所占的比例较高。一般来说，大角度晶界能够阻碍位错运动，提高材料的强度；同时，其对裂纹的扩展也具有阻碍作用，从而提升材料的塑韧性。

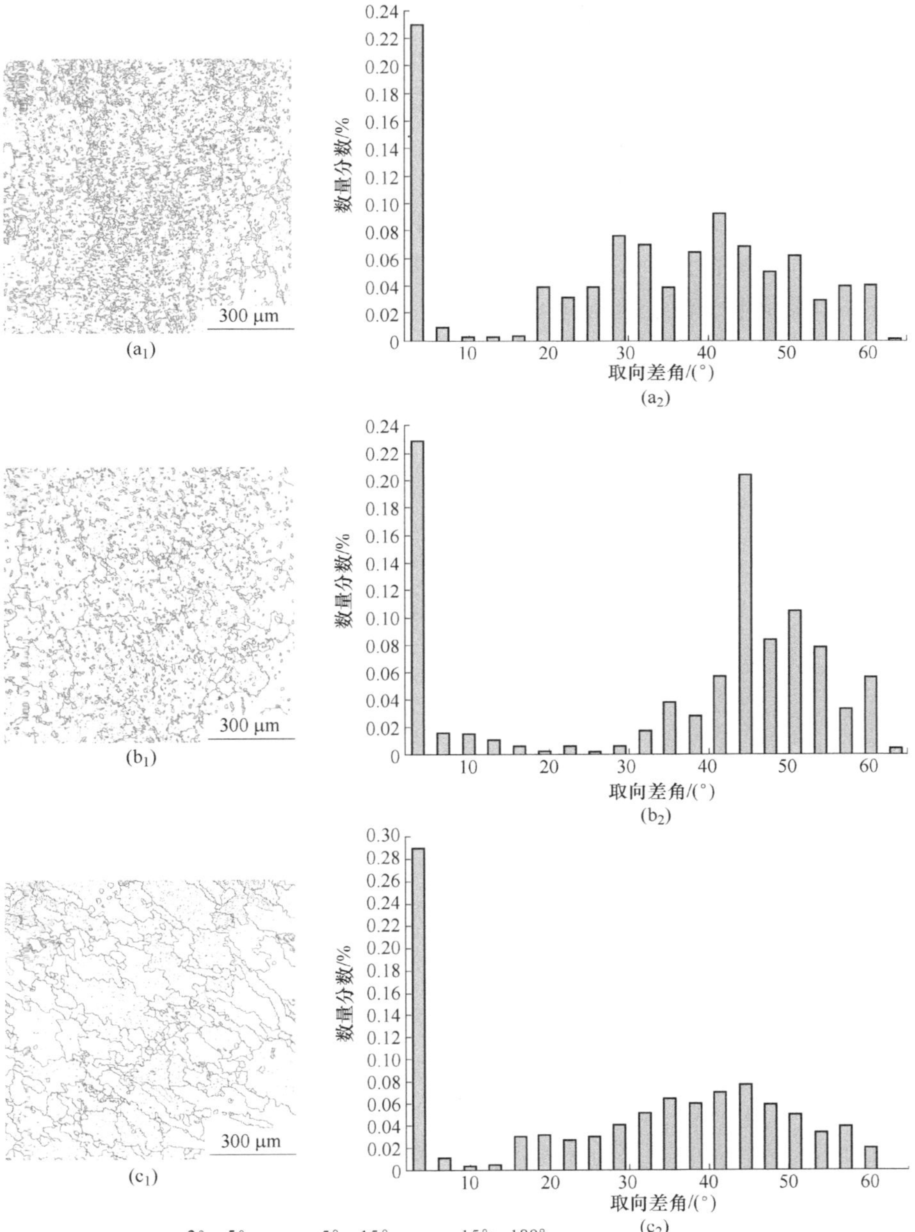

图 5-23　AlCoCrFeNiCuSi$_x$高熵合金涂层晶界角度取向差分布

(a$_1$) Si$_{0.2}$涂层晶界分布图；(a$_2$) Si$_{0.2}$涂层晶界角度取向差统计图；

(b$_1$) Si$_{0.3}$涂层晶界分布图；(b$_2$) Si$_{0.3}$涂层晶界角度取向差统计图；

(c$_1$) Si$_{0.4}$涂层晶界分布图；(c$_2$) Si$_{0.4}$涂层晶界角度取向差统计图

彩图

图 5-24 是 $AlCoCrFeNiCuSi_x$ 高熵合金涂层的相分布图，图中绿色表示 FCC 相，红色表示 BCC/B2 相。将该图与图 3-10 的 Si_0 涂层的相分布情况进行对比可以发现，当涂层中不含 Si 元素时，Si_0 涂层以 FCC 相为主；而当向涂层中添加少量 Si 元素时，如图 5-24（a）和（b）所示，涂层中有小部分的 FCC 相会转变为 BCC/B2 相；而当涂层中 Si 含量增加到一定程度时，如图 5-24（c）所示，涂层中则以 BCC/B2 相为主，其占比达到了 97.4%，这与前面 XRD 分析的结论一致。研究表明，向高熵合金中添加 Si、Al 等元素以后，会对合金带来晶格畸变、混合焓升高以及价电子浓度降低等影响，这些都是促使高熵合金涂层中的 FCC 相向 BCC/B2 相转变的重要因素[224-226]。

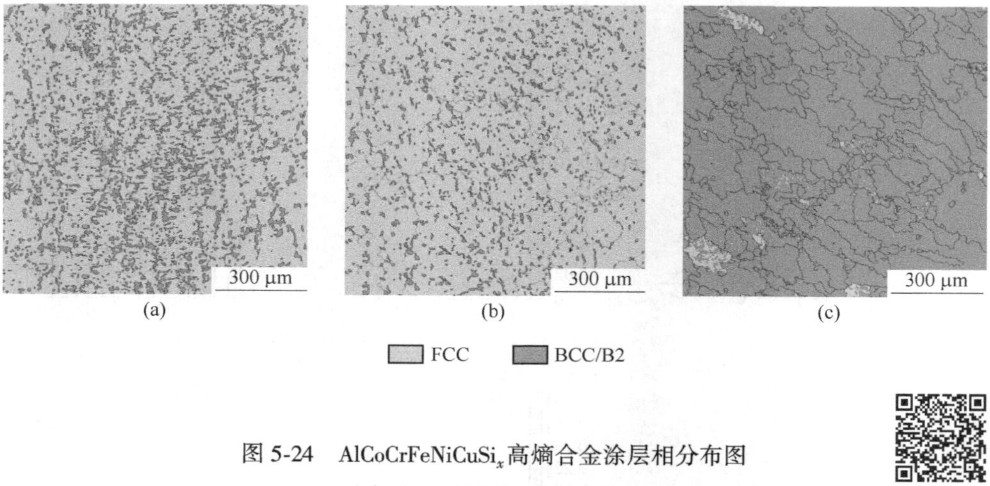

图 5-24　$AlCoCrFeNiCuSi_x$ 高熵合金涂层相分布图
（a）$Si_{0.2}$；（b）$Si_{0.3}$；（c）$Si_{0.4}$

图 5-25 是 $AlCoCrFeNiCuSi_x$ 高熵合金涂层的核平均取向差（*KAM*）图及其 *KAM* 值分布情况。从图 5-25 中可以看出，$Si_{0.2}$、$Si_{0.3}$ 和 $Si_{0.4}$ 涂层的 *KAM* 平均值分别为 1.062°、0.802° 和 0.841°，图 3-11 中 Si_0 涂层的 *KAM* 平均值是 0.537°，所以添加 Si 元素以后各涂层的 *KAM* 平均值都得到了明显的提升。根据公式（3-2）可计算出 Si_0、$Si_{0.2}$、$Si_{0.3}$ 和 $Si_{0.4}$ 涂层的几何必要位错密度（ρ^{GND}）分别是 $4.07\times10^{13}m^{-2}$、$8.04\times10^{13}m^{-2}$、$6.07\times10^{13}m^{-2}$ 和 $6.60\times10^{13}m^{-2}$。根据计算结果可知，添加 Si 元素以后，涂层的几何必要位错密度显著增加。从 XRD 分析可知，在 AlCoCrFeNiCu 高熵合金涂层中添加 Si 元素以后，较小半径的 Si 原子取代了部分其他大半径原子而造成晶格收缩，晶格常数减小，从而引起了涂层晶格扭曲和失配，这就会导致涂层的几何必要位错密度增加[227]。

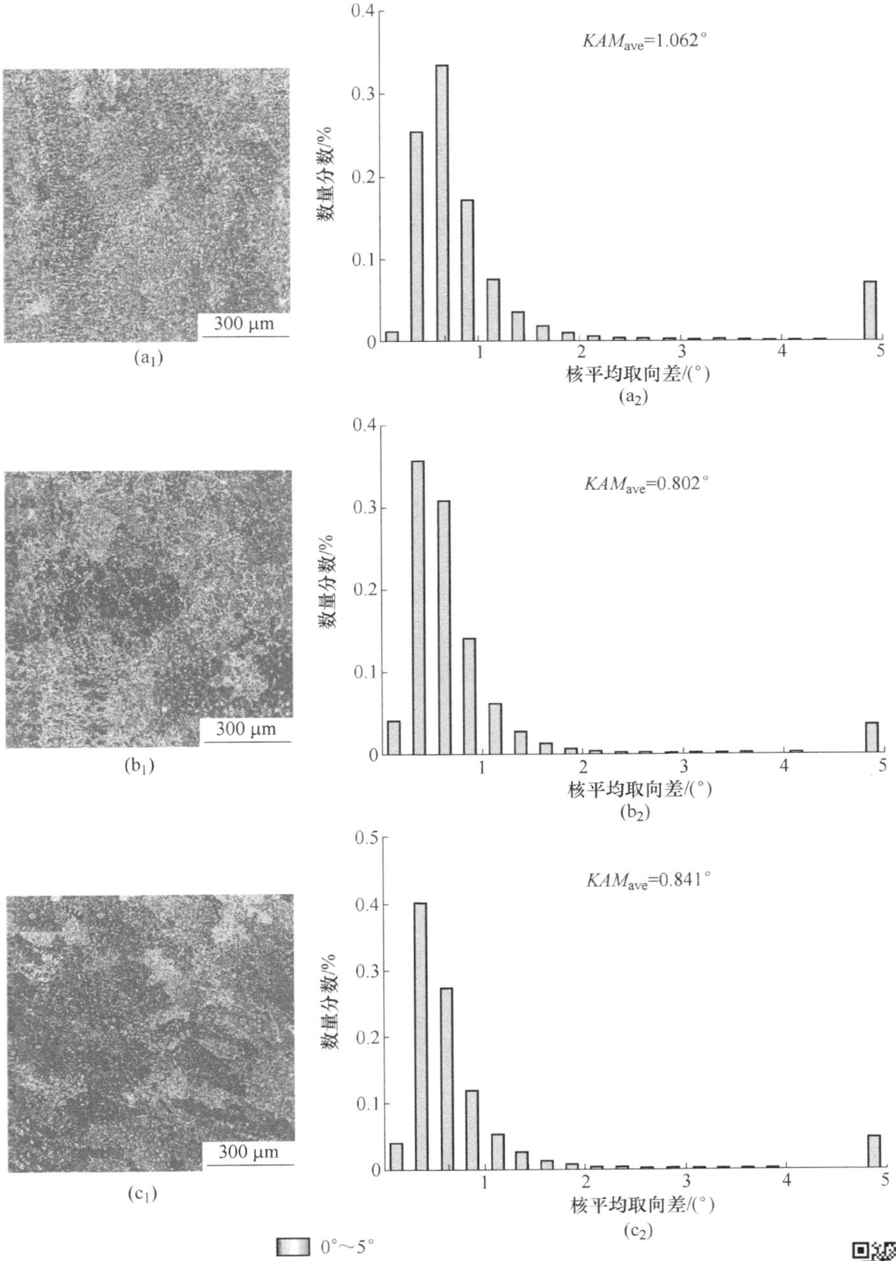

图 5-25　AlCoCrFeNiCuSi$_x$高熵合金涂层 *KAM* 图及 *KAM* 值分布

(a_1) $Si_{0.2}$涂层 *KAM* 图；(a_2) $Si_{0.2}$涂层 *KAM* 值分布统计图；

(b_1) $Si_{0.3}$涂层 *KAM* 图；(b_2) $Si_{0.3}$涂层 *KAM* 值分布统计图；

(c_1) $Si_{0.4}$涂层 *KAM* 图；(c_2) $Si_{0.4}$涂层 *KAM* 值分布统计图

彩图

5.1.3　涂层性能分析

5.1.3.1　显微硬度

图 5-26 是 $AlCoCrFeNiCuSi_x$ 高熵合金涂层横截面从表层到基体的显微硬度分布情况。由图 5-26 可知，$AlCoCrFeNiCuSi_x$ 高熵合金涂层的显微硬度显著高于 35CrMo 基体，Si_0 ~ $Si_{0.5}$ 涂层的平均硬度值分别为 367 $HV_{0.5}$、376 $HV_{0.5}$、387 $HV_{0.5}$、416 $HV_{0.5}$、452 $HV_{0.5}$ 和 467 $HV_{0.5}$，均高于 35CrMo 基体的平均硬度 272 $HV_{0.5}$。由前面章节的分析可知，高熵合金涂层的晶格畸变效应和等离子熔覆熔池凝固过程中较大的过冷度带来的细晶强化效应是导致高熵合金涂层平均硬度高于基体的主要原因，另外，涂层中添加 Si 元素以后，会对涂层产生显著的固溶强化效果，同时还会进一步加剧涂层的晶格扭曲和畸变，导致 $AlCoCrFeNiCuSi_x$ 高熵合金涂层的显微硬度高于 35CrMo 基体[228-229]。对比各涂层的平均硬度可以发现，各涂层的平均硬度随着 Si 元素含量的增加而逐渐增大。$AlCoCrFeNiCuSi_x$ 涂层的 EBSD 数据分析显示，Si 元素添加以后，涂层的晶粒得到细化，FCC 相向 BCC/B2 相转变，涂层的几何必要位错密度也显著增加。另外，固溶强化效应也随着 Si 元素含量的增加而逐渐增强。这些均是导致涂层的平均显微硬度随着 Si 元素含量增加而升高的主要原因[230-232]。

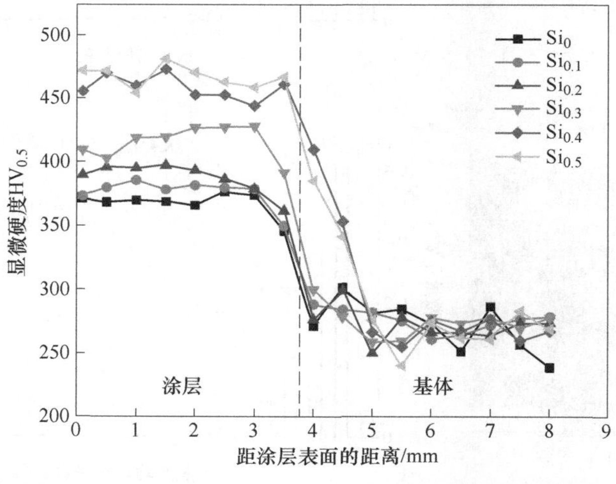

图 5-26　$AlCoCrFeNiCuSi_x$ 高熵合金等离子熔覆层显微硬度曲线

5.1.3.2　纳米压痕

采用纳米压痕仪对 $AlCoCrFeNiCuSi_{0.4}$ 高熵合金等离子熔覆层进行纳米压痕测试，测试结果如图 5-27 所示。图 5-27（a）中圆圈区域为测试区域，1 号圈和 2

号圈分别为涂层的晶内区域和晶间区域，图 5-27（b）为相应的载荷-位移曲线。由图 5-27（b）可知，晶内区域曲线围成面积小于晶间区域，表明晶内区域抵抗塑性变形能力更强。两条曲线均出现蠕变平台，且晶内区域曲线的蠕变平台更短，说明晶内区域具有更好的抗蠕变性能[233]。表 5-3 是图 5-27（a）中晶内区域和晶间区域的纳米压痕测试结果数据。从表 5-3 中数据可知，晶内区域的纳米硬度显著高于晶间区域，而最大压痕深度 h_{max} 明显低于晶间区域。TEM 分析表明，在晶内区域存在大量的 BCC/B2 相，而晶间区域是以 FCC 相为主，所以晶内区域的纳米硬度更高。值得注意的是，虽然晶内区域具有较高的纳米硬度，但是它的弹性模量却略低于晶间区域。从图 5-18 中晶内区域的明场像和暗场像均可以看出，BCC 相和 B2 相呈层片状交替分布，导致晶内区域存在大量的 BCC 相与 B2 相的相界面，当应力传递到相界面时会被分散或吸收，导致弹性模量降低[234]。另外，有研究表明，高熵合金中的 BCC/FCC 相界面显示出较低的界面剪切强度，界面在承受应力时，容易通过吸收和分散位错来缓解应力，从而在整体上表现为刚度的下降，弹性模量降低[235]。因此，晶内区域存在的 FCC/BCC 相界面也可能对弹性模量带来一定的不利影响。另外，对比表 3-5 中未添加 Si 元素涂层的纳米压痕测试结果可以发现，$Si_{0.4}$涂层晶内区域和晶间区域的纳米硬度均高于未添加涂层的对应区域，且最大纳米压痕深度也更低，Si 元素添加可显著提高 AlCoCrFeNiCu 涂层晶内区域和晶间区域的力学性能，这主要归因于 Si 元素添加引起的涂层晶粒细化、几何必要位错密度增加以及 BCC/B2 相占比增加等因素。

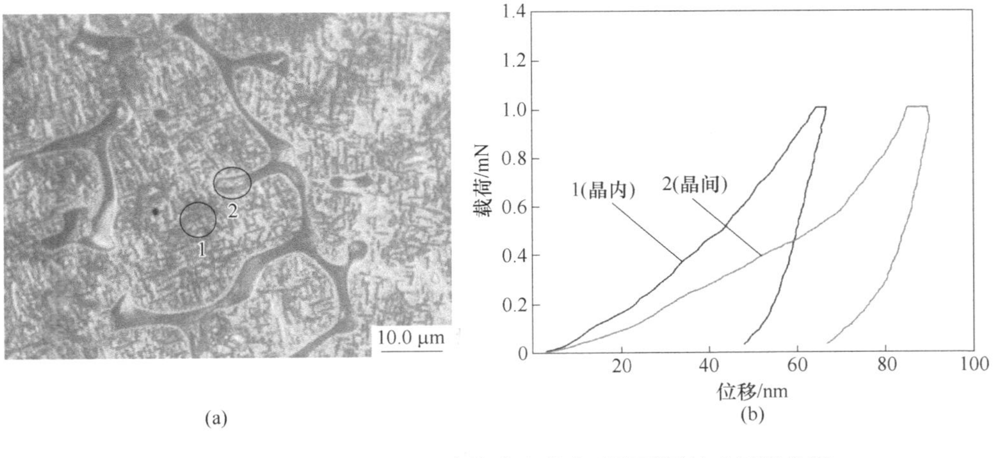

图 5-27 $AlCoCrFeNiCuSi_{0.4}$高熵合金等离子熔覆层纳米压痕分析

（a）测试区域；（b）载荷-位移曲线

表 5-3　$AlCoCrFeNiCuSi_{0.4}$ 高熵合金等离子熔覆层纳米压痕测试结果

区　域	弹性模量 E/GPa	纳米硬度 H/GPa	最大压痕深度 h_{max}/nm
1（晶内）	146.836	5.067	66.78
2（晶间）	169.853	2.671	90.39

5.1.3.3　耐磨性

图 5-28 是 $AlCoCrFeNiCuSi_x$ 高熵合金等离子熔覆层的摩擦系数图。从图 5-28 中可以看出，各涂层的摩擦系数曲线的变化情况与添加 CeO_2 的涂层相似，都可分为摩擦系数急剧上升的磨合阶段和摩擦系数相对稳定的稳定摩擦阶段。对 $AlCoCrFeNiCuSi_x$ 涂层稳定摩擦阶段的平均摩擦系数进行计算可知，Si_0 ~ $Si_{0.5}$ 涂层的平均摩擦系数分别为 0.5837、0.5299、0.4908、0.4895、0.4248 和 0.4375，从计算结果可以看出，涂层的平均摩擦系数随着涂层中 Si 元素含量的增加而呈现逐渐降低的趋势，$Si_{0.4}$ 涂层和 $Si_{0.5}$ 涂层的摩擦系数低于其他涂层，且数值上比较接近，从图 5-28 上也可以看出这两个涂层摩擦系数的变化趋势最稳定，由此可知，$Si_{0.4}$ 和 $Si_{0.5}$ 涂层比其他涂层具有更好的耐磨性能。

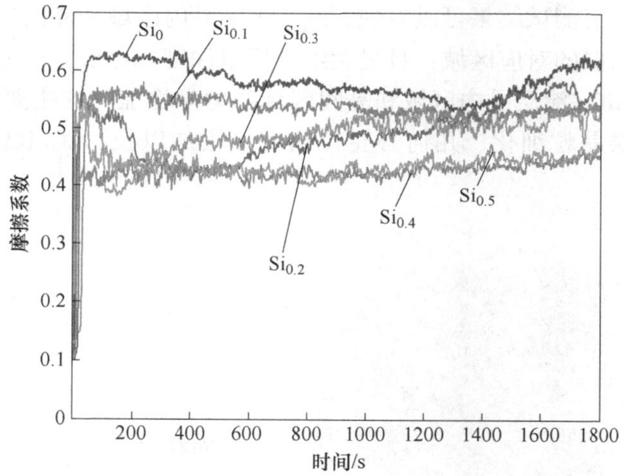

图 5-28　$AlCoCrFeNiCuSi_x$ 高熵合金等离子熔覆层摩擦系数

图 5-29 是 $AlCoCrFeNiCuSi_x$ 高熵合金等离子熔覆层的磨痕 3D 形貌及磨痕横截面轮廓图。图 5-29（a）~（f）为各涂层的磨痕 3D 形貌，不同的颜色代表不同的磨痕深度，从图左上角的标尺可知，黑色代表磨痕较深，而红色和橙色则表示磨痕较浅。对比可以发现，随着 Si 元素含量的增加，磨痕底部黑色区域有逐渐减小的趋势，$Si_{0.5}$ 涂层底部黑色区域并不明显，只出现了少量淡淡的浅黑色区域，说明其最大磨痕深度低于其他涂层。图 5-29（g）为各涂层磨痕的横截面轮

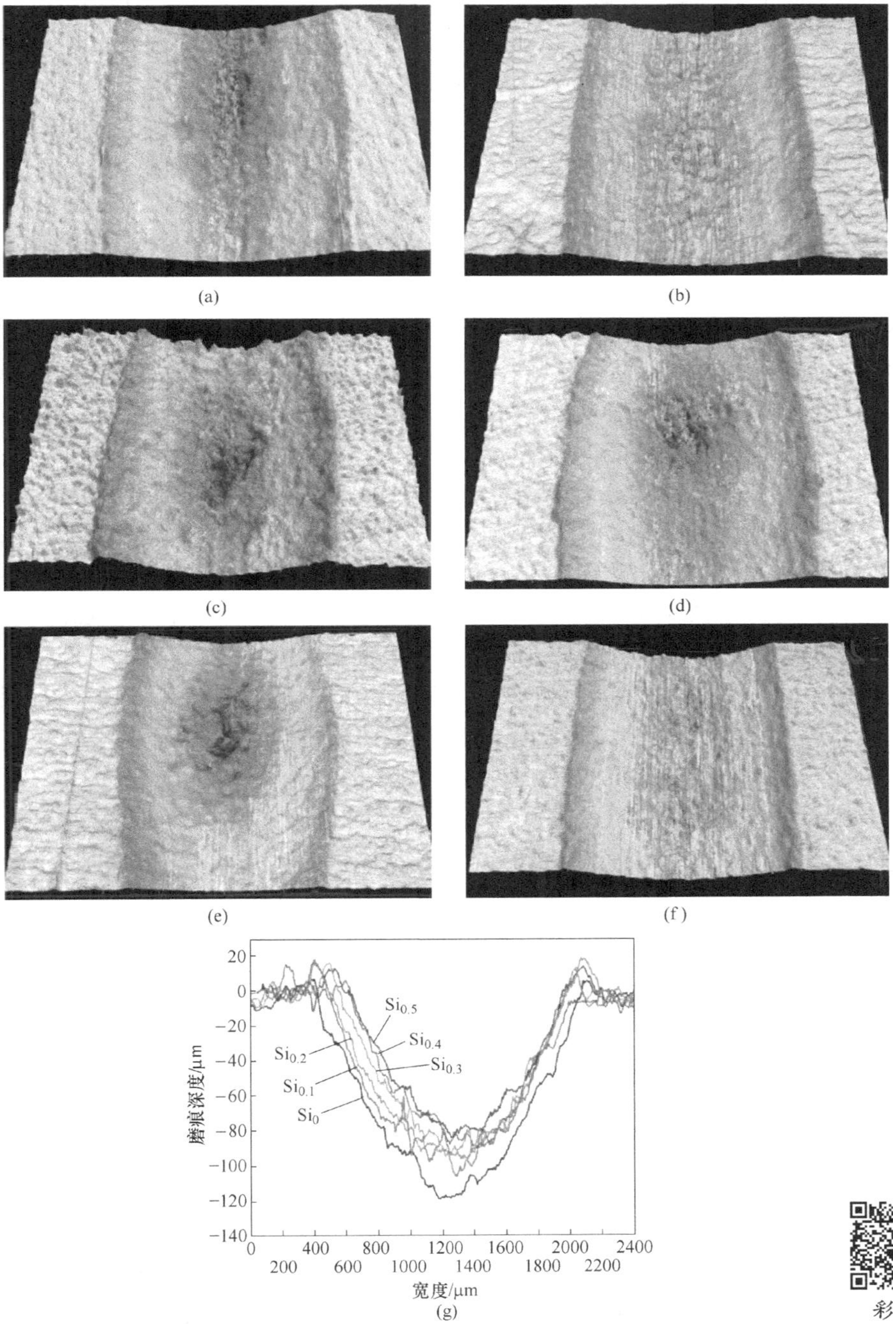

彩图

图 5-29 AlCoCrFeNiCuSi_x高熵合金涂层磨痕 3D 形貌及磨痕横截面轮廓

(a) Si_0；(b) $Si_{0.1}$；(c) $Si_{0.2}$；(d) $Si_{0.3}$；(e) $Si_{0.4}$；(f) $Si_{0.5}$；(g) 磨痕横截面轮廓

廓，经测量可得，Si_0 ~ $Si_{0.5}$ 涂层的平均磨痕宽度分别为 1687.897 μm、1616.967 μm、1610.381 μm、1556.008 μm、1456.865 μm 和 1444.196 μm，最大磨痕深度分别为 119.129 μm、106.339 μm、96.671 μm、94.027 μm、88.969 μm 和 84.469 μm。由此可见，各涂层的磨痕的平均宽度和最大深度均随着 Si 元素含量的增加有逐渐减小的趋势，$Si_{0.4}$涂层和 $Si_{0.5}$涂层的磨痕的平均宽度和最大深度均低于其他涂层，表示它的耐磨性能优于其他涂层，这与图 5-28 涂层摩擦系数分析得到的结论一致。说明 Si 元素的添加可以提高 AlCoCrFeNiCu 涂层的耐磨性能。由前面的分析可知，随着涂层 Si 元素含量增加，涂层中 BCC/B2 相含量增加，当 Si 元素含量达到 $Si_{0.4}$时，涂层中以 BCC/B2 相为主，涂层硬度显著增加，涂层硬度的增加增大了摩擦球压入涂层表面的阻力，使得摩擦球对涂层表面的影响减小，涂层表现出更好的耐磨性能[236]。因此，当涂层中 Si 元素含量较高时，涂层的耐磨性能得到显著提升。

图 5-30 为 $AlCoCrFeNiCuSi_x$高熵合金等离子熔覆层的磨损表面形貌，图中各典型点位的 EDS 成分分析结果见表 5-4。从图 5-30 中可以看出，各涂层磨损表面均出现了分层现象，都出现了氧化片层，具有氧化磨损的特征。当涂层中 Si 元素含量较少时，如图 5-30（a）和（b）所示，Si_0和 $Si_{0.1}$涂层磨损表面的氧化层出现了翘曲、裂纹和脱落等现象；随着 Si 元素含量的增加，如图 5-30（e）和（f）所示，$Si_{0.4}$和 $Si_{0.5}$涂层表面的氧化层颜色较浅，与底层结合较好，未出现翘曲、脱落等现象，且比 Si 元素含量较低涂层磨面的氧化层具有更好的完整性。这是由于 Si 元素含量的增加，促使形成了更多的 SiO_2 保护膜，增加了氧化层的硬度，从而有效防止氧化层受到严重破坏；同时，氧化膜中的 SiO_2 在磨损过程中起到了润滑剂的作用，提高了涂层的耐磨性[231,237]。对各涂层磨损面进行对比还可以发现，Si_0涂层的磨损表面出现了明显的塑性变形，并且存在大量由于材料剥落而留下的凹面，这是由于 Si_0涂层以 FCC 相为主，硬度相对较低，在摩擦磨损过程中容易出现塑性变形及块状脱落，这也说明 Si_0涂层的磨损机制是以黏着磨损为主。随着 Si 元素含量的增加，如图 5-30（b）（c）和（d）所示，涂层塑性变形和块状脱落的现象得到改善，在 $Si_{0.2}$和 $Si_{0.3}$涂层磨损表面出现了少量磨屑和犁沟，表明涂层的磨损机制随着 Si 元素含量的增加而逐渐由黏着磨损向磨料磨损转变。当涂层中 Si 元素含量较高时，如图 5-30（e）和（f）所示，$Si_{0.4}$和 $Si_{0.5}$涂层的磨损表面比较光滑，虽然也出现了大量犁沟，但是相较于 $Si_{0.2}$和 $Si_{0.3}$涂层的犁沟更浅，且磨削数量也较少，涂层表现出更好的耐磨性能，涂层的磨损机制以磨料磨损为主，这也与 Jin 等[213]和 Zhao 等[238]的研究结论一致。综上所述，$AlCoCrFeNiCuSi_x$高熵合金等离子熔覆层的磨损机制主要包括氧化磨损、黏着磨损和磨料磨损，其中氧化磨损机制存在于所有涂层中，Si 含量较低的 Si_0和 $Si_{0.1}$涂层以黏着磨损和氧化磨损为主，涂层表面磨损较严重；随着 Si 含量

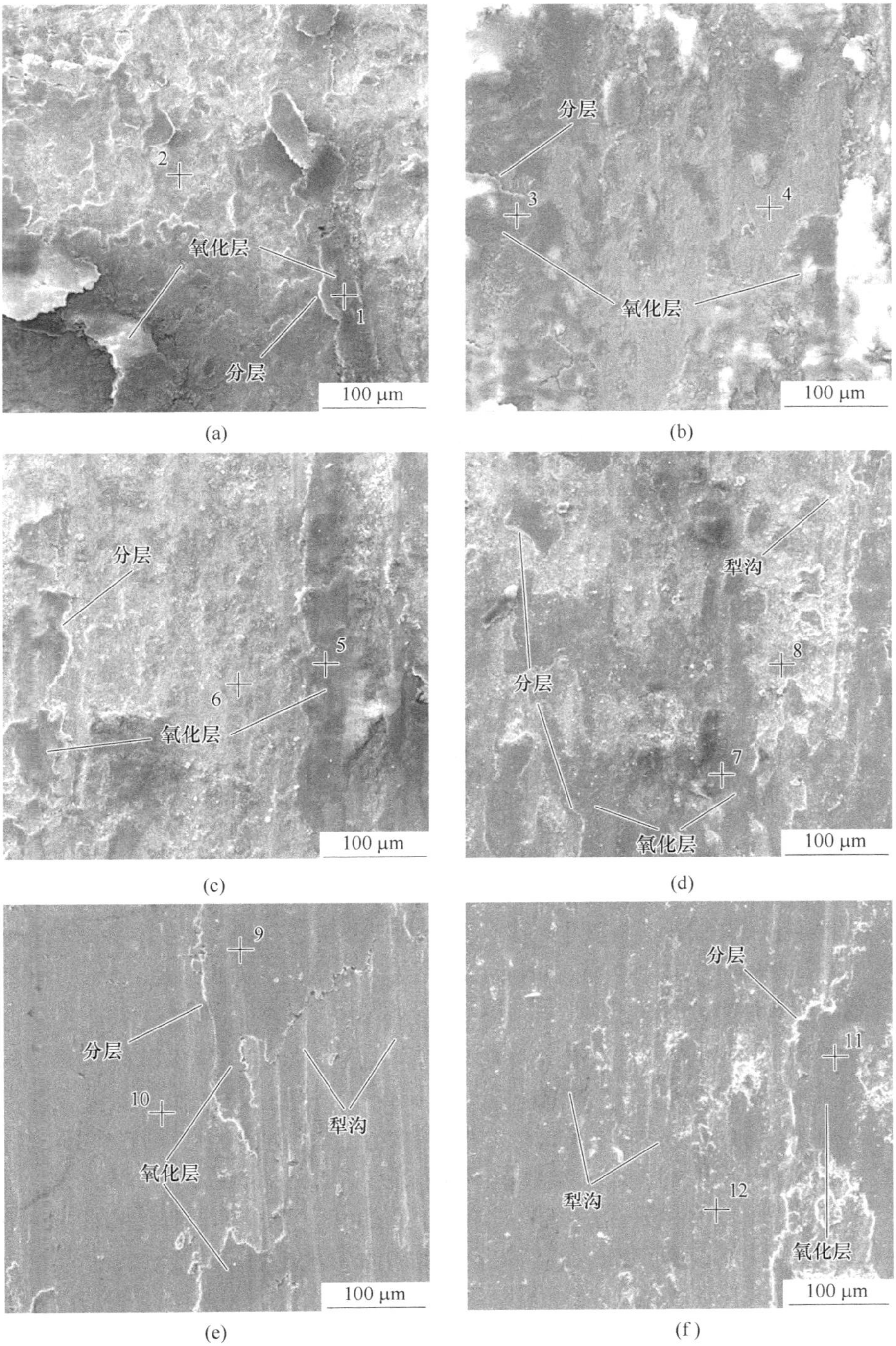

图 5-30 AlCoCrFeNiCuSi$_x$高熵合金涂层磨损表面形貌

(a) Si$_0$；(b) Si$_{0.1}$；(c) Si$_{0.2}$；(d) Si$_{0.3}$；(e) Si$_{0.4}$；(f) Si$_{0.5}$

的增加，涂层中黏着磨损逐渐向磨料磨损转变，$Si_{0.2}$和 $Si_{0.3}$涂层的磨损机制同时包含了黏着磨损、磨料磨损和氧化磨损；当涂层中 Si 元素含量较高时，$Si_{0.4}$和 $Si_{0.5}$涂层的磨损机制则以磨料磨损和氧化磨损为主，磨面光滑，磨损程度相对较小。Si 元素添加有利于提高 AlCoCrFeNiCu 高熵合金等离子熔覆层的耐磨性能。

表 5-4　$AlCoCrFeNiCuSi_x$高熵合金涂层磨损表面 EDS 点扫描分析（原子数分数）

（%）

试样	测试点	Al	Co	Cr	Fe	Ni	Cu	Si	O
Si_0	1	4.21	4.23	4.42	11.84	4.46	5.04	3.61	62.20
	2	10.60	11.98	9.96	25.07	11.44	11.60	—	19.35
$Si_{0.1}$	3	3.29	3.39	3.86	17.05	2.94	3.69	6.71	59.05
	4	6.69	6.10	9.27	40.79	8.17	12.05	—	12.31
$Si_{0.2}$	5	4.45	5.05	5.76	20.68	4.79	5.74	2.05	51.48
	6	7.82	9.58	10.68	39.27	10.69	9.48	1.23	11.24
$Si_{0.3}$	7	4.20	4.85	5.46	29.36	4.56	6.47	2.31	42.78
	8	7.15	7.96	8.72	43.30	7.18	9.29	2.31	14.09
$Si_{0.4}$	9	8.55	6.69	8.25	18.05	6.83	8.36	3.24	40.02
	10	10.61	13.12	13.56	34.58	11.98	11.85	4.31	—
$Si_{0.5}$	11	8.03	5.95	7.73	20.86	5.74	7.97	3.74	39.73
	12	9.91	12.19	12.80	38.62	10.63	8.75	6.10	—

5.1.3.4　耐腐蚀性

为了研究 Si 含量对 AlCoCrFeNiCu 高熵合金涂层耐腐蚀性能的影响，在 3.5%（质量分数）NaCl 溶液中对试样进行电化学测试。图 5-31 为 $AlCoCrFeNiCuSi_x$高熵合金涂层在 3.5% NaCl 溶液中动电位极化曲线，与之对应的电化学参数见表 5-5。由表 5-5 中数据可知，$AlCoCrFeNiCuSi_x$涂层自腐蚀电位 E_{corr}范围在 −0.622 ~ −0.312 V，自腐蚀电流密度 i_{corr}范围在 4.921×10^{-7} ~ 4.785×10^{-6} A/cm^2。35CrMo 基体的 E_{corr}为−0.972 V，i_{corr}为 1.907×10^{-5} A/cm^2。涂层相较于基体，具有较高的自腐蚀电位和较低的自腐蚀电流密度，因此 $AlCoCrFeNiCuSi_x$高熵合金涂层比 35CrMo 基体具有更低的腐蚀倾向和更小的腐蚀速度，耐腐蚀性能优于 35CrMo 基体。通过对比各涂层的电化学参数还可以发现，$AlCoCrFeNiCuSi_x$涂层的 E_{corr}随着 Si 元素含量的增加呈先升高后降低的趋势，其中 $Si_{0.2}$涂层具有最大的自腐蚀电位 −0.312 V。同时，i_{corr}随着 Si 元素含量的增加而先减小后增大，$Si_{0.2}$涂层的自腐蚀电流密度最小，为 4.921×10^{-7} A/cm^2。由此可以判断，$AlCoCrFeNiCuSi_x$涂层的耐腐蚀性能随着 Si 元素含量的增加而呈现出先增加后降低的趋势，$AlCoCrFeNiCuSi_{0.2}$涂层具有最佳的耐腐蚀性能。这说明向 AlCoCrFeNiCu 高熵合金涂层中添加一定量的Si元素，可以有效提高其耐腐蚀性能，具体原因在后面作进一步的讨论。

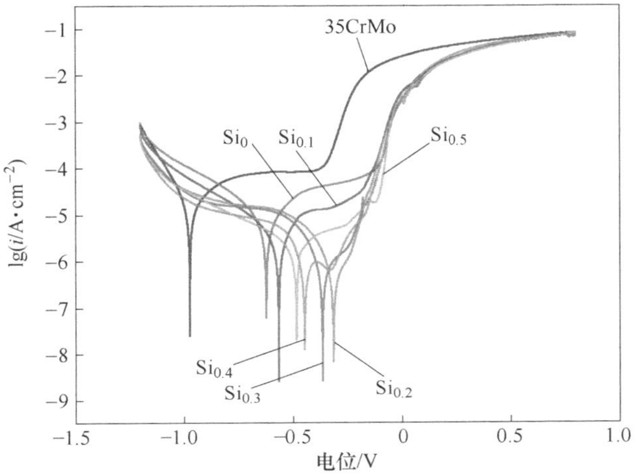

图5-31 AlCoCrFeNiCuSi$_x$高熵合金涂层及35CrMo基体在3.5%NaCl溶液中的动电位极化曲线

表5-5 AlCoCrFeNiCuSi$_x$高熵合金涂层及35CrMo基体的电化学参数

试 样	E_{corr} (vs. SCE)/V	i_{corr}/A · cm^{-2}
35CrMo基体	−0.972	1.907×10^{-5}
Si_0	−0.622	7.492×10^{-6}
$Si_{0.1}$	−0.565	3.707×10^{-6}
$Si_{0.2}$	−0.312	4.921×10^{-7}
$Si_{0.3}$	−0.363	1.086×10^{-6}
$Si_{0.4}$	−0.447	1.770×10^{-6}
$Si_{0.5}$	−0.484	4.785×10^{-6}

通过电化学交流阻抗试验，进一步探究涂层表面钝化膜生成情况。图5-32为AlCoCrFeNiCuSi$_x$高熵合金涂层在3.5%（质量分数）NaCl溶液中测得的Nyquist曲线图和Bode图。如图5-32（a）所示，涂层和35CrMo基体的Nyquist曲线都存在一个容抗弧，所有涂层的容抗弧半径均大于35CrMo基体的容抗弧半径，随着Si含量的增加，涂层容抗弧半径呈现先增大后减小的趋势，$Si_{0.2}$涂层具有最大的容抗弧半径。这表明涂层的电荷转移电阻大于基体，且$Si_{0.2}$涂层的电荷转移电阻最高，具有最好的耐腐蚀性能。Nyquist图的分析结果和动电位极化曲

线分析结果相一致。如图 5-32（b）和（c）分别为涂层的频率-阻抗和频率-相位角图。由图 5-32（b）频率-阻抗图可知，在频率为 10^{-1} Hz 时，35CrMo 基体的阻抗 $|Z|$ 最小，而 $Si_{0.2}$ 涂层的阻抗 $|Z|$ 具有最大值，代表 $Si_{0.2}$ 涂层电荷转移电阻最大，涂层耐腐蚀性能最好；由图 5-32（c）频率-相位角图可知，在中频区，35CrMo 基体阻抗和负相位角最小，而 $Si_{0.2}$ 涂层阻抗和负相位角最大，代表 35CrMo 基体耐腐蚀性能最差，而 $Si_{0.2}$ 涂层钝化膜稳定且致密，具有最好的耐腐蚀性能。涂层耐腐蚀性能从高到低分别为 $Si_{0.2}$、$Si_{0.3}$、$Si_{0.4}$、$Si_{0.1}$、$Si_{0.5}$、Si_0。Nyquist 曲线图的分析结果和动电位极化曲线分析结果相一致，Si 添加有利于提高涂层的耐腐蚀性能，且 $Si_{0.2}$ 涂层的耐腐蚀性能最好。

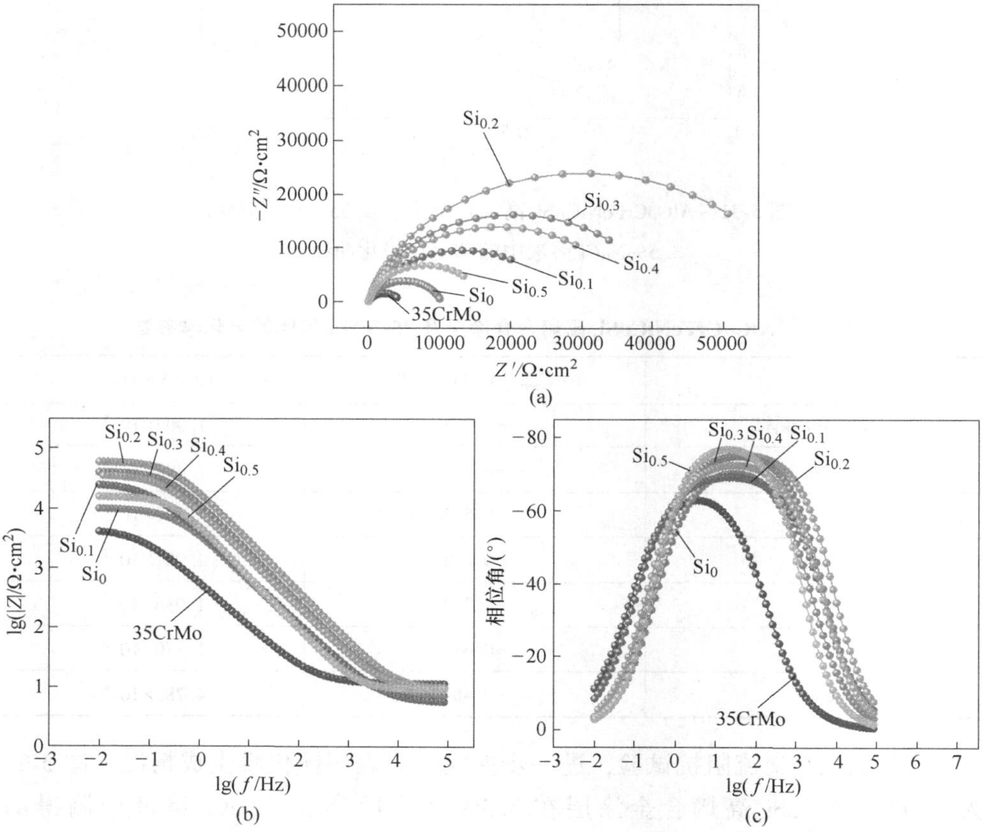

图 5-32　$AlCoCrFeNiCuSi_x$ 高熵合金涂层及基体的 Nyquist 图和 Bode 图

（a）Nyquist 图；（b）频率-阻抗图；（c）频率-相位角图

图 5-33 为 $AlCoCrFeNiCuSi_x$ 高熵合金涂层和 35CrMo 基体在 3.5%（质量分数）NaCl 溶液中的等效电路模拟图。利用 Zview 软件对涂层阻抗数据进行拟合分

析，表 5-6 列出了 $AlCoCrFeNiCuSi_x$高熵合金涂层在 3.5%NaCl 溶液中的等效电路拟合参数。从表 5-6 中数据可以看出，溶液阻抗 R_s 相对较小，极化阻抗主要受到电荷转移电阻的影响。35CrMo 基体电荷转移电阻 R_{ct}为 2.609 kΩ · cm^2，小于涂层的电荷转移电阻。随着 Si 含量的增加，涂层电荷转移电阻 R_{ct}分别为 10.234 kΩ · cm^2、22.854 kΩ · cm^2、60.852 kΩ · cm^2、41.109 kΩ · cm^2、26.378 kΩ · cm^2、18.839 kΩ · cm^2，可以看出，涂层的 R_{ct}值变化趋势与前面分析的 E_{corr}、$|Z|$等值的变化趋势一致，都是随着 Si 元素含量的增加先增大后减小，$Si_{0.2}$涂层具有最大值，耐腐蚀性能最佳。

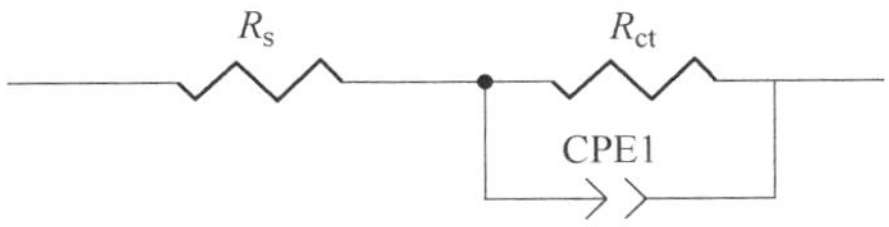

图 5-33 $AlCoCrFeNiCuSi_x$高熵合金涂层等效电路图

表 5-6 等效电路图拟合参数

试 样	$R_s/\Omega \cdot cm^2$	$R_{ct}/k\Omega \cdot cm^2$	$Q/\Omega^{-1} \cdot cm^{-2} \cdot s^n$	α
35CrMo 基体	8.439	2.609	6.17×10^{-4}	0.807
Si_0	7.149	10.234	5.51×10^{-5}	0.812
$Si_{0.1}$	9.189	22.854	5.65×10^{-5}	0.848
$Si_{0.2}$	9.371	60.852	1.04×10^{-5}	0.849
$Si_{0.3}$	9.477	41.109	1.63×10^{-5}	0.847
$Si_{0.4}$	6.192	26.378	3.21×10^{-5}	0.824
$Si_{0.5}$	10.65	18.839	3.91×10^{-5}	0.881

综上所述，电化学交流阻抗试验与动电位极化曲线的分析结果一致，在 3.5%NaCl 溶液中，$AlCoCrFeNiCuSi_x$高熵合金涂层耐腐蚀性能均高于基体，且随着 Si 元素含量的增加而先增加后减小，$Si_{0.2}$涂层具有最佳的耐腐蚀性能。这是由于添加适量的 Si 元素，可以在一定程度上提高钝化膜的稳定性，使涂层的耐腐蚀能力提高[239]。但 Si 含量过高时，涂层的耐腐蚀能力降低，一方面 Si 元素容易形成含有 Cr 元素的硅化物，阻碍 Cr_2O_3 耐腐蚀钝化膜形成；另一方面，从前面的分析可知，Si 元素促进涂层 BCC/B2 相形成，BCC/B2 相相较于 FCC 相更容易发生腐蚀[212, 232]。因此，耐腐蚀性能从高到低排序分别为 $Si_{0.2}>Si_{0.3}>Si_{0.4}>Si_{0.1}>Si_{0.5}>Si_0>$35CrMo 基体，在 AlCoCrFeNiCu 高熵合金等离子熔覆层中添加适量 Si 元素可以有效提高涂层的耐腐蚀性能。

5.2 Sn 元素添加对 AlCoCrFeNiCu 高熵合金等离子熔覆层组织和性能的影响

Sn 是人类使用的最古老的金属之一，它能够与 Cu 一起冶炼成耐磨耐腐蚀性能优良的青铜，还可以将其添加到黄铜中形成在海水环境中耐腐蚀性能优良的“海军黄铜”。根据表 2-2 可知，Sn 的原子半径远大于 AlCoCrFeNiCu 高熵合金中所有主要元素的原子半径，因此在高熵合金中加入 Sn 元素不仅能增加合金体系的混合熵，增加晶格畸变效应，而且 Sn 还可能与其他元素（如 Cu）形成第二相对高熵合金涂层的组织和性能产生影响。目前，针对 Sn 元素对高熵合金组织性能影响的报道较少。Sun 等[240]研究了 $AlFeCoNiCrSn_x$（$x=0$，0.02，0.05，0.1，0.5）高熵合金的显微组织和力学性能，结果表明，Sn 元素含量对合金的组织和性能有重要影响。当 Sn 含量<0.05%（原子数分数）时，高熵合金仅为 BCC 固溶体，具有较高的强度和良好的塑性。当 Sn 含量大于 0.05%（原子数分数）时，形成 Co_3Sn_2 金属间化合物，金属间化合物的形成降低了合金的塑性。X. Y. Gu 等[241]研究了 Sn 含量对 CoCrFeMnNi 高熵合金组织和力学性能的影响。结果表明，Sn 对合金的显微组织和力学性能有很大的影响。CoCrFeMnNi 合金具有简单的 FCC 相结构，而 $Sn_{0.03}$ 和 $Sn_{0.07}$ 合金中有少量类似 $MnNi_2Sn$ 的白色析出物，且析出相随着 Sn 添加量的增加而增加，合金的硬度和强度得到了提高，但延展性降低。当合金中 Sn 添加量较少（$Sn_{0.03}$，$Sn_{0.07}$）时，合金的强化机制是固溶强化为主导，而随着 Sn 含量增加（$Sn_{0.1}$，$Sn_{0.3}$，$Sn_{0.5}$），合金的强化机制是以第二相强化为主导。从以上研究可以发现，Sn 元素对高熵合金的组织和性能都会产生显著的影响，添加适量的 Sn 元素可以改善高熵合金的组织和性能。但是，以上都是针对 Sn 元素对高熵合金铸锭组织性能的影响研究，针对 Sn 元素对高熵合金等离子熔覆涂层以及对 AlCoCrFeNiCu 合金组织和性能影响的报道还没有。所以，本节拟向 AlCoCrFeNiCu 高熵合金等离子熔覆层中分别添加 0.03%、0.05%、0.1%、0.2%（原子数分数）Sn 元素，研究不同添加量的 Sn 元素对涂层组织演化、耐磨性能、耐腐蚀性能等的影响，并对产生的强化机制进行分析。

5.2.1 涂层物相分析

图 5-34 为 $AlCoCrFeNiCuSn_x$ 高熵合金等离子熔覆层的 XRD 图谱。从图 5-34 中可以看出，不同 Sn 含量的高熵合金涂层均由 FCC 固溶相和 BCC 固溶相的简单结构组成，并没有形成复杂的相结构。各涂层的 FCC 衍射峰分别出现在 $2\theta=43.28°$、50.36°和 74.28°附近，晶面指数分别为（111）、（200）和（220），与 Cu（ICDD 00-001-1241）及 $Cu_{39}Sn_{11}$（ICDD 001-071-0122）的衍射峰接近，表明

涂层中的FCC结构的相是以富Cu相为主。在$2\theta=44.24°$、$64.04°$和$81.68°$附近出现了BCC的衍射峰，晶面指数分别为（110）、（200）和（211）。各衍射峰分别与Fe的标准卡片（ICDD 00-006-0696）在44.67°、65.02°、82.33°的衍射峰接近，且均往左边有少许偏移。这表明涂层中的BCC相为铁基固溶体，且由于Co、Cr等原子熔入使其发生晶格畸变是造成BCC衍射峰发生左偏移的主要原因。

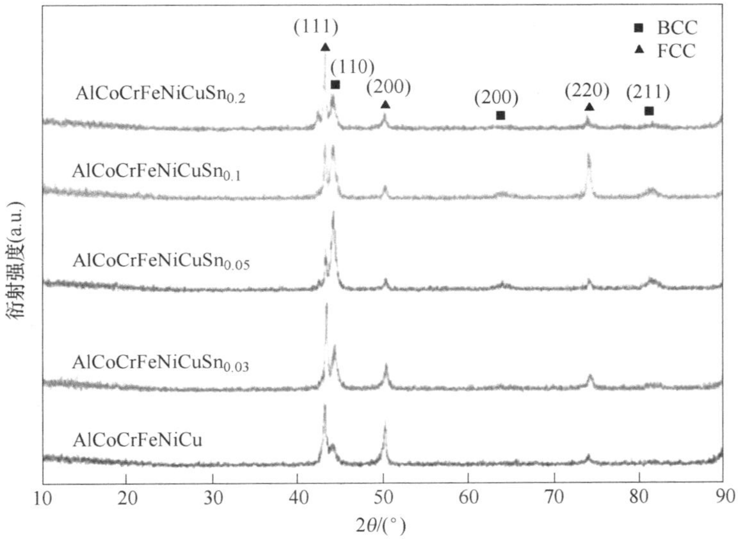

图5-34 不同Sn含量AlCoCrFeNiCu高熵合金涂层XRD图谱

5.2.2 涂层微观组织分析

图5-35是$AlCoCrFeNiCuSn_x$高熵合金等离子熔覆层（$Sn_{0.03}$、$Sn_{0.05}$、$Sn_{0.1}$、$Sn_{0.2}$）的SEM图像，图5-35（a_2）~（d_2）分别是图5-35（a_1）~（d_1）中虚线框区域的放大图像。从图5-35中可以看出，各熔覆层组织是以树枝晶为主，由树枝晶、晶间相以及少量的黑色块状析出相构成。通过对比可以发现，随着Sn含量的增加，晶间相的含量在增加。为了分析$AlCoCrFeNiCuSn_x$熔覆层各相的组成，采用EDS点扫描对各高熵合金涂层的晶内、晶间和析出相的化学成分分别进行了分析，分析点位如图5-35（a_2）~（d_2）中标记所示。图5-35中各点成分分析结果见表5-7，从表中数据可知，晶内区域富含Fe、Co、Cr等元素，Cu和Sn元素富聚在晶间区域，析出相主要由Al、N元素构成，这是因为Fe、Co、Cr等元素熔点较高，冷却的时候优先凝固形成了树枝晶（DR），而Cu和Sn元素熔点相对较低，最后凝固在晶间（ID）区域，在等离子熔覆过程中空气中的氮气少量侵入到熔池，与Al元素反应生成了少量的化合物形成析出相。为了很好地印证

这一点，又对 AlCoCrFeNiCuSn$_x$高熵合金等离子熔覆层做了面扫描分析，结果如图 5-36~图 5-39 所示，从图中可以看出，Fe 等高熔点元素富聚在晶内，低熔点元素 Cu 和 Sn 富聚在晶间，Al 和 N 元素富聚在析出相，由此可以确定，熔覆层晶内为富 Fe 相，而晶间为富 Cu 相，这与前面 XRD 的结果一致，只是 Al 和 N 元素构成的析出相含量较少，XRD 未能检出。

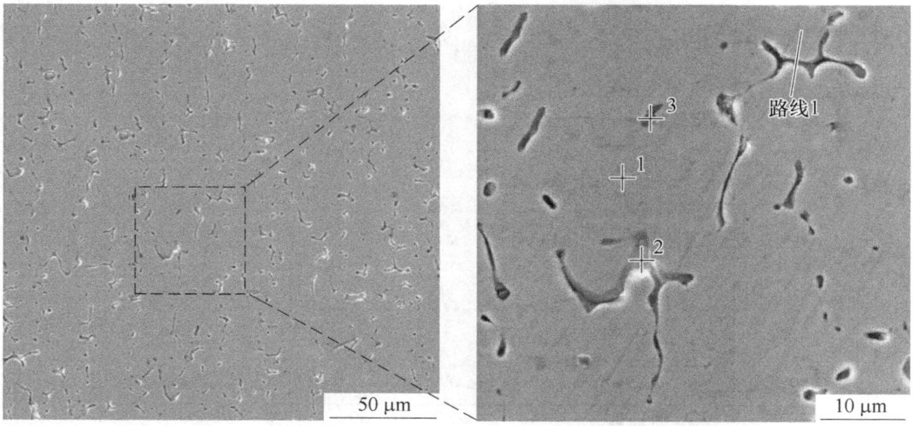

(a$_1$) (a$_2$)

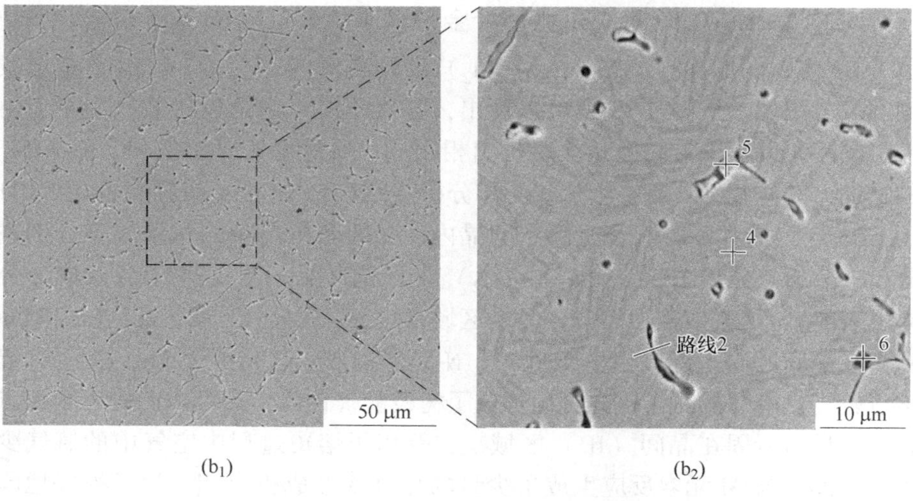

(b$_1$) (b$_2$)

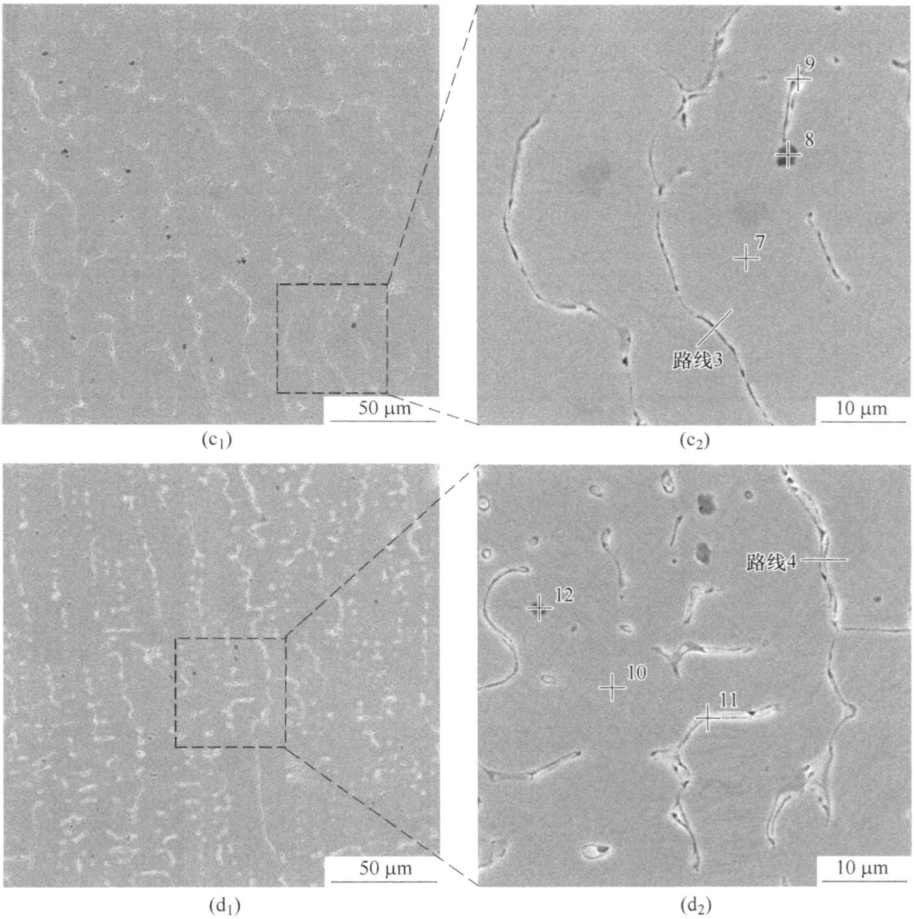

图 5-35 不同 Sn 含量 AlCoCrFeNiCu 高熵合金涂层 SEM 照片

(a_1) $Sn_{0.03}$；(a_2) 图(a_1)中虚线框放大图；(b_1) $Sn_{0.05}$；(b_2) 图(b_1)中虚线框放大图；(c_1) $Sn_{0.1}$；(c_2) 图(c_1)中虚线框放大图；(d_1) $Sn_{0.2}$；(d_2) 图(d_1)中虚线框放大图

表 5-7 不同 Sn 含量 AlCoCrFeNiCu 高熵合金涂层 EDS 点扫描分析（原子数分数）

(%)

试样	测试点	Al	Co	Cr	Fe	Ni	Cu	Sn	N
$Sn_{0.03}$	1	7.04	8.04	8.21	59.79	7.83	9.09	—	—
	2	7.63	3.01	3.06	41.17	6.35	38.25	0.53	—
	3	38.73	1.61	2.10	14.19	1.62	3.76	—	37.99

续表 5-7

试样	测试点	Al	Co	Cr	Fe	Ni	Cu	Sn	N
$Sn_{0.05}$	4	5. 56	6. 34	6. 94	67. 07	6. 43	7. 66	—	—
	5	3. 56	2. 72	3. 27	26. 34	5. 50	39. 29	7. 90	—
	6	44. 51	1. 14	1. 62	14. 93	0. 86	1. 28	—	35. 66
$Sn_{0.1}$	7	4. 02	5. 99	6. 28	73. 24	4. 69	5. 78	—	—
	8	47. 31	0. 88	0. 99	10. 48	2. 37	4. 11	0. 69	33. 17
	9	1. 83	3. 12	3. 24	32. 71	5. 63	45. 48	7. 99	—
$Sn_{0.2}$	10	4. 72	6. 26	6. 82	70. 39	5. 12	6. 69	—	—
	11	2. 10	1. 98	2. 80	17. 49	4. 41	58. 51	12. 71	—
	12	45. 93	0. 53	0. 76	14. 87	0. 84	3. 64	0. 87	32. 56

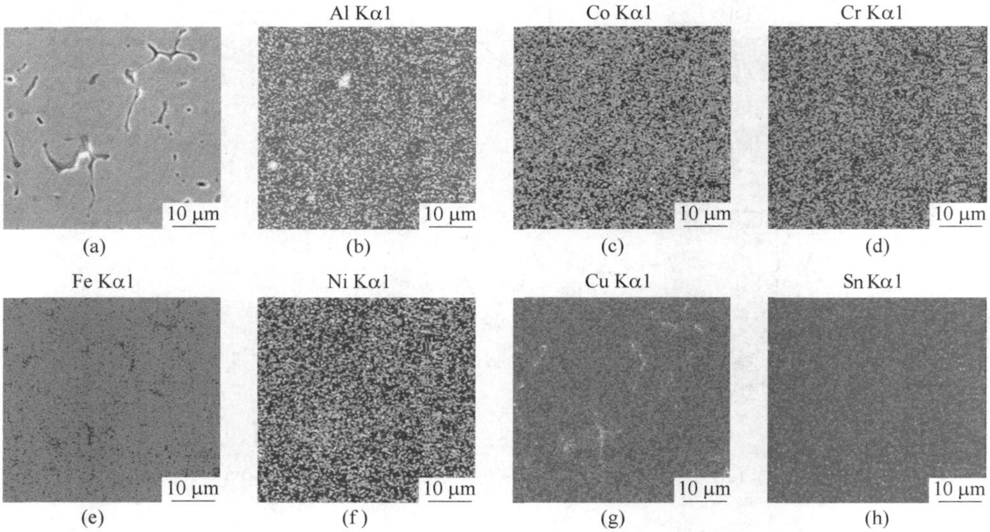

图 5-36　AlCoCrFeNiCu$Sn_{0.03}$高熵合金涂层 EDS 面扫描分析
（a）扫描区域；（b）Al 元素分布；（c）Co 元素分布；（d）Cr 元素分布；
（e）Fe 元素分布；（f）Ni 元素分布；（g）Cu 元素分布；（h）Sn 元素分布

彩图

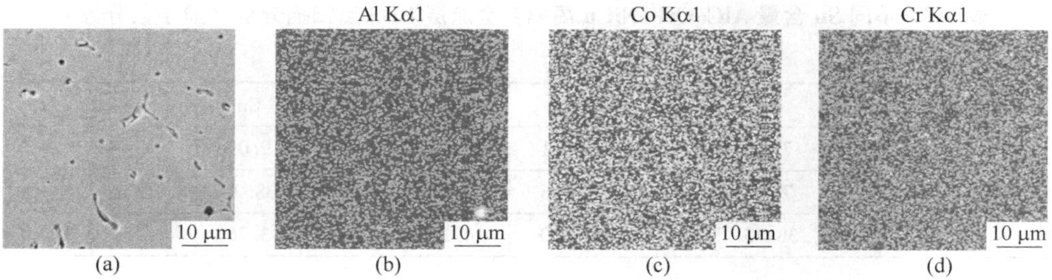

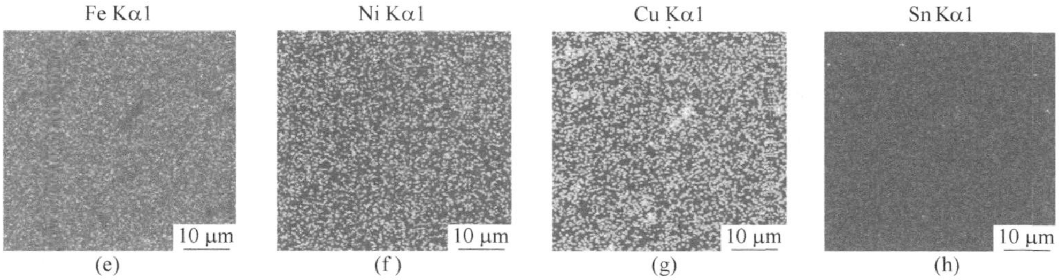

图 5-37 AlCoCrFeNiCu$Sn_{0.05}$高熵合金涂层 EDS 面扫描分析

(a) 扫描区域；(b) Al 元素分布；(c) Co 元素分布；(d) Cr 元素分布；(e) Fe 元素分布；(f) Ni 元素分布；(g) Cu 元素分布；(h) Sn 元素分布

彩图

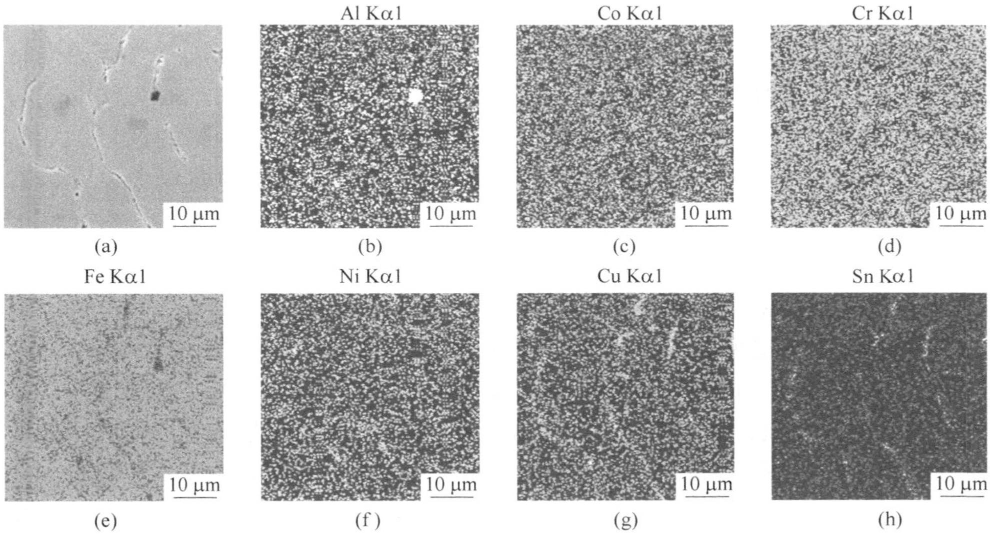

图 5-38 AlCoCrFeNiCu$Sn_{0.1}$高熵合金涂层 EDS 面扫描分析

(a) 扫描区域；(b) Al 元素分布；(c) Co 元素分布；(d) Cr 元素分布；(e) Fe 元素分布；(f) Ni 元素分布；(g) Cu 元素分布；(h) Sn 元素分布

彩图

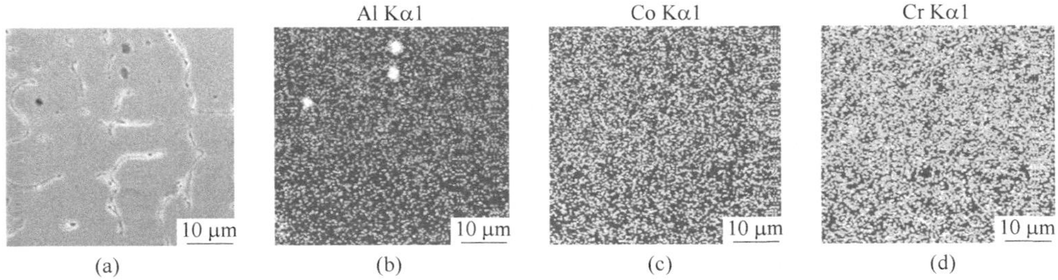

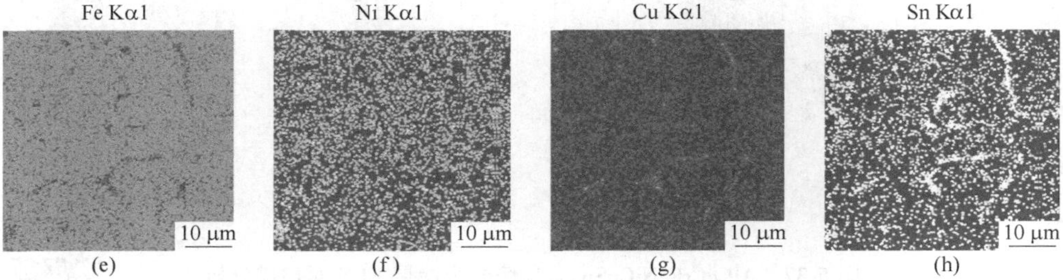

图 5-39　$AlCoCrFeNiCuSn_{0.2}$高熵合金涂层 EDS 面扫描分析
(a) 扫描区域；(b) Al 元素分布；(c) Co 元素分布；(d) Cr 元素分布；
(e) Fe 元素分布；(f) Ni 元素分布；(g) Cu 元素分布；(h) Sn 元素分布

彩图

为了进一步确定熔覆层中各相的结构，对 $AlCoCrFeNiCuSn_{0.1}$熔覆层进行 TEM 分析，结果如图 5-40 和图 5-41 所示。利用 FIB 技术在 $AlCoCrFeNiCuSn_{0.1}$熔覆层中选取了一个既包含枝晶区、枝晶间区，又包含析出相的区域，如图 5-40 (a) 所示。图 5-40 (a) 为 $AlCoCrFeNiCuSn_{0.1}$熔覆层的明场像，可以看出图中 A 区、B 区和 C 区有不同的衬度，分别对应熔覆层的枝晶区、枝晶间区和析出相区域。图 5-40 (b) 显示了沿［311］晶带轴方向的枝晶区域 SAED 图谱。选取 3 个点，测得的晶面距离分别为 0. 12 nm、0. 12 nm、0. 20 nm。通过与 PDF 卡的对比可以看出，图 5-40 (b) 中的 2 点和 3 点分别对应于 Fe 结构的 (112)、(011) 晶面族，再结合 SEM-EDS 结果分析，可以推测该区域可能是 BCC 结构的 Fe 基固溶体。图 5-40 (c) 为沿［102］带轴方向所选择的枝晶间区电子衍射图。选取 3 个点，测得的晶面距离分别为 0. 90 nm、0. 37 nm、0. 41 nm。通过与 PDF 卡的对比，结合前面 EDS 分析的结果，可以看出图 5-40 (c) 中的 1 和 2 点对应于 (200)、(422) 晶面族，可以推测这个位置就是 CuSn 合金掺杂的 FCC 结构。图 5-40 (d) 是析出相沿着［102］晶带轴方向的选区电子衍射花样图谱。选择 3 个点，测量的晶面间距为 0. 14 nm，0. 14 nm 和 0. 27 nm，通过与 PDF 卡片对比分析可知，图中的 2 点和 3 点分别对应 AlN 相的 (103)、(100) 晶面族，结合前面的 EDS 分析结果，可以推测这种结构可能是 HCP 结构的 AlN 相。

图 5-41 (a) (d) (g) 分别为 A 区 (枝晶区)、B 区 (枝晶间区)、C 区 (析出相) 的 HRTEM 图像，可以看出各区域的晶格构型是一致的，证明这些区域均为单一相。利用 Digital Micrograph 软件对每个图中的虚线框区域进行反傅里叶变换，然后测量其各自的晶面距离。结果如图 5-41 (b) (e) (h) 所示。枝晶区域 (011) 的距离为 0. 2011 nm，枝晶间区域 (200) 的距离为 0. 8984 nm，析

出相（100）的距离为 0.2659 nm。各区域的晶面距离与前文所述的 SAED 分析结果及相应的 PDF 卡数据一致，进一步证明了枝晶区域为 BCC 结构的单相 Fe 基固溶体，枝晶间区域为 FCC 结构的 CuSn 合金掺杂，析出相为 HCP 结构的 AlN。对图 5-41（a）（d）（g）进行反傅里叶变换，并以彩色形式显示，得到图 5-41（c）（f）（i）。从图 5-41 中可以看出，在晶内、晶间和 AlN 区域均出现了纳米相，尤其是树枝晶内区域［图 5-41（c）］，尺寸相对较小，数量较多，这也是图 5-34 XRD 图谱中 BCC 衍射峰明显展变的主要原因。

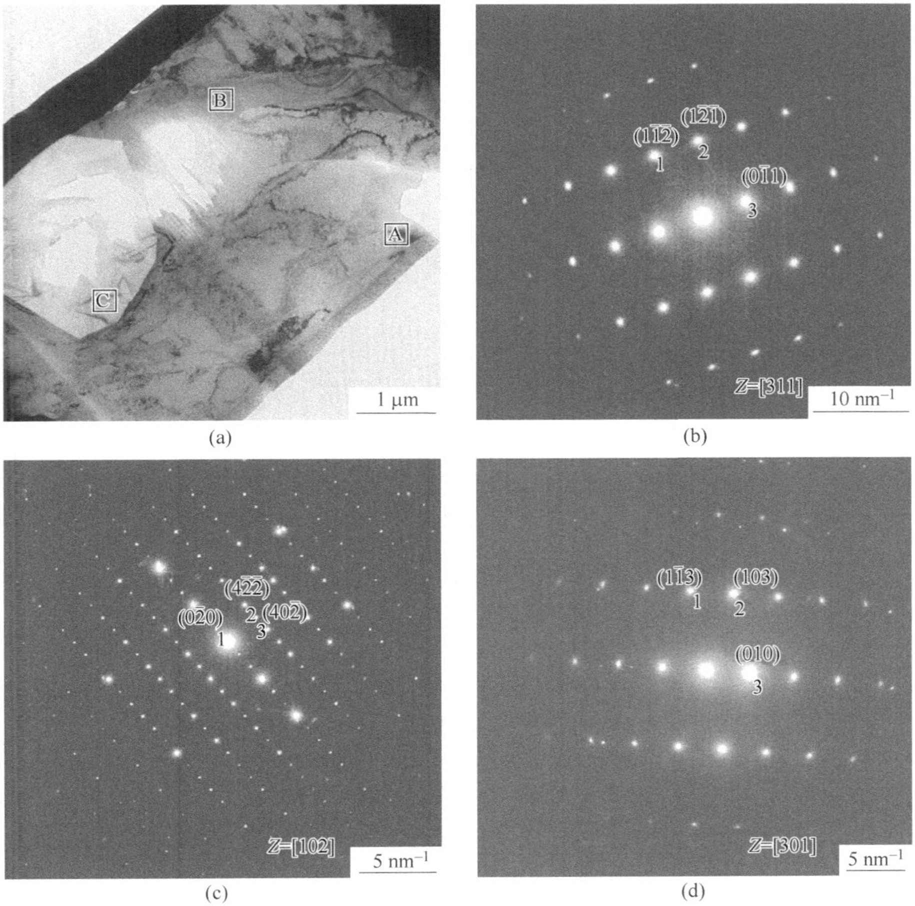

图 5-40 AlCoCrFeNiCu$Sn_{0.1}$涂层的 TEM 分析

（a）TEM 横截面图；（b）图(a)中 A 区 SAED 图；
（c）图(a)中 B 区 SAED 图；（d）图(a)中 C 区 SAED 图

彩图

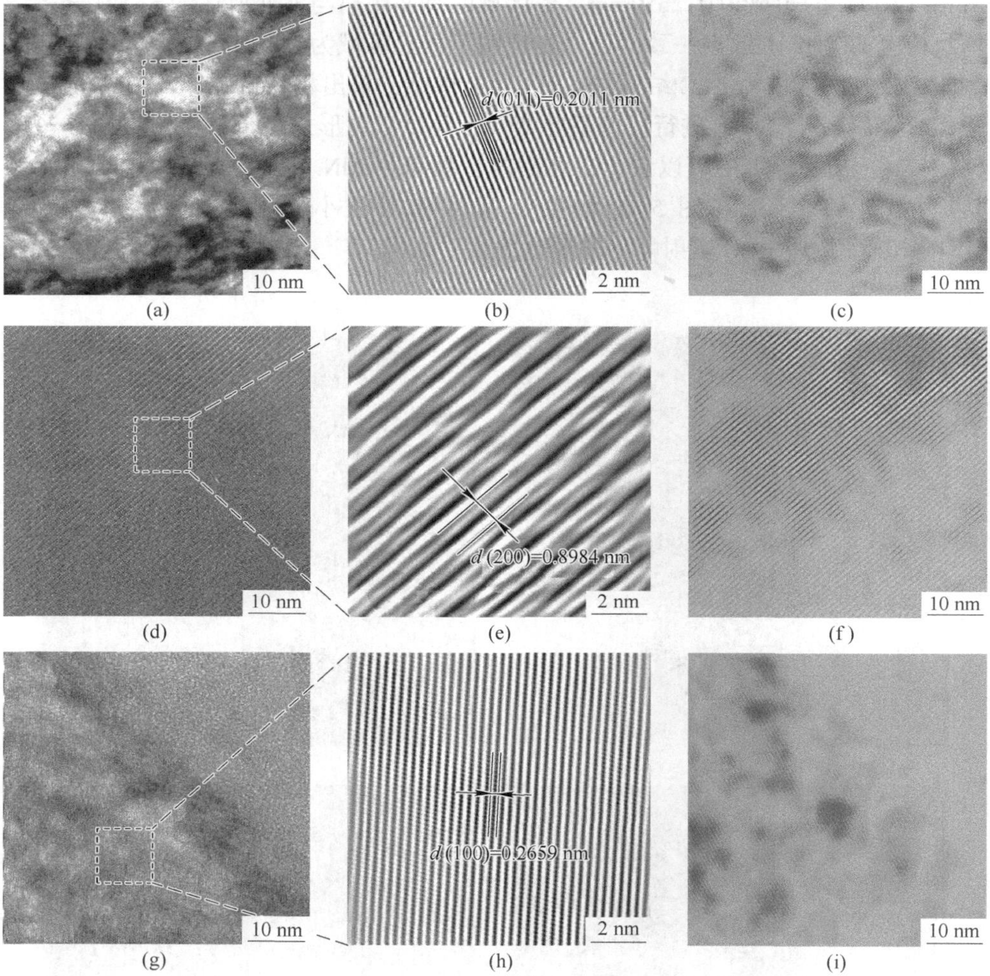

图 5-41　$AlCoCrFeNiCuSn_{0.1}$ 涂层 HRTEM 图

(a) 晶内 HRTEM 图；(b) 图(a)中虚线框区域的反傅里叶变换图；
(c) 图(a)的彩虹图；(d) 晶间 HRTEM 图；
(e) 图(d)中虚线框区域的反傅里叶变换图；
(f) 图(d)的彩虹图；(g) 析出相 HRTEM 图；
(h) 图(g)中虚线框区域的反傅里叶变换图；(i) 图(g)的彩虹图

彩图

利用高角度环形暗场成像（HAADF）技术，对各区域的元素分布进行了分析，如图 5-42 所示，晶内均匀分布着大量的 Fe 元素，另外还有 Co、Cr、Ni 等元素，结合前面的分析可以确定，晶内为 BCC 结构的铁基固溶体。晶粒之间富含 Cu 元素和 Sn 元素，结合前面的分析可知，晶间主要是 FCC 结构的 CuSn 合金掺杂。析出相富含 Al 元素和 N 元素，结合 SEM 和 TEM 分析可以进一步确定析出相为 AlN。

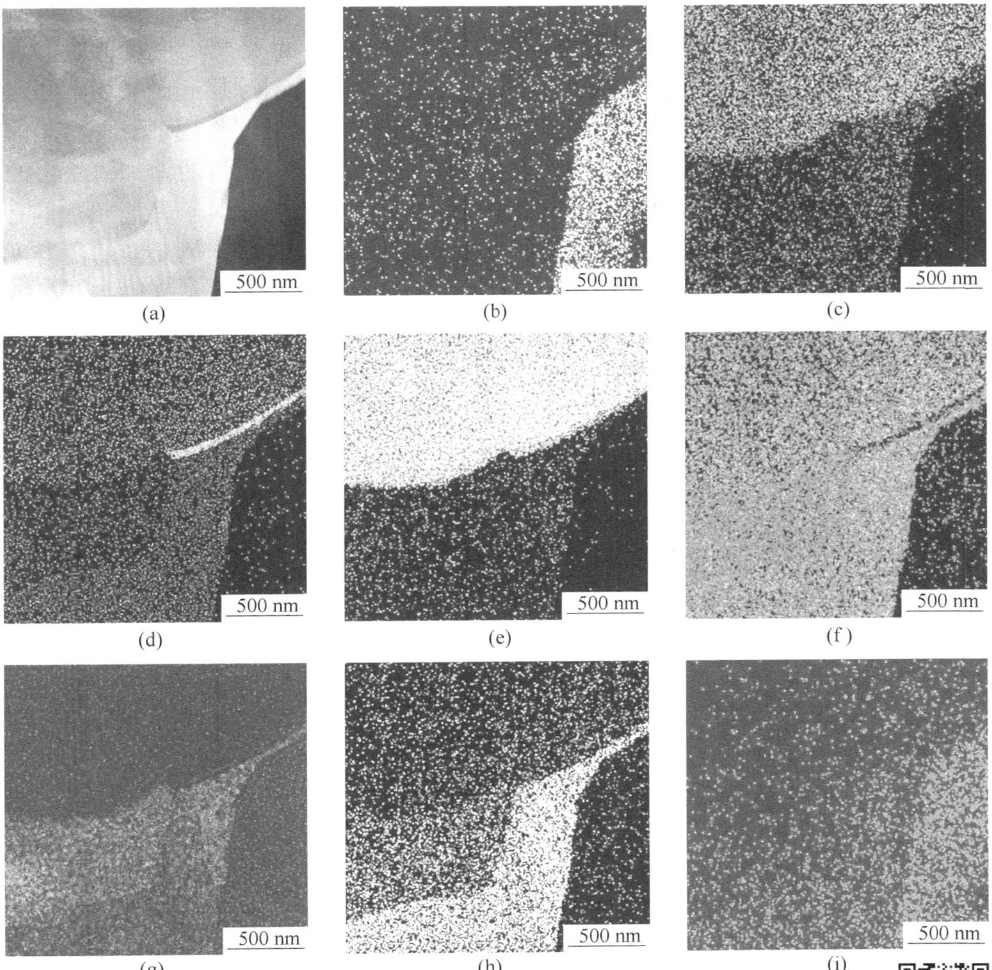

彩图

图 5-42 AlCoCrFeNiCu$Sn_{0.1}$涂层的 HAADF-STEM 形貌及对应的 STEM-EDS 元素分布图

(a) HAADF-STEM 形貌；(b) Al 元素分布；(c) Co 元素分布；(d) Cr 元素分布；(e) Fe 元素分布；(f) Ni 元素分布；(g) Cu 元素分布；(h) Sn 元素分布；(i) N 元素分布

5.2.3 涂层性能分析

图 5-43 是不同 Sn 含量的 HEAs 等离子熔覆涂层从表面到基体的显微硬度分布情况。从图 5-43 中可以看出，所有涂层的显微硬度都明显高于基体。一方面

是由于高熵合金具有的“晶格畸变效应”，使得涂层的显微硬度更高；另一方面是因为等离子熔覆过程中，熔池冷却速度比较快，形成较大的过冷度，利于细化晶粒，从而起到了细晶强化的作用[242]。同时，各熔覆层中都含有原子半径相对较大的 Al 元素，导致熔覆层合金发生较大的晶格畸变，晶格畸变产生的应力场会对位错产生明显的钉扎作用，增大了位错运动的阻力，对涂层起到了固溶强化的作用，从而使涂层硬度增加。在细晶强化和固溶强化的共同作用下，各涂层的硬度显著高于基体。对比各涂层的硬度可以发现，随着 Sn 含量的增加，涂层的整体硬度逐渐增加。Sn 在 $AlCoCrFeNiCuSn_x$ 这个合金体系中相对于其他元素具有最大的原子半径，起到了一定的固溶强化的作用，但是 Sn 与其他元素的固溶度较小，更多 Sn 与 Cu 结合形成了 $Cu_{39}Sn_{11}$ 金属化合物。$Cu_{39}Sn_{11}$ 是硬脆相，随着 Sn 含量的增加，涂层中析出更多的 $Cu_{39}Sn_{11}$ 硬脆相，导致涂层的硬度增加。

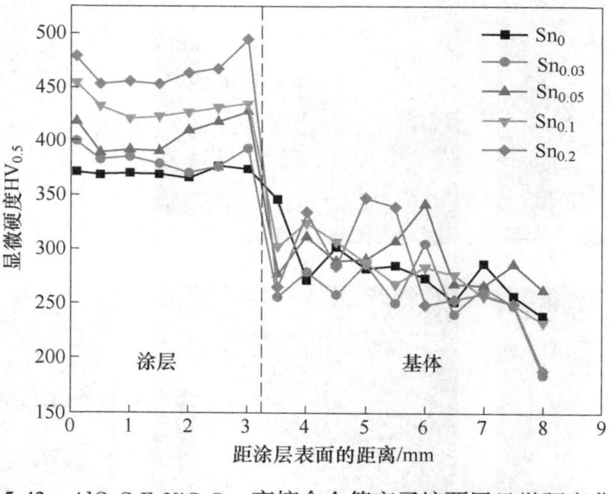

图 5-43　$AlCoCrFeNiCuSn_x$ 高熵合金等离子熔覆层显微硬度曲线

图 5-44 是 $AlCoCrFeNiCuSn_x$ 高熵合金等离子熔覆涂层的摩擦磨损试验结果，从图中可以看出，各涂层的摩擦系数变化可以分为两个阶段：磨合阶段和稳定摩擦阶段。在磨合阶段摩擦系数急剧上升，然后逐渐趋于稳定，进入到稳定摩擦阶段。对比各涂层的摩擦系数可以发现，当 Sn 含量小于 $Sn_{0.1}$ 时，涂层的摩擦系数随着 Sn 含量的增加而降低，当 Sn 含量达到 $Sn_{0.2}$ 时，摩擦系数又升高。将摩擦磨损试验结果与前面的硬度试验结果进行对比，发现 $AlCoCrFeNiCuSn_x$ 涂层的耐磨性与硬度值并不是完全呈正相关的。当 Sn 含量达到 $Sn_{0.2}$ 时，涂层的硬度会进一步增加，但是其耐磨性能却发生了明显的降低。这说明硬度并不是影响涂层耐磨性能的唯一因素，当涂层中 Sn 含量较多时，涂层中析出更多的硬脆相 $Cu_{39}Sn_{11}$，使得涂层的韧性降低，从而降低了其耐磨性能。

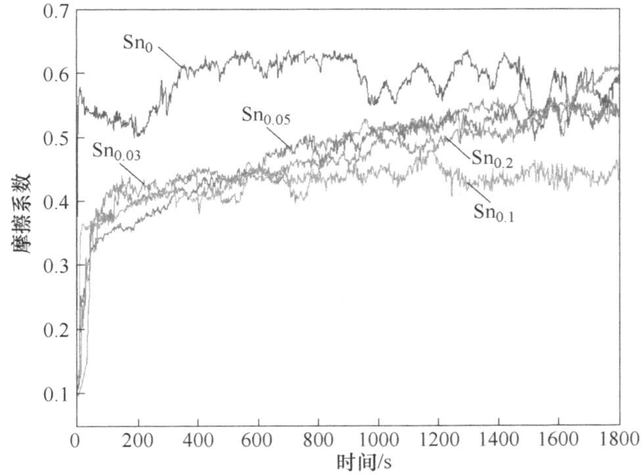

图 5-44 AlCoCrFeNiCuSn$_x$高熵合金等离子熔覆层摩擦系数

图 5-45 从左到右依次是 AlCoCrFeNiCuSn$_x$各涂层磨痕全貌、磨痕 3D 图像，以及磨痕横截面轮廓。对比涂层的磨痕宏观形貌可以发现，Sn_0、$Sn_{0.03}$和 $Sn_{0.2}$的磨痕表面比较粗糙，而 $Sn_{0.05}$和 $Sn_{0.1}$的磨痕表面比较光滑，且 $Sn_{0.1}$涂层的磨痕整体尺寸最小。在磨痕 3D 图像中，黑色为磨痕的最低点，橙红色为磨痕的最高点，$Sn_{0.1}$底部黑色颜色较浅，证明其磨痕较浅。而 Sn_0、$Sn_{0.03}$涂层底部黑色部位颜色较深，且在磨痕边缘形成了比较明显的变形堆积，说明它们的磨痕较深，这是由于 Sn_0、$Sn_{0.03}$涂层硬度较低，在摩擦球相对滑动和摩擦载荷的作用下发生了黏着磨损，在摩擦磨损试验过程中，摩擦球将涂层从底部转移到了边缘，形成了塑性变形堆积[243]。通过对比各涂层磨痕的最大深度可以发现，涂层磨痕最大深度随着 Sn 含量的变化规律与摩擦系数和磨损体积的变化规律一致。各涂层中 Sn_0涂层磨痕最大深度值最大，为 138.567 μm，$Sn_{0.1}$涂层的磨痕最大深度值最低，为 34.868 μm，当 Sn 含量增加到 $Sn_{0.2}$时，磨痕最大深度值又增加到 69.799 μm。这也再一次说明了涂层的耐磨性能随着 Sn 含量的增加而变好，$Sn_{0.1}$涂层具有最佳的耐磨性能，当涂层 Sn 含量进一步增加时，涂层的耐磨性能反而会呈现下降的趋势。

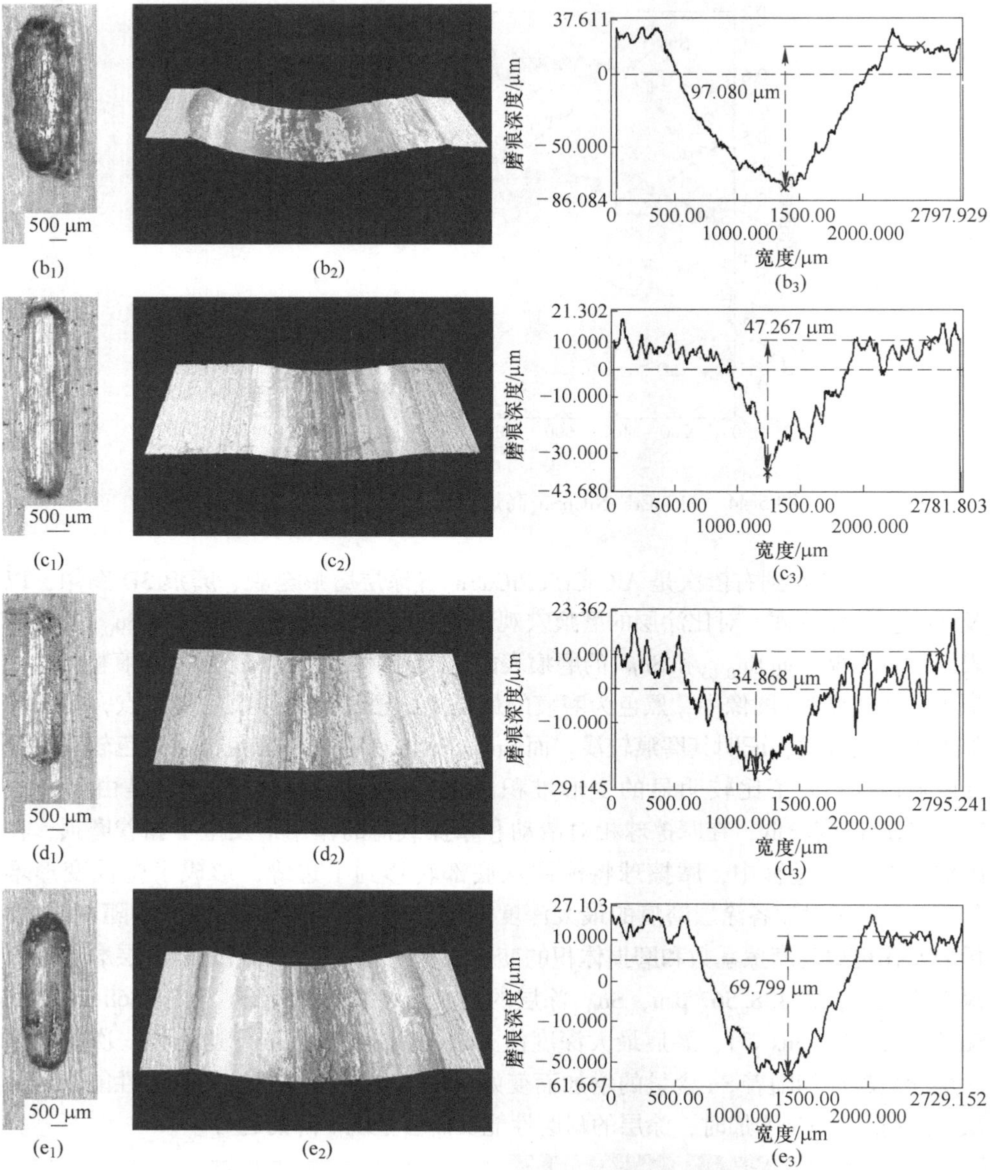

图 5-45　AlCoCrFeNiCuSn$_x$ 高熵合金涂层磨痕形貌及磨痕横截面轮廓

(a_1) Sn_0涂层磨痕全貌；(a_2) Sn_0涂层磨痕 3D 图；(a_3) Sn_0涂层磨痕横截面轮廓；
(b_1) $Sn_{0.03}$涂层磨痕全貌；(b_2) $Sn_{0.03}$涂层磨痕 3D 图；(b_3) $Sn_{0.03}$涂层磨痕横截面轮廓；
(c_1) $Sn_{0.05}$涂层磨痕全貌；(c_2) $Sn_{0.05}$涂层磨痕 3D 图；(c_3) $Sn_{0.05}$涂层磨痕横截面轮廓；
(d_1) $Sn_{0.1}$涂层磨痕全貌；(d_2) $Sn_{0.1}$涂层磨痕 3D 图；(d_3) $Sn_{0.1}$涂层磨痕横截面轮廓；
(e_1) $Sn_{0.2}$涂层磨痕全貌；(e_2) $Sn_{0.2}$涂层磨痕 3D 图；(e_3) $Sn_{0.2}$涂层磨痕横截面轮廓

彩图

图 5-46 是 $AlCoCrFeNiCuSn_x$各涂层磨痕形貌的 SEM 图。Sn_0、$Sn_{0.03}$涂层的磨损表面都出现了明显的分层现象，表明它们的磨损比较严重，特别是 Sn_0涂层磨损表面出现了大量的碎屑，表明磨损过程中表面发生了严重的塑性变形，这是由于 Sn_0涂层硬度相对较低，在磨损过程中被摩擦球反复微切割形成摩擦碎屑，黏着在涂层表面形成分层现象。因此，Sn_0涂层的磨损机制是以黏着磨损为主。$Sn_{0.03}$涂层除了分层明显以外，还能看到大量的沟槽，说明它们是以黏着磨损和磨料磨损为主。$Sn_{0.05}$和 $Sn_{0.1}$涂层磨损表面的分层现象并不明显，磨面可以观察到大量的沟槽，说明它们的磨损机制是以磨料磨损为主。特别是 $Sn_{0.1}$涂层的磨损表面最光滑，进一步说明了其具有最好的耐磨性能。$Sn_{0.2}$出现了较多的剥落，呈现脆性疲劳磨损的特征。由于 $Sn_{0.2}$涂层中的 Sn 含量相对较高，在涂层中形成了较多的 $Cu_{39}Sn_{11}$硬脆相，在磨损过程中，$Cu_{39}Sn_{11}$硬脆相在摩擦球往复磨损的作用下造成应力集中而出现剥落[244]。对不同 Sn 含量的 AlCoCrFeNiCu 涂层磨损表面进行 EDS 点扫描分析，分析结果见表 5-8。从分析结果可以看出，各涂层磨损表面均含氧元素，说明在摩擦磨损试验过程中，各涂层磨损表面出现了氧化物，这是由于摩擦过程中，涂层表面与摩擦球之间在相互摩擦产生的高温作用下发生了氧化反应，从而导致氧化磨损。Sn_0和 $Sn_{0.03}$涂层磨损面的氧化物含量比较高，而 $Sn_{0.05}$和 $Sn_{0.1}$的氧化物含量比较低。这说明了 Sn_0和 $Sn_{0.03}$涂层的氧化磨损比较严重，而 $Sn_{0.05}$和 $Sn_{0.1}$涂层氧化磨损相对比较轻微。

(a)

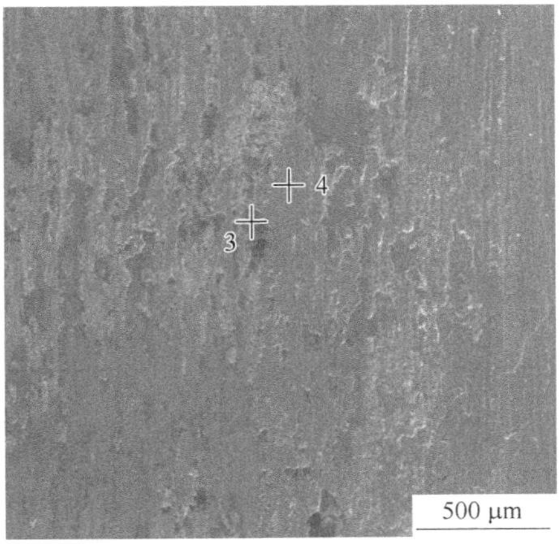

(b)

(c)

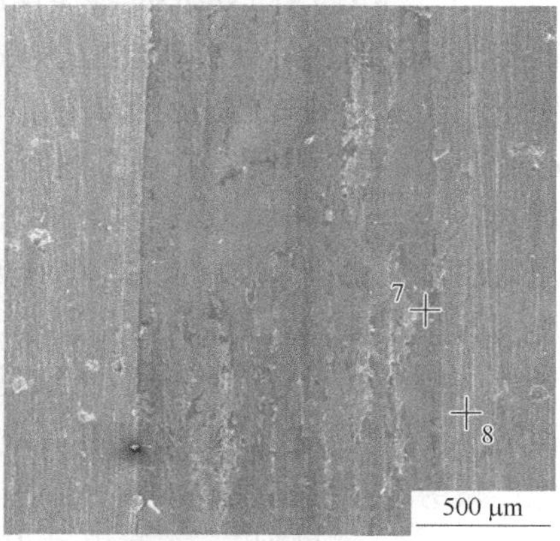

(d)

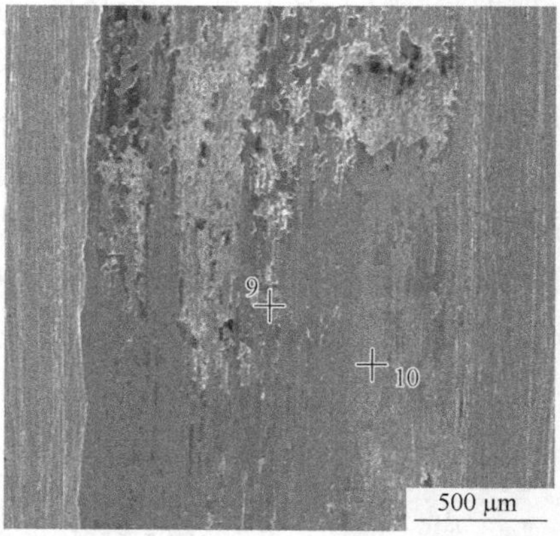

(e)

图 5-46　AlCoCrFeNiCuSn$_x$ 高熵合金涂层的磨痕形貌 SEM 图

(a) Sn_0；(b) $Sn_{0.03}$；(c) $Sn_{0.05}$；(d) $Sn_{0.1}$；(e) $Sn_{0.2}$

表 5-8　不同 Sn 含量 AlCoCrFeNiCu 涂层磨损表面 EDS 点扫描分析（原子数分数）

（%）

试样	测试点	Al	Co	Cr	Fe	Ni	Cu	O	Sn
Sn_0	1	2.93	2.88	3.00	15.29	2.76	4.40	61.07	—
	2	5.95	8.26	8.68	45.09	6.45	8.07	15.07	—
$Sn_{0.03}$	3	2.87	3.08	3.18	21.37	2.57	3.78	57.37	—
	4	6.58	7.52	8.13	55.66	7.11	10.21	3.50	—
$Sn_{0.05}$	5	3.04	4.07	4.71	40.62	3.73	4.70	36.47	—
	6	6.20	5.79	6.77	61.31	5.69	6.89	6.38	—

续表 5-8

试样	测试点	Al	Co	Cr	Fe	Ni	Cu	O	Sn
$Sn_{0.1}$	7	3.06	3.22	3.99	37.07	3.28	4.76	42.36	0.22
	8	5.47	5.89	6.98	60.92	5.44	6.68	7.67	—
$Sn_{0.2}$	9	3.65	3.32	4.11	25.02	3.13	5.23	51.71	0.48
	10	5.86	6.76	7.63	47.87	5.48	7.17	17.12	0.38

5.3 本章小结

本章采用等离子熔覆技术在35CrMo钢表面成功制备了$AlCoCrFeNiCuSi_x$、$AlCoCrFeNiCuSn_x$高熵合金涂层，并对各涂层的相结构、微观组织、显微硬度、耐磨性能以及耐腐蚀性能等进行了分析，主要得到以下结论：

（1）$AlCoCrFeNiCuSi_x$涂层主要包含了FCC相和BCC/B2相，当涂层中Si元素含量较低时，涂层以FCC相为主，随着Si元素含量的增加，FCC相向BCC/B2相转变，Si含量较高的$Si_{0.4}$和$Si_{0.5}$涂层以BCC/B2相为主；$AlCoCrFeNiCuSi_x$涂层组织主要由树枝晶构成，晶内区域与晶间区域区分明显。TEM分析表明，$Si_{0.4}$涂层晶内区域主要由片层相间的BCC结构的Al-Co-Cr-Fe相和B2结构的Al-Ni相构成，其中，B2相内有富Cu纳米颗粒析出；同时，晶内区域还包含了FCC结构的Fe-Co-Cr-Ni相，且在此相内有颗粒状的$L1_2$相析出，而晶间区域主要由FCC结构的Al-Cu-Ni相构成，并在此基础之上，也析出了与晶内区域成分一致的$L1_2$颗粒相。

（2）$AlCoCrFeNiCuSi_x$高熵合金涂层未形成明显的晶粒取向和织构，相较于Si_0涂层，添加Si元素以后的涂层的平均晶粒尺寸减小、大角度晶界占比和几何必要位错密度等均显著增加。同时，Si元素还促进了涂层中BCC/B2相的形成，$Si_{0.4}$涂层中BCC/B2相占比高达97.4%。

（3）$AlCoCrFeNiCuSi_x$高熵合金涂层的显微硬度均高于35CrMo钢基体，且涂层平均硬度随着Si元素含量的增加而逐渐升高，$Si_{0.5}$涂层的平均显微硬度达到了467 $HV_{0.5}$，是35CrMo基体平均硬度的1.72倍；纳米压痕试验结果表明，$Si_{0.4}$涂层晶内区域的纳米硬度显著高于晶间区域，且最大压痕深度明显低于晶间区域，晶内区域具有更好的抗塑性变形和抗蠕变的能力。$Si_{0.4}$涂层各区域的纳米硬度均高于未添加涂层，Si元素的添加可显著提高AlCoCrFeNiCu涂层晶内区域和晶间区域的力学性能。

（4）$AlCoCrFeNiCuSi_x$高熵合金涂层的耐磨性能随着Si元素含量的增加而逐渐提高，Si元素含量较高的$Si_{0.4}$和$Si_{0.5}$涂层表现出优异的耐磨性能。

$AlCoCrFeNiCuSi_x$高熵合金等离子熔覆层的磨损机制主要包括氧化磨损、黏着磨损和磨料磨损，Si 元素可促使磨损机制由黏着磨损向磨料磨损转变，当涂层中 Si 元素含量较低时，涂层的磨损机制以黏着磨损和氧化磨损为主；当涂层中 Si 元素含量较高时，涂层的磨损机制以磨料磨损和氧化磨损为主。

（5）$AlCoCrFeNiCuSi_x$高熵合金涂层耐腐蚀性能优于 35CrMo 基体，且涂层的耐腐蚀性能随着 Si 元素含量的增加而呈现先增加后减小的非线性趋势。$Si_{0.2}$涂层具有最高的自腐蚀电位和最小的自腐蚀电流密度，耐腐蚀性能最佳。

（6）$AlCoCrFeNiCuSn_x$涂层主要由树枝晶构成，晶内主要含有 Fe、Co、Cr 等高熔点元素构成的 BCC 相，晶间主要含有 Cu、Sn 等元素构成的 FCC 相，并含有少量的 AlN 析出相；涂层的显微硬度随着 Sn 含量的增加逐渐升高；涂层的耐磨性能随着 Sn 含量的增加而先升高后降低，$Sn_{0.1}$涂层中各相形成较好的强韧配合组织，有利于提高其耐磨性，具有优异的耐磨性能。

6 WC 添加对 AlCoCrFeNiCu 高熵合金等离子熔覆层组织和性能的影响

在表面工程领域，常采用 WC 作为增强相添加到金属涂层中制备金属基复合材料（MMCs）涂层，此类涂层结合了金属材料和陶瓷材料的优点，具有高强度、高硬度、良好的耐磨性以及优良的耐腐蚀性能。但是，采用传统金属材料作为 MMCs 的基体材料，经常会遇到陶瓷增强相颗粒分布不均匀、增强相与金属基体结合强度低等问题，而且金属基材料与增强相颗粒之间还会发生严重的界面反应，这会对 MMCs 涂层的性能带来不良影响[113,245]。与传统金属相比，高熵合金作为 MMCs 的基体材料对 WC 颗粒具有良好的润湿性，而且可以显著抑制 WC 晶粒的生长，采用高熵合金作为黏结剂来制备的 WC-HEA 复合涂层具有较高的强度、硬度等显著的力学性能，是制造刀具、钻头等工具的理想材料[246-247]。随着高熵合金的发展，人们以各种高熵合金材料为基础制备出了耐磨耐腐蚀性能优良的 WC-HEA 复合涂层。Li 等[248]在 316L 不锈钢表面制备了 WC 增强的 $AlCoCrFeNi_{2.1}$高熵合金激光熔覆层，研究发现 WC 的加入对涂层起到了第二相强化、固溶强化以及细晶强化的作用，显著提高了涂层的硬度和耐磨性。Xu 等[249]采用等离子熔覆技术在 Q235 钢板表面制备了不同 WC 添加量的 CrMnFeCoNi 复合涂层，研究表明，WC 的添加不仅能提高涂层的耐磨性能，还能显著提高其耐腐蚀性能。Bello 等[250]在 Q235 钢表面制备了 WC 增强的 AlCoCrFeNiSi 高熵合金涂层，并研究了 WC 添加对涂层组织和性能的影响，结果表明：WC 增强的 AlCoCrFeNiSi 涂层组织致密且与基体形成良好的冶金结合；WC 的添加显著提高了涂层的显微硬度、纳米硬度以及耐磨性能等。

综上所述，采用 WC 作为增强相来制备 WC-HEA 复合涂层，可以显著提高涂层的硬度和耐磨性，在提升涂层耐腐蚀性能方面也有一定的积极作用。但是，以往的研究主要聚焦在 Q235 钢等常见钢种表面制备 WC-HEA 涂层，而针对井下工具用钢表面 WC-HEA 涂层的制备及研究则近乎空白。因此，本章拟向 AlCoCrFeNiCu 高熵合金粉末中分别添加 20%、40%、50%、60%和 70%（质量分数）的球形 WC 颗粒，采用等离子熔覆技术在井下工具用钢 35CrMo 钢表面制备不同 WC 添加量的 WC-HEA 复合涂层，探究 WC 对涂层的强化机理，并分析 WC 含量对涂层组织和性能的影响规律。

6.1　涂层物相分析

图 6-1 是不同 WC 添加量的 AlCoCrFeNiCu 高熵合金等离子熔覆层的 XRD 图谱，从下到上 WC 的添加量依次是 0%、20%、40%、50%、60%和 70%（质量分数）。由图 6-1 可知，各涂层中均出现了 FCC 相和 BCC 相的衍射峰，添加 WC 后，可以在涂层中检测到富 W 碳化物以及富 Cr 碳化物相，并且随着 WC 添加量的逐渐增加，FCC 相和 BCC 相的衍射峰强度逐渐减弱，而富 W 碳化物以及富 Cr 碳化物相的衍射峰强度逐渐增加。通过对比 PDF 卡片分析发现，W 的碳化物主要有 W_2C、Fe_3W_3C 以及未溶解的 WC 等；Cr 的碳化物主要有 Cr_7C_3、$Cr_{23}C_6$、Cr_3C_2 等。Khallaf 等[251]研究了 WC 增强的 CrFeCoNi 的高熵合金，发现合金中的富 W 碳化物是由原始 WC 颗粒直接形成的，而富 Cr 碳化物是由 Cr 和 C 的扩散和反应形成的。在等离子熔覆的高温条件下，部分 WC 发生分解并与 AlCoCrFeNiCu 涂层中的其他元素发生相互反应，由表 2-3 可知，C 元素和 Cr 元素之间具有最低的混合焓，为−61 kJ/mol，所以 Cr 元素会优先与 WC 中的 C 元素结合形成富 Cr 的碳化物，它们之间可能发生如下反应[4]：

$$23Cr + 12WC \longrightarrow Cr_{23}C_6 + 6W_2C \tag{6-1}$$

$$7Cr + 6WC \longrightarrow Cr_7C_3 + 3W_2C \tag{6-2}$$

$$3Cr + 4WC \longrightarrow Cr_3C_2 + 2W_2C \tag{6-3}$$

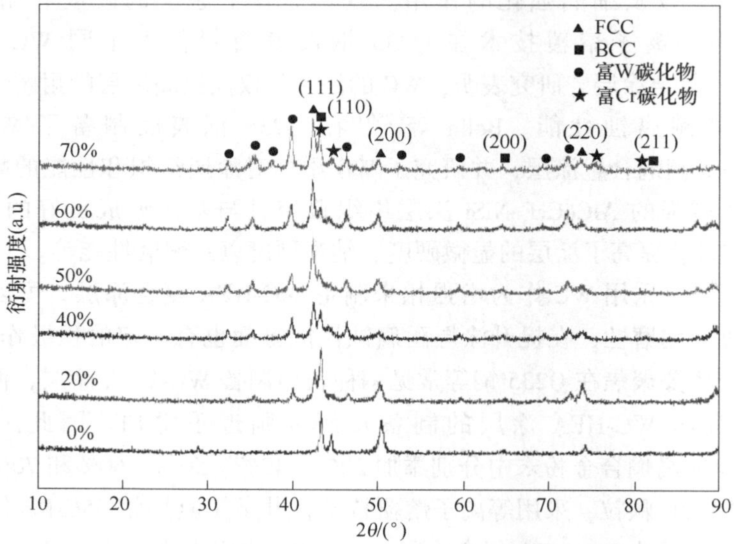

图 6-1　不同 WC 添加量的 AlCoCrFeNiCu 高熵合金涂层 XRD 图谱

WC 颗粒在等离子熔覆过程中部分分解为 W 和 C 并溶入合金中，而新的溶质原子的进入使晶格畸变更加严重，同时使得涂层中部分固溶体溶解度减小，导致金属间化合物的产生[252]。

此外，从图 6-1 中还可以明显看出随着 WC 的加入 XRD 衍射峰的位置略微向左偏移，并且 WC 含量越高，衍射峰的偏移程度越大。根据 Bragg 方程以及晶面间距公式计算可以得出，AlCoCrFeNiCu$(WC)_x$（$x=0$，20%，40%，50%，60%，70%，质量分数）涂层 FCC 晶格常数分别为 0.36154 nm、0.36246 nm、0.36542 nm、0.36591 nm、0.36617 nm 和 0.36647 nm。从这些计算结果可以清晰地看出，FCC 相晶格常数随着 WC 含量的增加而逐渐增大，进而导致衍射峰向左偏移。这是因为 C 原子与合金中其他原子相比，具有更小的原子半径，当 WC 分解得到的 C 原子进入到高熵合金涂层中时，会以间隙原子的形式固溶到高熵合金涂层的晶格中形成间隙固溶体，导致晶格常数增加[253]。

6.2 涂层微观组织分析

图 6-2（a_1）~（e_1）分别是 WC 添加量为 20%、40%、50%、60% 和 70%（质量分数）的 AlCoCrFeNiCu 高熵合金涂层横截面的 SEM 照片，图 6-2（a_2）~（e_2）依次是图 6-2（a_1）~（e_1）中黄色虚线框区域的放大图像。从图 6-2 中可以看出，随着 WC 添加量的增加，WC 颗粒被分解的程度逐渐降低，涂层中碳化物颗粒尺寸逐渐增大。如图 6-2（a_1）和（a_2）所示，当 WC 含量为 20%时，涂层中没有发现球状的 WC 颗粒，WC 颗粒在等离子熔覆过程中被完全分解，分解的 WC 与高熵合金相互扩散，形成了大量细密的鱼骨状的结构，比较均匀地分布于涂层内。当 WC 含量增加到 40% 和 50% 时，如图 6-2（b_1）和（b_2）、图 6-2（c_1）和（c_2）所示，球状 WC 虽然被完全分解，但是形成的碳化物结构以块状为主，未发现细小的鱼骨状结构，且 WC 含量为 50%时涂层中的块状结构更加粗大，相互连在一起成片出现。当 WC 含量增加到 60% 时，在图 6-2（d_1）和（d_2）中可以观察到球状 WC 颗粒，且 WC 颗粒边缘呈放射状结构，表明 WC 颗粒表层部分被分解，而中间部分被保留了下来。从图 6-2（e_1）和（e_2）可以看出，当 WC 含量达到 70%时，涂层中出现了较多的未完全溶解的球状 WC 颗粒，WC 颗粒的分解主要出现在颗粒的表层部分，虽然部分 WC 颗粒内部出现了分裂的趋势，但是从整体来看依然保持了较好的球形状态。当 WC 添加量较多时，在等离子熔覆过程中由于快速加热和快速冷却，熔池温度的剧烈变化对 WC 颗粒产生较大的热应力，从而增加了其开裂的可能性[254]。

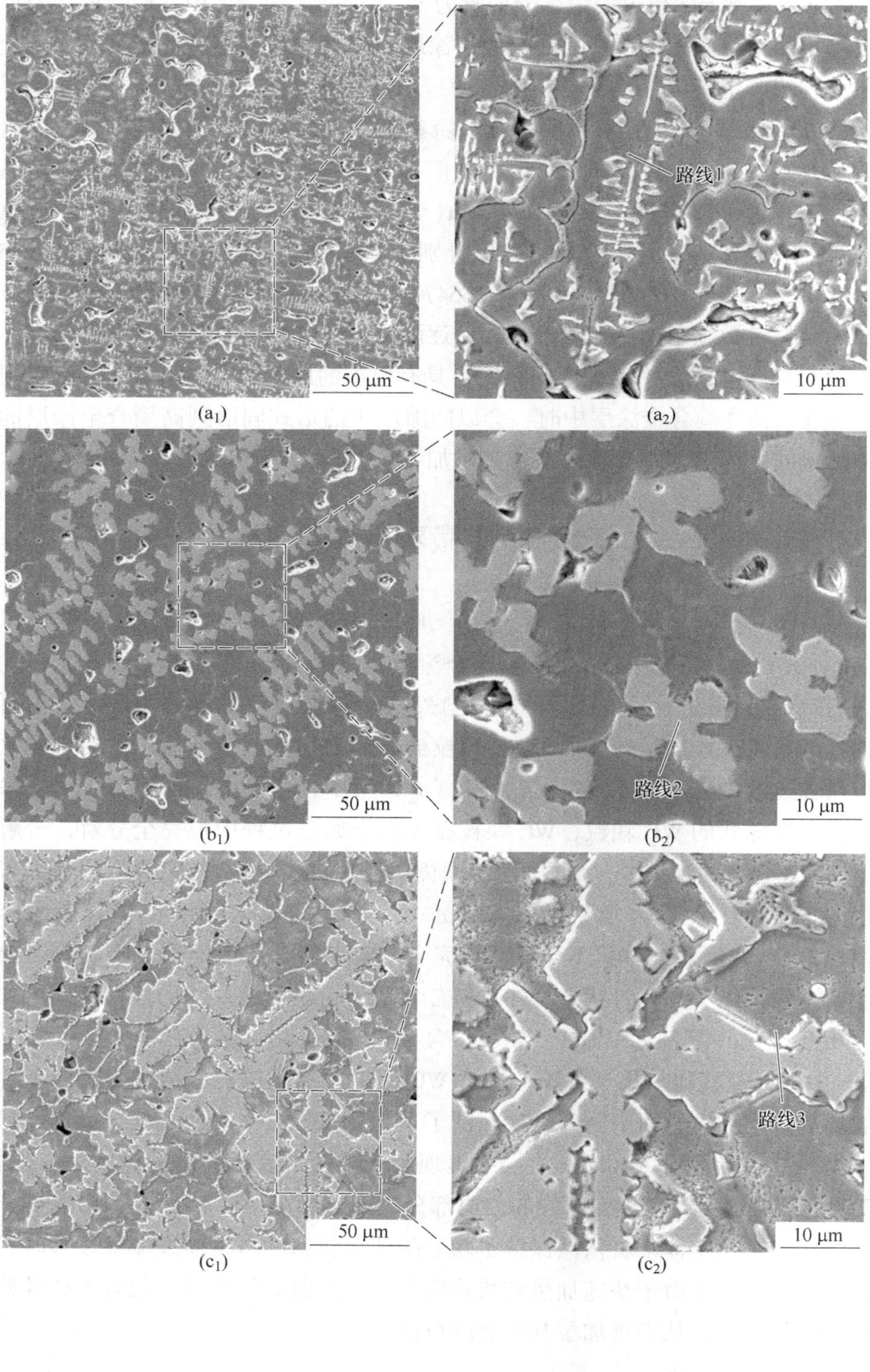
50 μm
10 μm
路线1
(a1)
(a2)
50 μm
10 μm
路线2
(b1)
(b2)
50 μm
10 μm
路线3
(c1)
(c2)

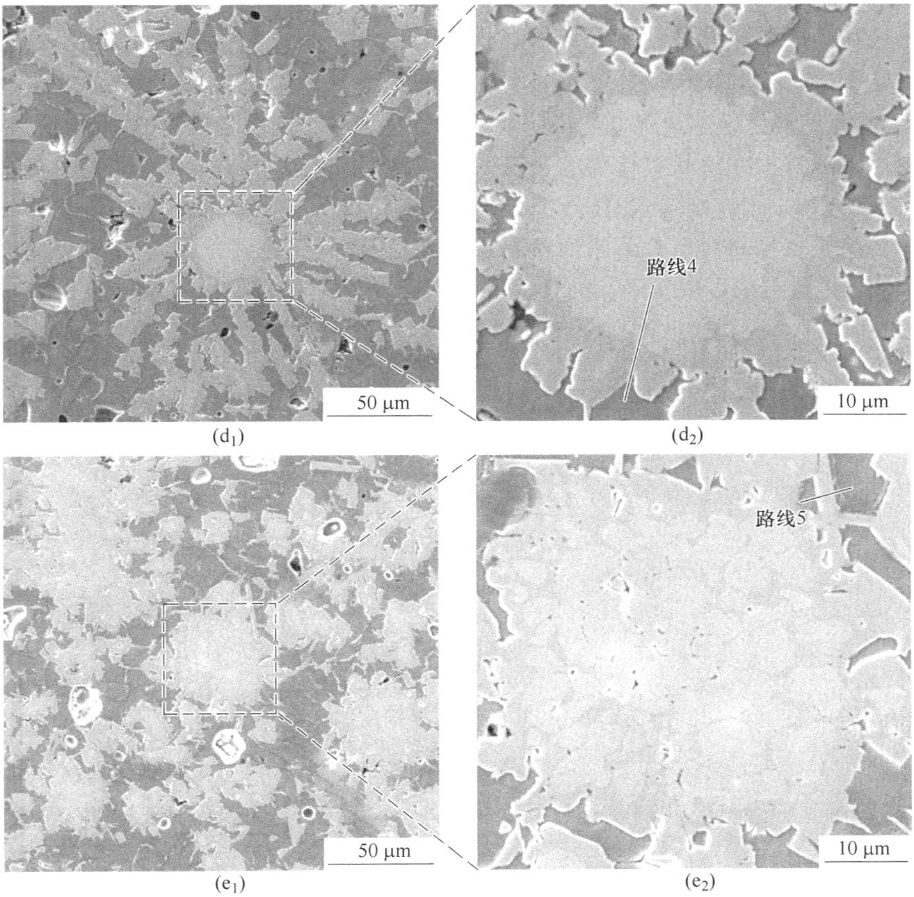

图 6-2 不同 WC 添加量的 AlCoCrFeNiCu 高熵合金涂层 SEM 照片
(a_1) 20%；(a_2) 图(a_1)中虚线框放大图；(b_1) 40%；(b_2) 图(b_1)中虚线框放大图；(c_1) 50%；(c_2) 图(c_1)中虚线框放大图；(d_1) 60%；(d_2) 图(d_1)中虚线框放大图；(e_1) 70%；(e_2) 图(e_1)中虚线框放大图

彩图

为了分析各涂层中 WC 分解过程的元素分布情况，对各涂层进行了 SEM-EDS 线扫描成分分析，各涂层 EDS 线扫描路线如图 6-2 中红色线条路线 1、路线 2、路线 3、路线 4 和路线 5 所示。图 6-3～图 6-7 依次为 WC 添加量为 20%、40%、50%、60%和 70%（质量分数）的 AlCoCrFeNiCu 涂层中高熵合金与碳化物第二相之间的元素变化趋势。如图 6-3 所示，当 WC 添加量 20%时，碳化物相分布比较狭窄，呈细条状，元素扫描路线从高熵合金晶内（DR）区域到碳化物相时，元素趋势变化最明显的是 W 元素和 Fe 元素，碳化物第二相的 W 元素含量陡然增多而 Fe 元素显著下降，说明在等离子熔覆过程中 WC 发生了分解并重新形成了富 W 的碳化物第二相。如图 6-4～图 6-7 所示，当 WC 添加量超过 40%以后，涂层中碳化物第二相变得粗大，主要呈块状分布，仔细观察各元素变化趋势可以发现，从高熵合金到碳化物第二相的中心，W 元素含量逐渐增多，而 Fe、Co、Ni、Cu、Al 等元素含量逐渐降低，说明块状碳化物的中心依然是以富 W 碳化物为主。值得注意的是，在块状碳化物的边缘 Cr 元素含量有增加的趋势，这说明在该区域形成了富 Cr 相，结合 XRD 分析结果推测其可能为 Cr_7C_3 等富 Cr 的碳化物。另外，各涂层扫描路线上 C 元素变化不大，这是因为 C 元素在元素周期表中的原子序数为 6，属于小序数元素，SEM-EDS 对其分析的精度较低。

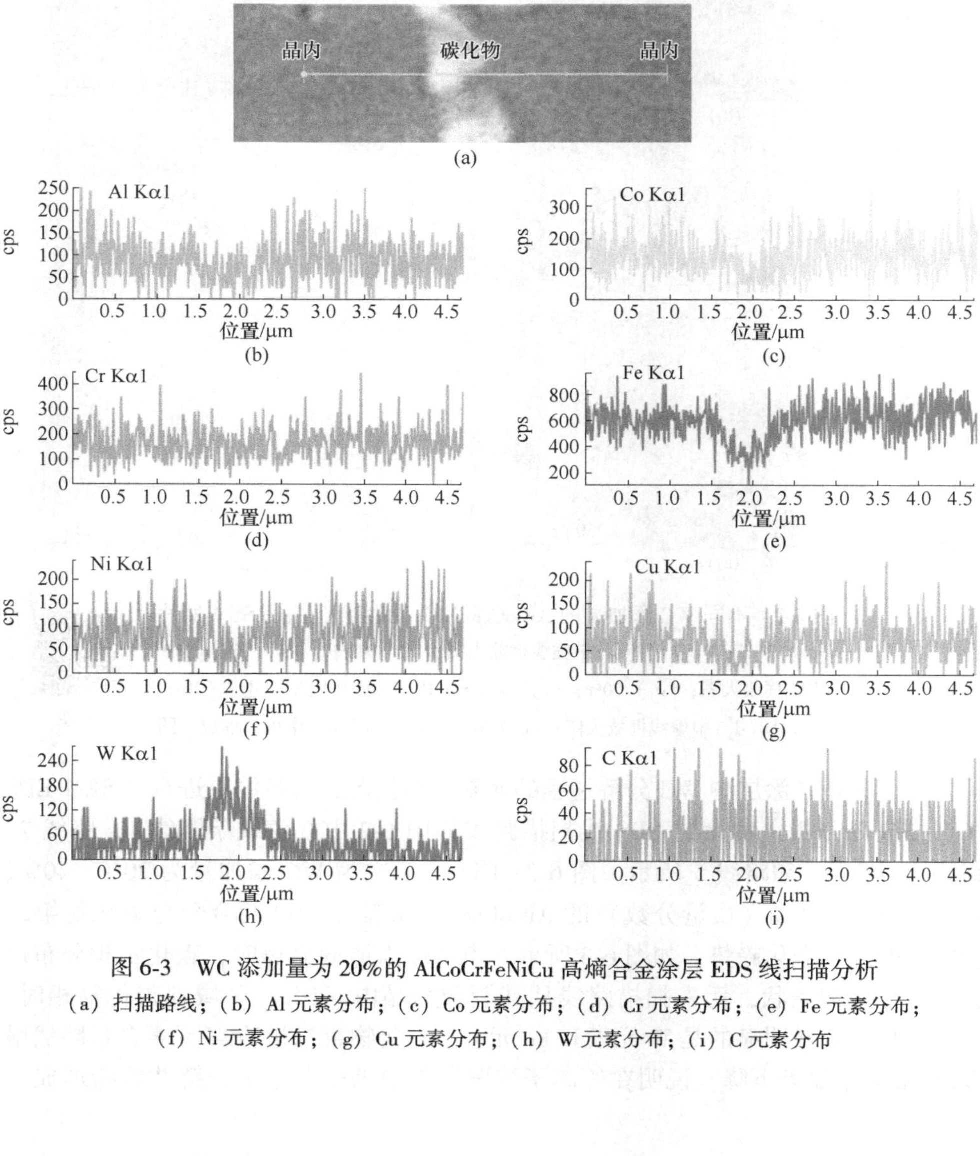

图 6-3　WC 添加量为 20%的 AlCoCrFeNiCu 高熵合金涂层 EDS 线扫描分析

(a) 扫描路线；(b) Al 元素分布；(c) Co 元素分布；(d) Cr 元素分布；(e) Fe 元素分布；(f) Ni 元素分布；(g) Cu 元素分布；(h) W 元素分布；(i) C 元素分布

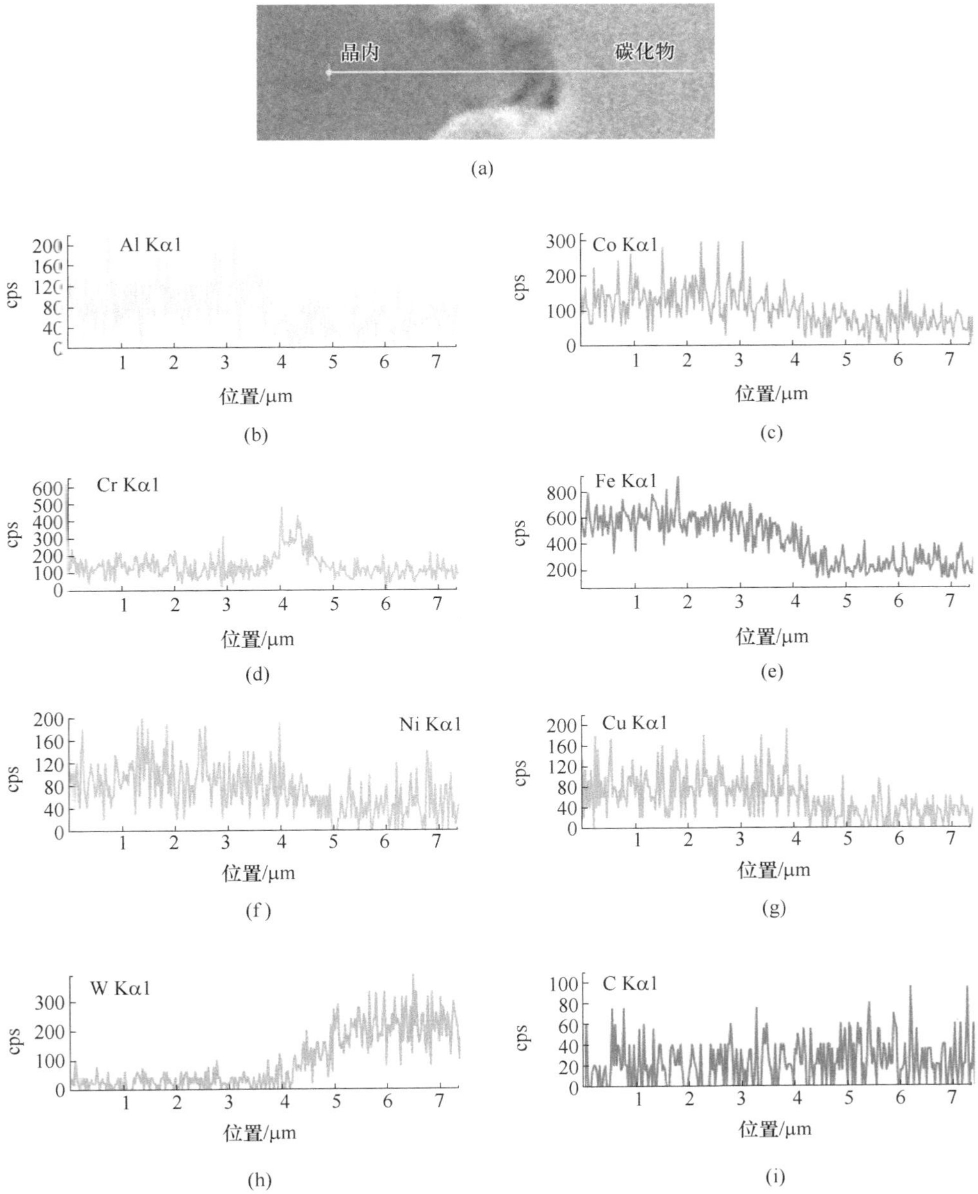

图 6-4 WC 添加量为 40%的 AlCoCrFeNiCu 高熵合金涂层 EDS 线扫描分析

(a) 扫描路线；(b) Al 元素分布；(c) Co 元素分布；(d) Cr 元素分布；(e) Fe 元素分布；(f) Ni 元素分布；(g) Cu 元素分布；(h) W 元素分布；(i) C 元素分布

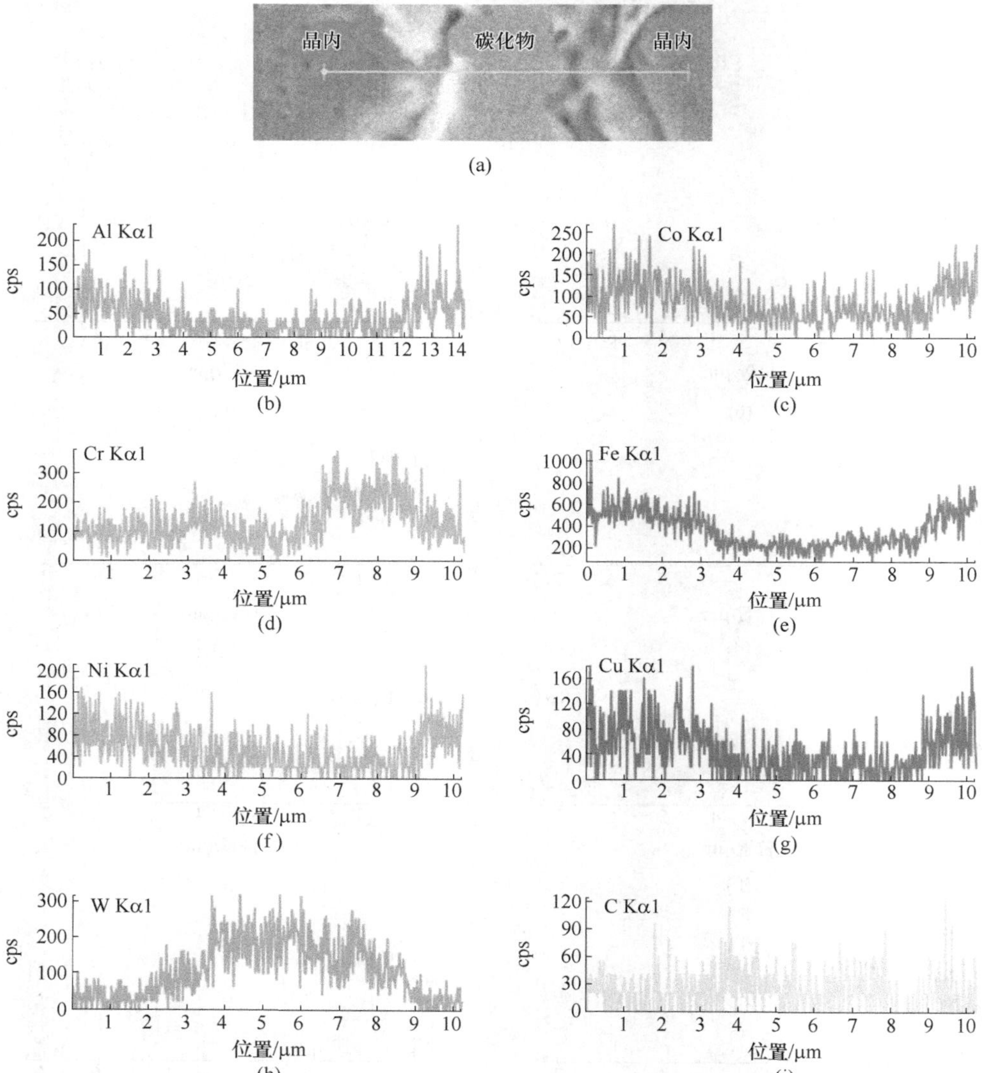

图 6-5　WC 添加量为 50%的 AlCoCrFeNiCu 高熵合金涂层 EDS 线扫描分析

(a) 扫描路线；(b) Al 元素分布；(c) Co 元素分布；(d) Cr 元素分布；(e) Fe 元素分布；(f) Ni 元素分布；(g) Cu 元素分布；(h) W 元素分布；(i) C 元素分布

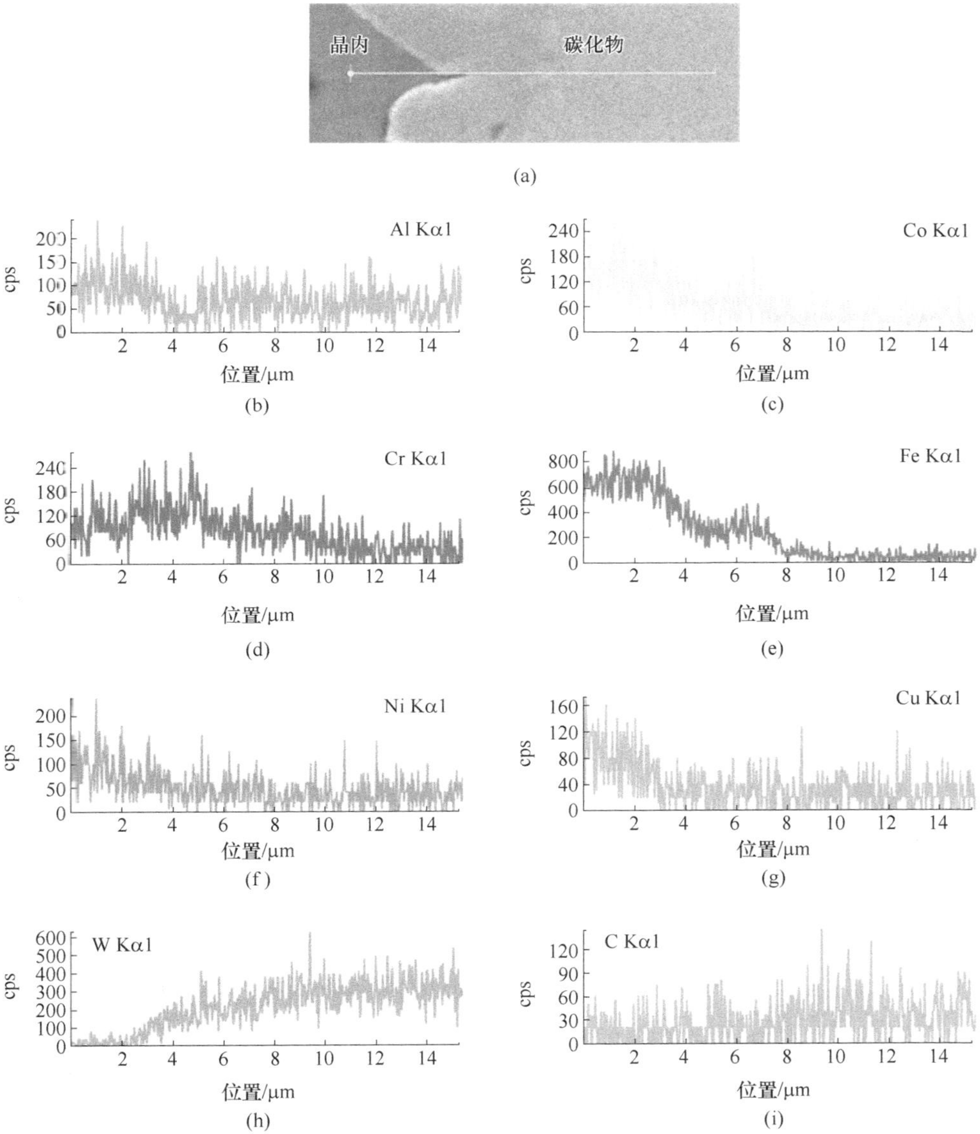

图 6-6 WC 添加量为 60%的 AlCoCrFeNiCu 高熵合金涂层 EDS 线扫描分析

(a) 扫描路线；(b) Al 元素分布；(c) Co 元素分布；(d) Cr 元素分布；(e) Fe 元素分布；(f) Ni 元素分布；(g) Cu 元素分布；(h) W 元素分布；(i) C 元素分布

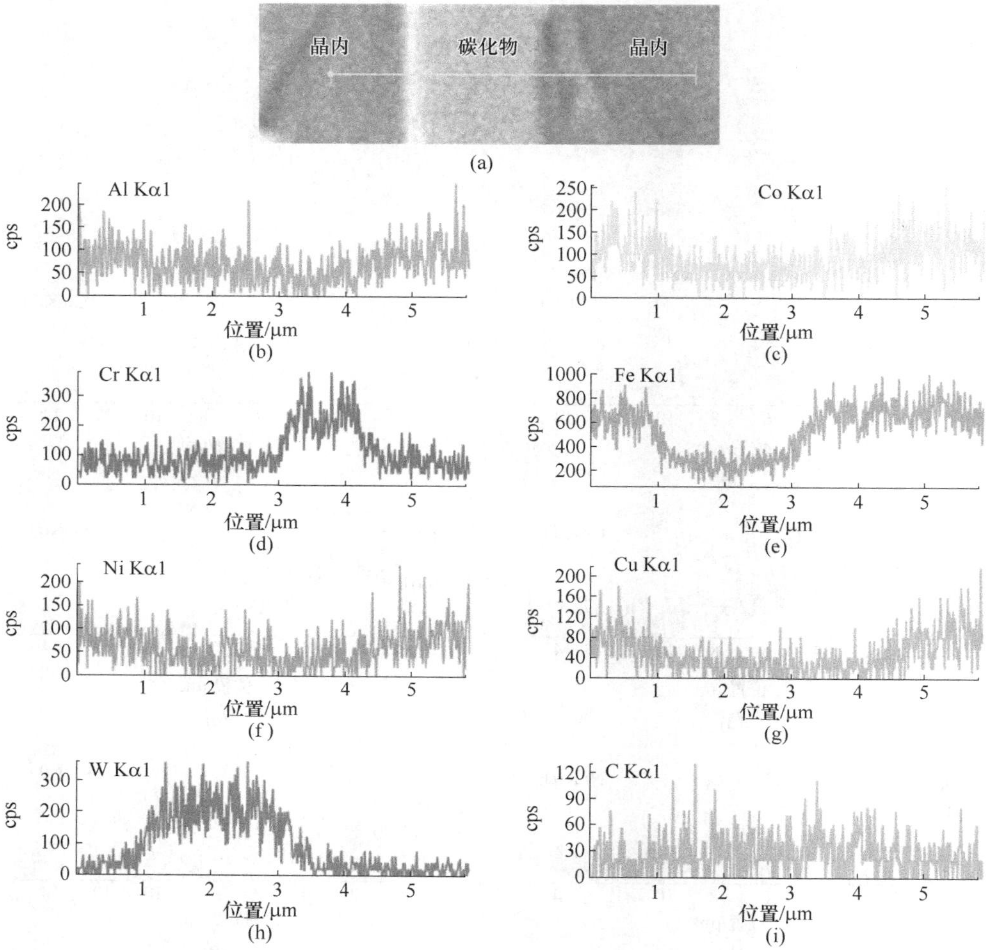

图 6-7　WC 添加量为 70%的 AlCoCrFeNiCu 高熵合金涂层 EDS 线扫描分析

(a) 扫描路线；(b) Al 元素分布；(c) Co 元素分布；(d) Cr 元素分布；(e) Fe 元素分布；(f) Ni 元素分布；(g) Cu 元素分布；(h) W 元素分布；(i) C 元素分布

图 6-8~图 6-12 是对不同 WC 添加量（质量分数）的 AlCoCrFeNiCu 高熵合金涂层的 SEM-EDS 面扫描分析的结果，从图中可以看出，涂层中的第二相均富含 W 元素，在富 W 第二相相邻的一些位置出现了局部的富 Cr 区域，在其余区域 Fe 元素富聚明显，同时还有较多的 Co、Ni、Cu 等元素。从各涂层的面扫描分析的结果来看，涂层中各元素的分布情况与线扫描分析的结果基本一致。结合图 6-1 对各涂层的 XRD 分析结果可知，涂层中高熵合金区域主要是由 Fe、Co、Cr、Ni、Cu 等元素构成的 FCC 相和 BCC 相，而涂层中的第二相主要由富 W 碳化物和少量的富 Cr 碳化物构成。

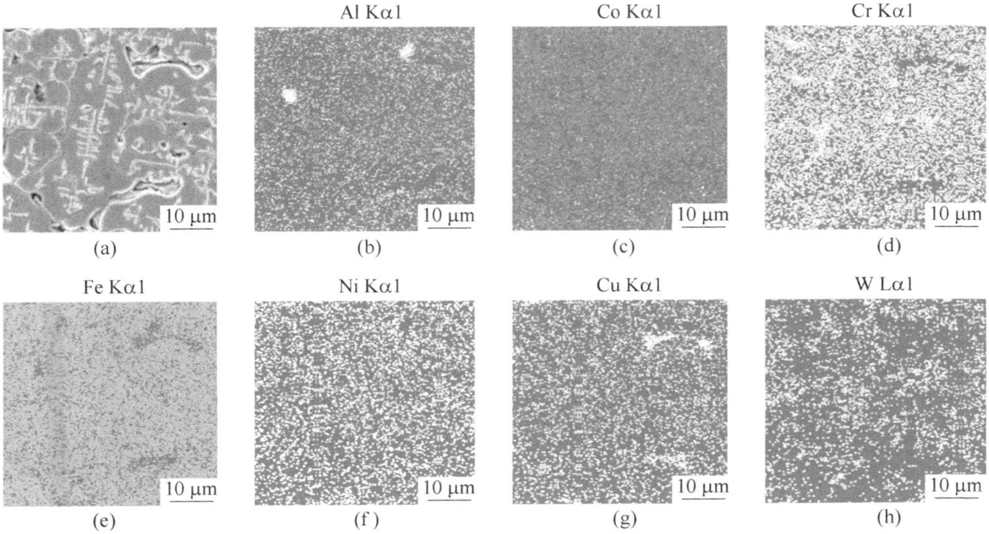

图 6-8 WC 添加量为 20%的 AlCoCrFeNiCu 高熵合金涂层 EDS 面扫描分析
(a) 扫描区域；(b) Al 元素分布；(c) Co 元素分布；(d) Cr 元素分布；
(e) Fe 元素分布；(f) Ni 元素分布；(g) Cu 元素分布；(h) W 元素分布

彩图

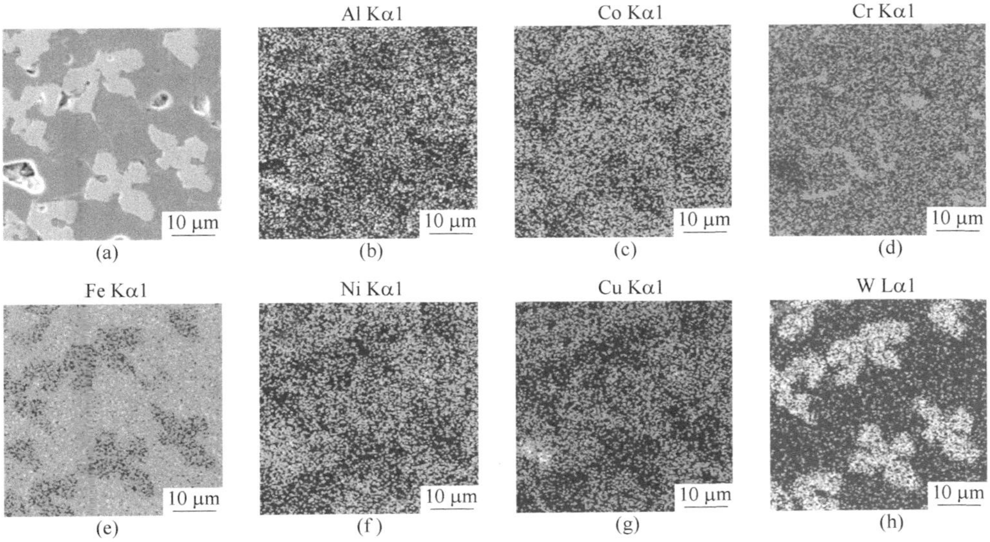

图 6-9 WC 添加量为 40%的 AlCoCrFeNiCu 高熵合金涂层 EDS 面扫描分析
(a) 扫描区域；(b) Al 元素分布；(c) Co 元素分布；(d) Cr 元素分布；
(e) Fe 元素分布；(f) Ni 元素分布；(g) Cu 元素分布；(h) W 元素分布

彩图

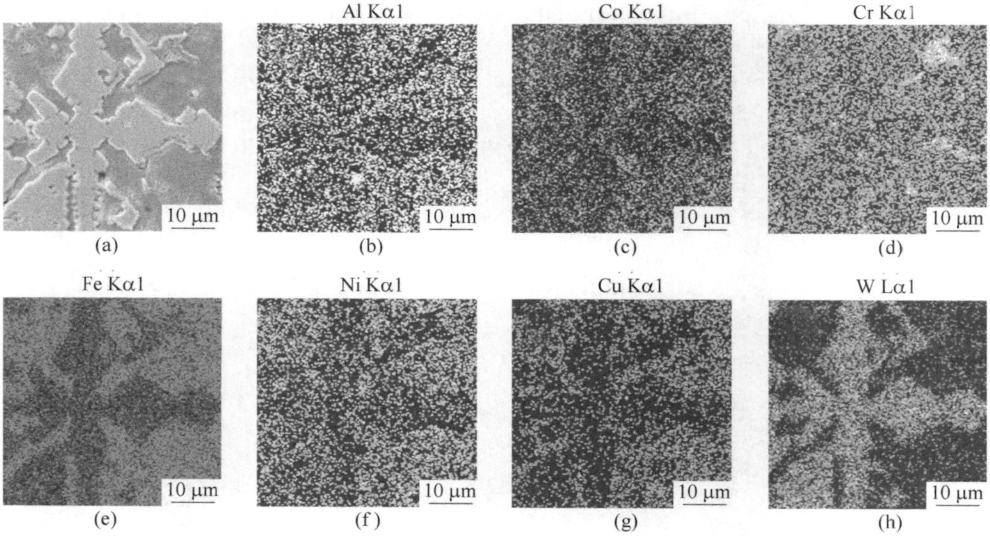

图 6-10 WC 添加量为 50%的 AlCoCrFeNiCu 高熵合金涂层 EDS 面扫描分析

(a) 扫描区域；(b) Al 元素分布；(c) Co 元素分布；(d) Cr 元素分布；
(e) Fe 元素分布；(f) Ni 元素分布；(g) Cu 元素分布；(h) W 元素分布

彩图

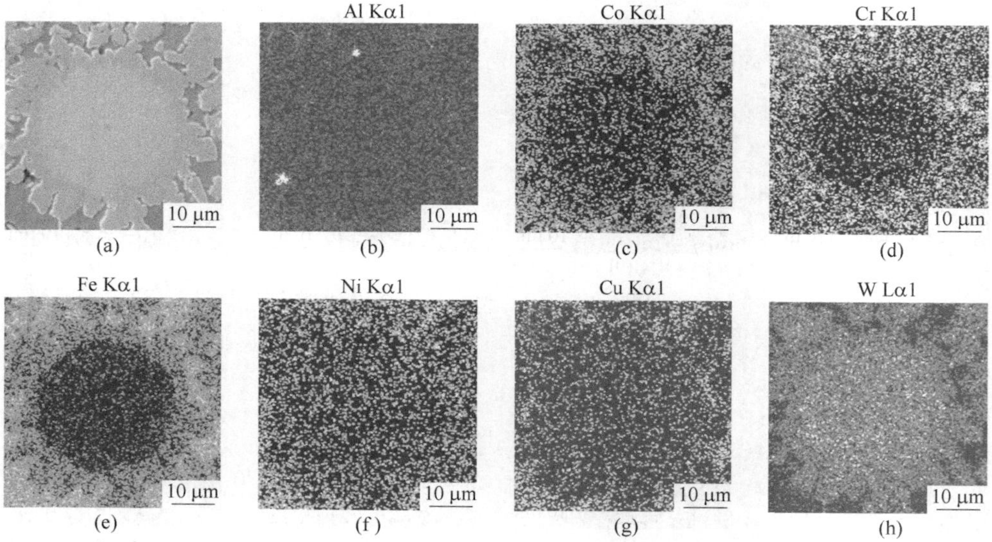

图 6-11 WC 添加量为 60%的 AlCoCrFeNiCu 高熵合金涂层 EDS 面扫描分析

(a) 扫描区域；(b) Al 元素分布；(c) Co 元素分布；(d) Cr 元素分布；
(e) Fe 元素分布；(f) Ni 元素分布；(g) Cu 元素分布；(h) W 元素分布

彩图

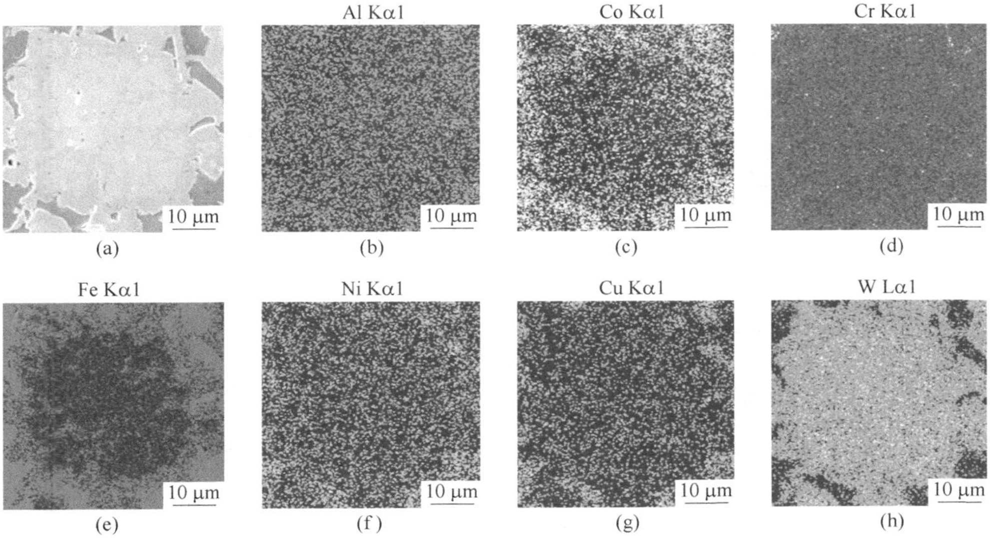

图 6-12 WC 添加量为 70%的 AlCoCrFeNiCu 高熵合金涂层 EDS 面扫描分析
(a) 扫描区域；(b) Al 元素分布；(c) Co 元素分布；(d) Cr 元素分布；
(e) Fe 元素分布；(f) Ni 元素分布；(g) Cu 元素分布；(h) W 元素分布

彩图

采用 FIB 技术在 WC 添加量为 70%（质量分数）的 AlCoCrFeNiCu 高熵合金涂层中切取一个同时包含高熵合金和碳化物相的试样，并对其进行 TEM 表征。图 6-13 为涂层试样的明场像，从图中可以看出，涂层的 FIB 样品存在不同衬度的区域。为了确定各个区域的物相结构，首先采用 HAADF 模式对涂层的 FIB 样品进行了面扫描成分分析，分析结果如图 6-14 所示。从图 6-14 中看出，样品不同衬度区域的元素分布存在明显差异，中间大面积区域 Fe 元素富聚而 W 元素含量比较少，可初步判定该区域以 Fe 基固溶体为主；右上角区域富含 W 元素和 C 元素，可推测该区域以富 W 的碳化物为主；FIB 样品的下方存在 Cr 元素和 C 元素同时富聚的区域，由此可推测存在富 Cr 的碳化物。对图 6-14 中的 HAADF 图选取了 3 个红框区域来进行成分的定量分析，分析结果见

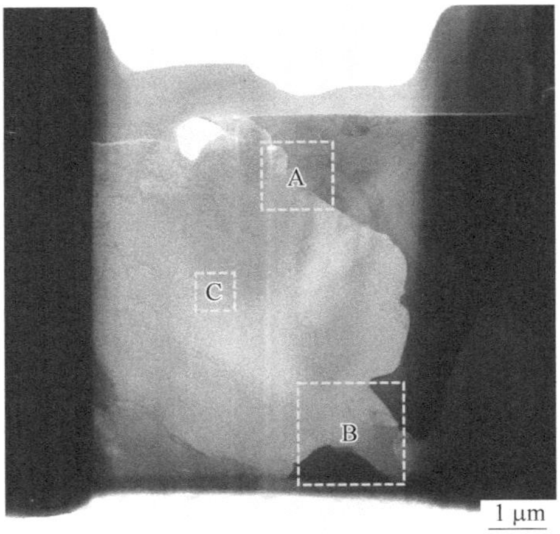

图 6-13 WC 添加量为 70%的 AlCoCrFeNiCu 高熵合金涂层 FIB 试样明场像

表 6-1。从表 6-1 中的数据可知，图 6-14 中区域 1 富含 W 元素和 C 元素，区域 2 富含 Fe 元素、Cr 元素和 C 元素，区域 3 以 Fe 元素为主，分析结果与面扫描分析结果一致。

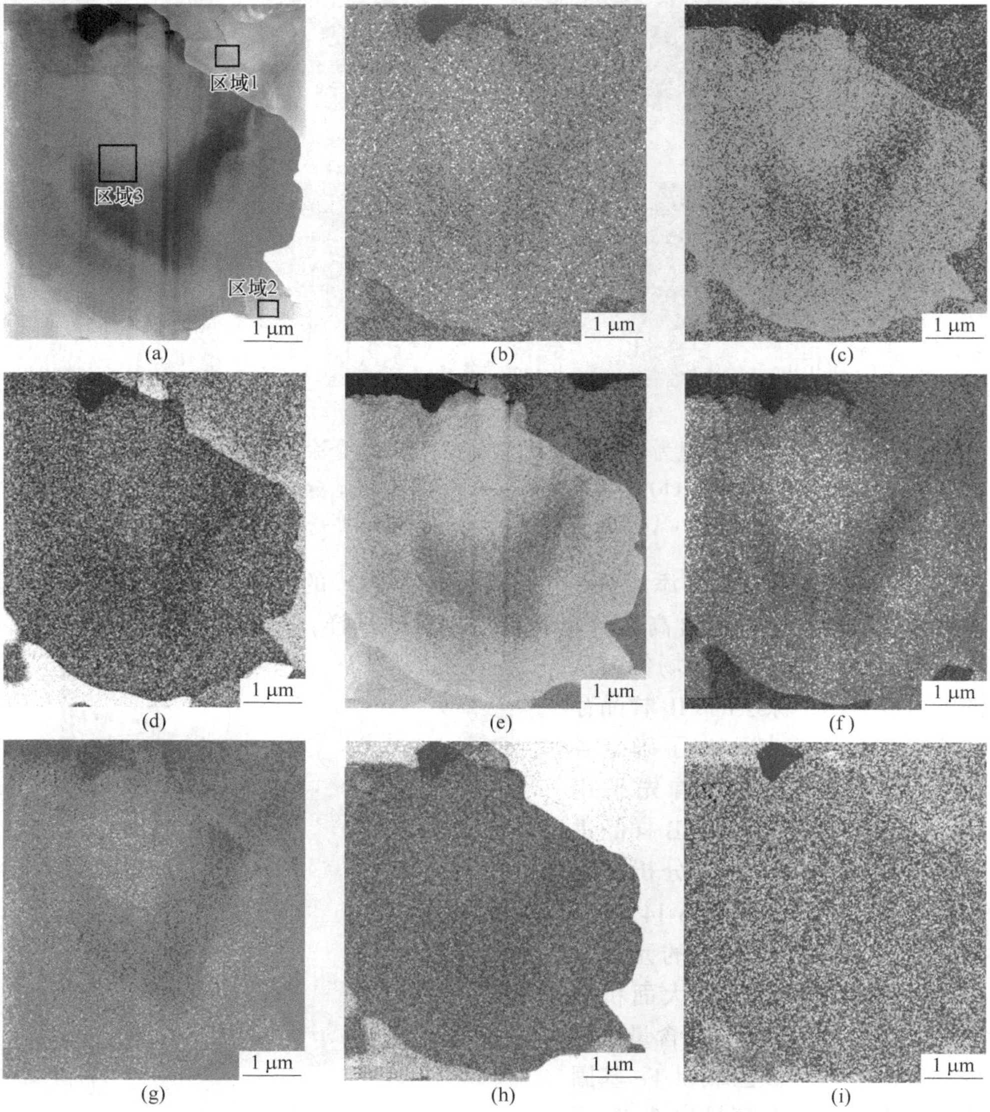

图 6-14　WC 添加量为 70%的 AlCoCrFeNiCu 涂层 HAADF-STEM 形貌及对应的 STEM-EDS 元素分布图

（a）HAADF-STEM 形貌；（b）Al 元素分布；（c）Co 元素分布；（d）Cr 元素分布；（e）Fe 元素分布；（f）Ni 元素分布；（g）Cu 元素分布；（h）W 元素分布；（i）C 元素分布

彩图

表 6-1　图 6-14 中红框区域的 TEM-EDS 成分分析（原子数分数）　（%）

区域	Al	Co	Cr	Fe	Ni	Cu	W	C
1	3.31	3.29	4.56	2.97	6.78	6.32	41.43	31.34
2	3.11	1.82	23.56	42.12	3.19	5.38	4.58	16.24
3	7.97	5.65	1.96	41.2	10.08	15.92	1.11	16.11

为了进一步确定高熵合金涂层中各区域的物相及其晶体结构，在涂层 FIB 样品中选取了如图 6-13 所示的 A、B、C 三个比较典型的区域来进行了 SAED 分析和 HRTEM 分析。图 6-15 是涂层 FIB 试样 A 区域的 TEM 分析，图 6-15（a）是该区域的明场像，从图中可以看出左边的富 Fe 区域和右边的富 W 区域之间存在明显的界面。图 6-15（b）和（c）分别是富 W 区域的 SAED 衍射花样（$[\bar{1}2\bar{1}0]$ 晶带轴方向）和 HRTEM 图像，在图 6-15（b）中标记了（$10\bar{1}1$）、（$10\bar{1}0$）和（0001）三个典型的晶面，与 W_2C 的 PDF 卡片 ICDD 00-035-0776 相对应；在图 6-15（c）的 HRTEM 图像中测得（$10\bar{1}0$）和（0001）晶面的晶面间距分别为 0.259 nm 和 0.472 nm，这也与 W_2C 的 SAED 分析结果和 PDF 卡片 ICDD 00-035-0776 的数据相吻合，由此可以确定该区域为 HCP 结构的 W_2C 相。图 6-15（e）和（f）分别是富 Fe 区域的 SAED 衍射花样（$[0\bar{1}\bar{1}]$ 晶带轴方向）和 HRTEM 图像，在图 6-15（e）中标记了（200）、（111）和（$1\bar{1}\bar{1}$）三个典型的晶面，与 Fe-Co-Cr-Ni 相的 PDF 卡片 ICDD 00-057-0472 相对应，在图 6-15（f）中的 HRTEM 图像中测量了（200）和（111）晶面的晶面间距，分别为 0.181 nm 和 0.208 nm，与该区域 SAED 分析结果和 PDF 卡片 ICDD 00-057-0472 数据相吻合，证明富 Fe 区域是以 FCC 结构的 Fe-Co-Cr-Ni 相为主。图 6-15（d）是图 6-15（a）中黄色虚线框区域两相界面的 HRTEM 图像，结合前面 TEM 分析的结果可知，左边是 FCC 结构的 Fe-Co-Cr-Ni 相，右边是 HCP 结构的 W_2C 相，从图中可以看出，两相界面没有明显的取向关系，所以 Fe-Co-Cr-Ni 相和 W_2C 相呈半共格或非共格的界面关系[255]。

图 6-16 是图 6-13 涂层 FIB 试样 B 区域的 TEM 分析，图 6-16（a）是该区域的明场像，从图中可以明显地看出存在三种不同衬度的相，结合前面的 TEM-EDS 分析可知，它们分别是富 Fe 相、富 W 相和富 Cr 相，结合图 6-13 和图 6-14 观察可知，这里的富 Fe 相与图 6-15（a）中的 FCC 相具有相同的衬度和元素分布，且连成一片，说明这也是 FCC 结构的 Fe-Co-Cr-Ni 相。图 6-16（b）和（c）分别是富 Cr 区域的 SAED 衍射花样（$[0\bar{1}10]$ 晶带轴方向）和 HRTEM 图像，在图 6-16（b）中标记了（$2\bar{1}\bar{1}1$）、（0001）和（$2\bar{1}\bar{1}0$）三个典型的晶面，与 Cr_7C_3

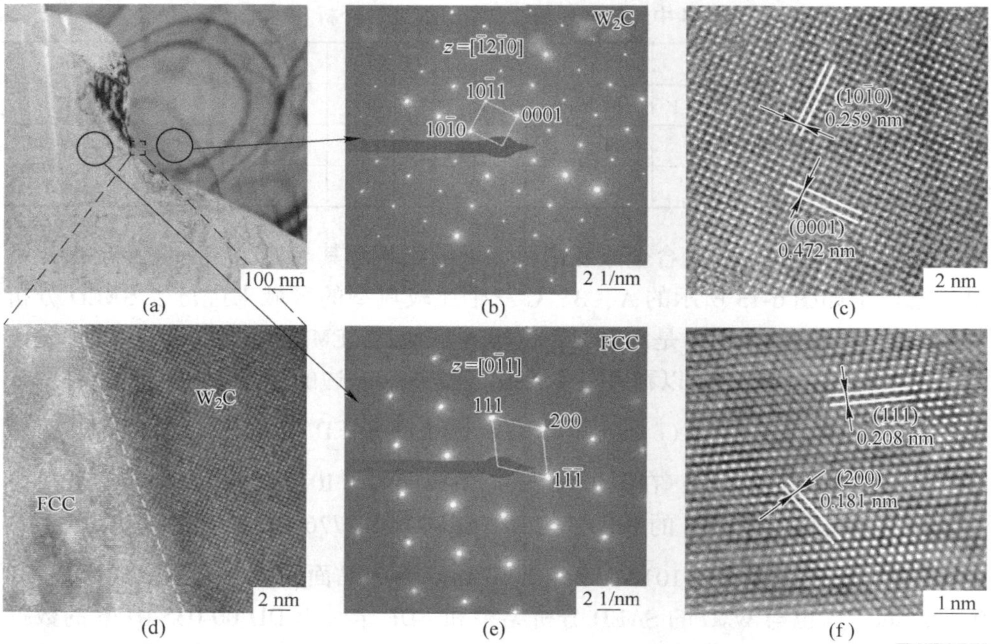

图 6-15　图 6-13 中 A 区域的 TEM 分析

(a) 明场像；(b) W_2C 相 SAED 图；(c) W_2C 相 HRTEM 图；(d) 界面 HRTEM 图；(e) FCC 相 SAED 图；(f) FCC 相 HRTEM 图

彩图

的 PDF 卡片 ICDD 00-011-0550 相对应，在图 6-16（c）的 HRTEM 图像中测得 $(2\bar{1}\bar{1}0)$ 和（0001）晶面的晶面间距分别为 0.669 nm 和 0.452 nm，这也与 Cr_7C_3 的 SAED 分析结果和 PDF 卡片 ICDD 00-011-0550 的数据相吻合，由此可以确定该区域为 HCP 结构的 Cr_7C_3 相。图 6-16（e）和（f）分别是富 W 区域的 SAED 衍射花样（$[\bar{1}2\bar{1}0]$ 晶带轴方向）和 HRTEM 图像，分析结果与图 6-15 中对应富 W 区域的分析一致，皆为 W_2C 相。图 6-16（d）是图 6-16（a）中黄色虚线框区域 FCC 相与 Cr_7C_3 相的两相界面的 HRTEM 图像，从图中可以看出，两相之间存在明显的相界面，但是没有明显的取向关系，所以 Fe-Co-Cr-Ni 相与 Cr_7C_3 相的相界面也呈半共格或非共格界面。

在高熵合金中，碳化物颗粒与高熵合金基础相之间所形成的相界面，具有显著阻碍位错运动的作用，进而有效提升合金的强度。位错运动作为材料发生塑性变形的主要微观机制，位错的运动过程对材料的力学行为起着关键作用。当位错在材料内部运动遇到碳化物颗粒与高熵合金基础相之间形成的界面时，由于相界面处存在原子排列的不连续性和晶体结构的差异，相界面会成为位错运动的有效障碍。位错难以穿越相界面，使得材料内部的位错增殖和滑移过程受到抑制，从而增加了材料变形的难度，最终实现了合金强度的显著提高[256-257]。

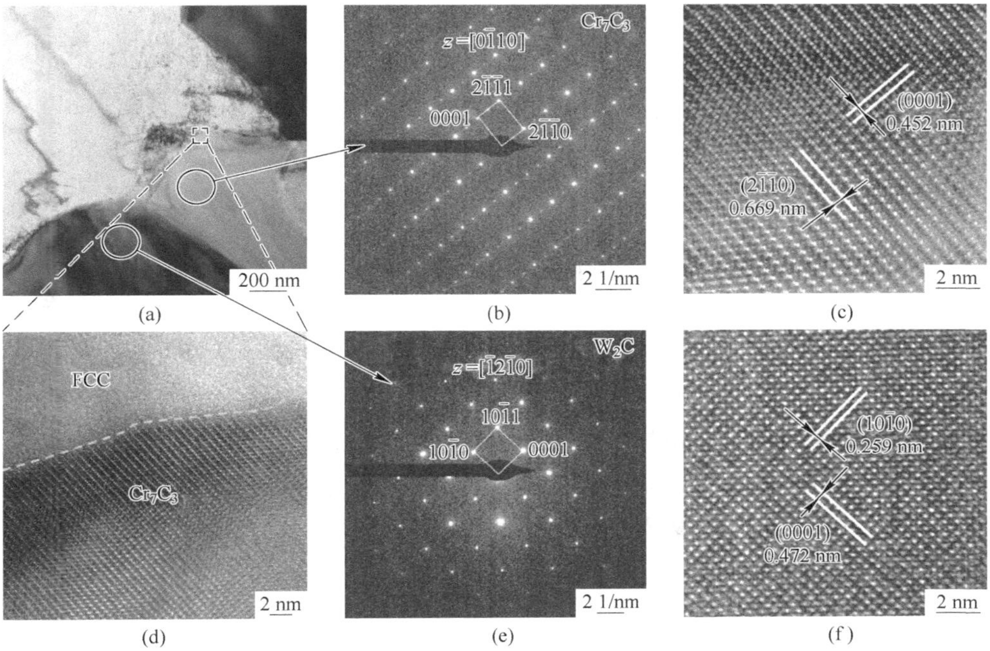

图 6-16 图 6-13 中 B 区域的 TEM 分析

（a）明场像；（b）Cr_7C_3 相 SAED 图；（c）Cr_7C_3 相 HRTEM 图；（d）界面 HRTEM 图；（e）W_2C 相 SAED 图；（f）W_2C 相 HRTEM 图

彩图

图 6-17 是图 6-13 涂层 FIB 试样 C 区域的 TEM 分析，图 6-17（a）~（c）分别是该区域的明场像、暗场像和 SAED 衍射花样。从暗场像图片可以看出，该区域从基体相基础之上析出了球状的第二相，从 SAED 衍射花样可以看出，出现了明暗两套衍射斑点。分析结果表明较亮的一套衍射斑点与图 6-15（e）的 FCC 相衍射斑点一致，表明这里是与前面一样的 FCC 相，而较暗的一套衍射斑点为 $L1_2$ 相，且 FCC 相与 $L1_2$ 相存在如下的晶体学取向关系：$(001)_{L1_2}//(002)_{FCC}$，$(111)_{L1_2}//(111)_{FCC}$，$[\bar{1}10]_{L1_2}//[\bar{1}10]_{FCC}$，由此可知，图 6-17（b）中的球状第二相是从 FCC 相基础上共格析出的 $L1_2$ 相。如图 6-18 所示，采用 HAADF-EDS 对 FCC 相和 $L1_2$ 相的元素分布情况进行了分析，从图中可以看出，FCC 相富含 Fe、Co、Ni 等元素，而 $L1_2$ 相富含 Cu 元素，对富 Cu 纳米颗粒的区域 1 进行元素定量分析，结果表明（原子数分数）纳米颗粒中 Cu 含量为 63.50%（原子数分数），Ni 含量为 7.96%，Fe 含量为 20.65%，Cr 含量为 1.48%，Al 含量为 6.41%。纳米颗粒中（Cu+Ni）：（Fe+Cr+Al）的摩尔比接近 3：1，元素组成接近 A_3B 型 $L1_2$ 相化学计量比，所以纳米颗粒可能为富 Cu 的 A_3B 型 $L1_2$ 相[258]。

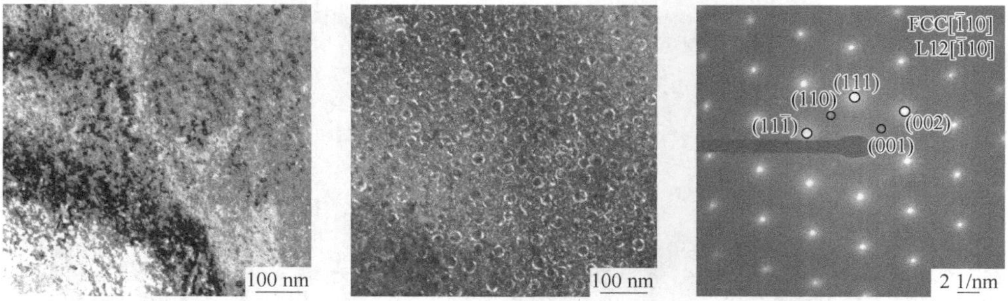

(a)　(b)　(c)

彩图

图 6-17　图 6-13 中 C 区域的 TEM 分析
（a）明场像；（b）暗场像；（c）SAED 图

$L1_2$相通常表现为一种有序的 FCC 结构，其在高熵合金中析出可产生共格强化、稳定基体结构等作用，从而提高高熵合金的强度、硬度等[259]。高熵合金中$L1_2$相的形成机理是一个复杂的过程，涉及合金成分设计、热处理工艺以及原子间相互作用等的综合效应。在本书制备的等离子熔覆层中，所含的 Fe、Co、Cr、Ni、Cu 等元素均倾向于形成$L1_2$相，另外涂层制备完成后为了减小热应力，对涂层进行了 400 ℃保温 2 h 的后热处理，这也为$L1_2$相的形成提供了条件[260-261]。高熵合金涂层中富 Cu 的$L1_2$相的形成还可能与凝固过程以及冷却过程中铜原子的偏析有关。在适当的冷却速率和成分条件下，铜原子容易发生偏析，形成相分离，铜原子偏析和相分离形成的相界面可以为$L1_2$相的形核提供位点，促进$L1_2$相的形成[262]。$L1_2$相的析出会对高熵合金产生强化作用，因为$L1_2$相是一种具有特定晶体结构的有序金属间相，其晶体结构与高熵合金基础相有所不同，当$L1_2$相析出以后，它会在高熵合金基础相中形成局部的不均匀性，这种不均匀性会增加位错运动的阻力，从而提高合金的强度[263]。

采用 EBSD 对 WC 添加量为 20%、50%和 70%（质量分数）的 AlCoCrFeNiCu 高熵合金涂层进行了表征，并将表征数据结果与第 3 章未添加涂层的 EBSD 数据进行对比，分析了 WC 添加量对 AlCoCrFeNiCu 高熵合金涂层的晶粒取向、晶粒尺寸、晶界特征、相分布以及晶粒局部取向差等晶体信息的影响。图 6-19（a_1）~（c_1）是不同 WC 添加量涂层的反极图，图中相同的颜色代表取向一致的晶粒，从图中可以看出，各涂层均没有明显的晶粒取向，不存在织构。这是因为在等离子熔覆过程中，材料经过了完全熔化再凝固这样一个过程，因此涂层中的晶粒在凝固和生长过程中都处于随机状态[152, 264]。图 6-19（a_2）~（c_2）是不同 WC 添加量涂层的晶粒尺寸分布图，从图中可以看出，WC 含量为 20%、50%和 70%的涂层的平均晶粒直径分别为 35.692 μm、37.457 μm 和 11.846 μm，与图 3-8 中零添加的涂层的晶粒尺寸 89.459 μm 进行对比可知，向 AlCoCrFeNiCu 高熵合金

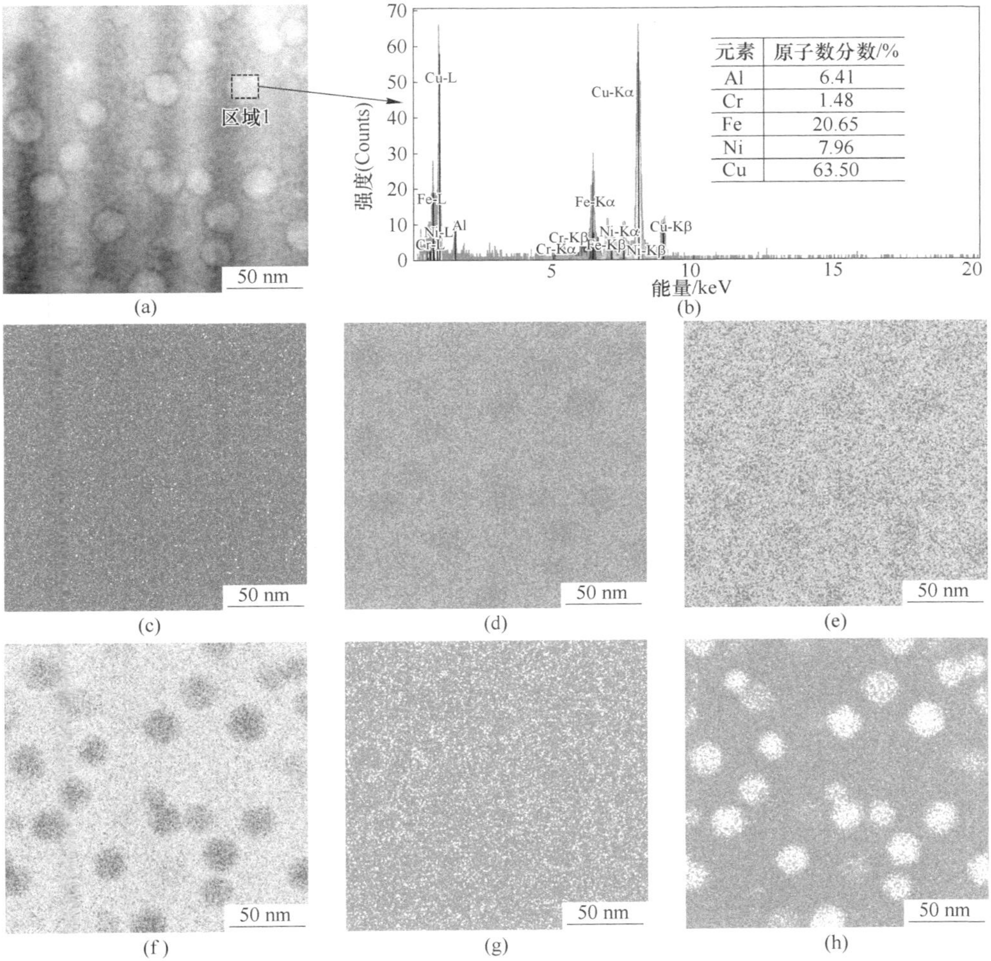

图 6-18　图 6-13 中 C 区域 HAADF-STEM 形貌及对应的 STEM-EDS 元素分布图
(a) HAADF-STEM 形貌；(b) 区域 1 光谱；(c) Al 元素分布；
(d) Co 元素分布；(e) Cr 元素分布；(f) Fe 元素分布；
(g) Ni 元素分布；(h) Cu 元素分布

彩图

涂层中添加 WC 颗粒以后，涂层的平均晶粒尺寸明显降低，晶粒得到细化。对各涂层 EBSD 扫描区域直径小于 30 μm 的小尺寸晶粒所占的面积比例进行统计，结果发现 WC 含量为 20%、50% 和 70% 的涂层小尺寸晶粒所占面积比例分别为 1.84%、6.33%、50.89%，由此可知，随着 WC 含量的增加，涂层中小尺寸晶粒的数量增多，WC 对涂层的晶粒起到了显著的细化作用。这是因为当 WC 等陶瓷相加入到高熵合金以后，固溶度较低，部分颗粒在涂层凝固过程中可以直接作为

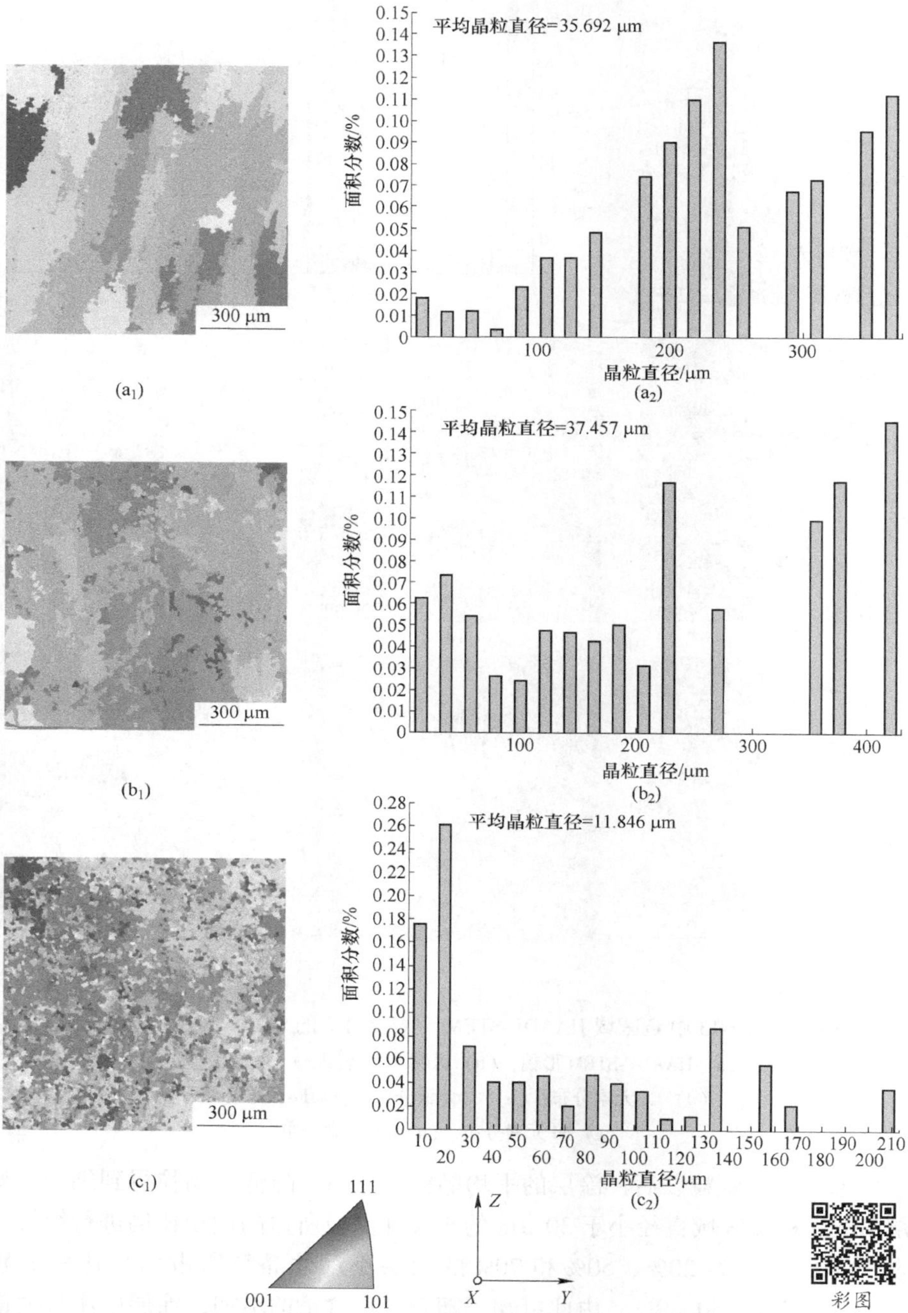

图 6-19　不同 WC 添加量的 AlCoCrFeNiCu 高熵合金涂层的反极图和晶粒尺寸分布

(a_1) 20% WC 涂层反极图；(a_2) 20% WC 涂层晶粒尺寸分布统计图；(b_1) 50% WC 涂层反极图；(b_2) 50% WC 涂层晶粒尺寸分布统计图；(c_1) 70% WC 涂层反极图；(c_2) 70% WC 涂层晶粒尺寸分布统计图

形核质点促进非均匀形核，显著提升形核率，并且添加的 WC 在等离子熔覆的高温条件下被分解成细小碳化物颗粒，钉扎在晶界处，对涂层晶粒的长大起到了阻碍作用，从而导致涂层晶粒细化[265]。

图 6-20 是不同 WC 添加量的 AlCoCrFeNiCu 高熵合金涂层晶界分布图及其角度取向差统计柱状图。晶界分布图中晶界颜色和晶粒角度取向有关，红色代表取向差为 2°~5°的小角度晶界，绿色代表取向差为 5°~15°的晶界，蓝色代表取向差大于 15°的大角度晶界。从图 6-20 中可以看出，晶界分布图对应的柱状图呈双峰分布，两个峰分别对应了小角度晶界和大角度晶界，各涂层主要是以小角度晶界和大角度晶界为主。统计发现，WC 含量为 20%、50%和 70%的涂层中，小角度晶界（2°~5°）占比分别为 25.46%、18.67%和 23.19%，大角度晶界（>15°）的占比分别为 60.89%、72.50%和 71.08%。将这些数据与图 3-9 中零添加涂层的数据对比后可以发现，添加 WC 以后，涂层中的大角度晶界占比显著增加，这主要和 WC 对涂层的晶粒具有细化作用有关。

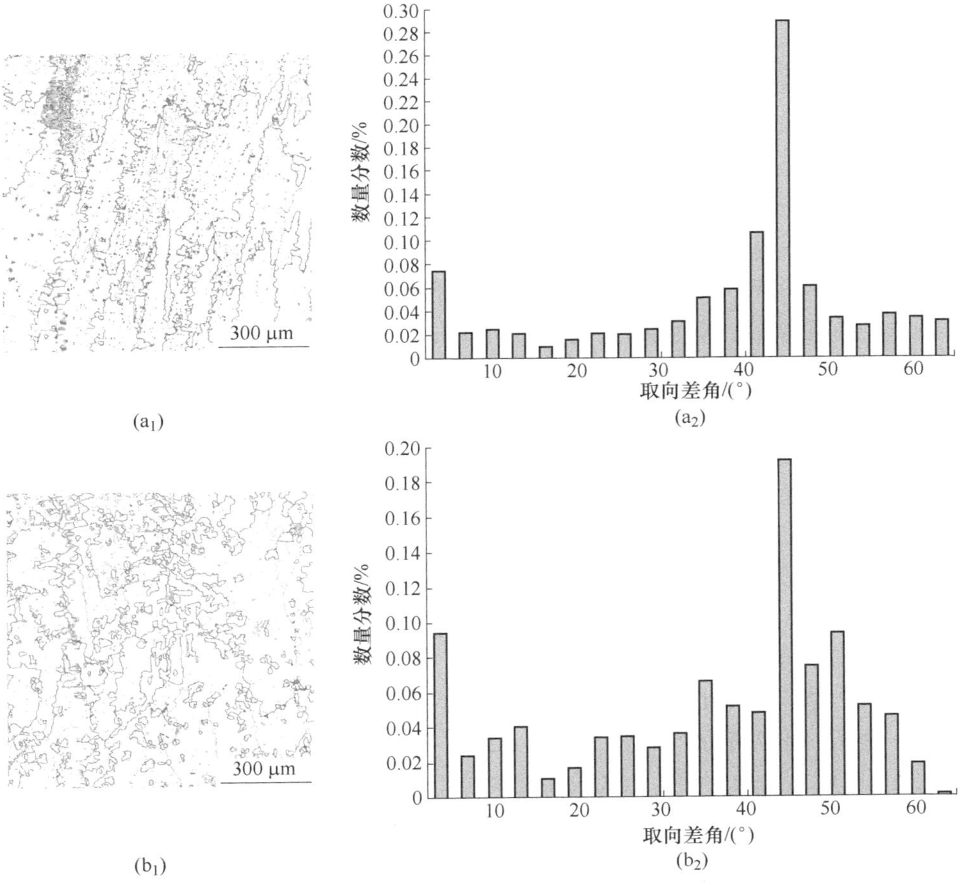

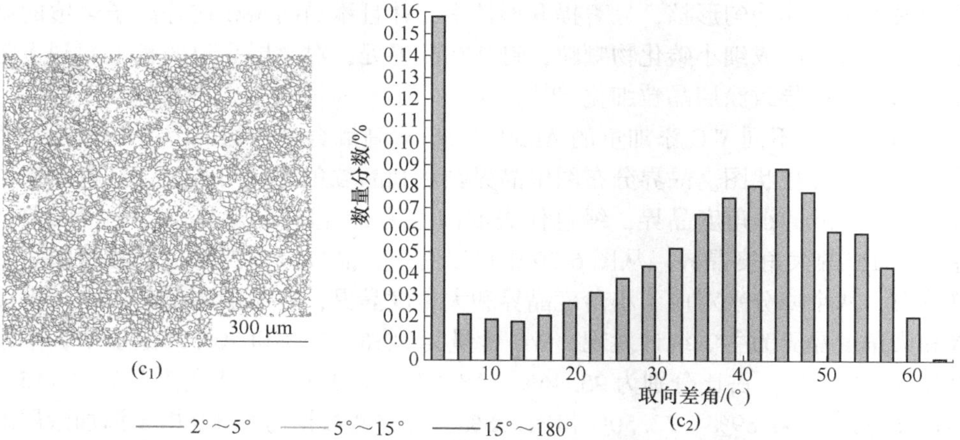

图 6-20　不同 WC 添加量的 AlCoCrFeNiCu 高熵合金涂层晶界角度取向差分布

(a_1) 20% WC 涂层晶界分布图；(a_2) 20% WC 涂层晶界角度取向差统计图；

(b_1) 50% WC 涂层晶界分布图；(b_2) 50% WC 涂层晶界角度取向差统计图；

(c_1) 70% WC 涂层晶界分布图；(c_2) 70% WC 涂层晶界角度取向差统计图

彩图

图 6-21 是不同 WC 添加量的 AlCoCrFeNiCu 高熵合金涂层的相分布图，图中绿色表示 FCC 相，红色表示 BCC 相，黄色代表碳化物第二相。从图 6-21 中可以看出，FCC 相为各涂层的主相，且随着 WC 添加量的增多，涂层中 BCC 相和碳化物第二相的含量逐渐增多，这与图 6-1 中 XRD 图谱展示的结果一致。如图 6-21 (a)所示，当 WC 添加量较少时，WC 颗粒在等离子熔覆的高温条件下被充分分解成 W 原子和 C 原子，一部分 C 原子溶入高熵合金的晶格中形成固溶强化，一部分重新与 W、Cr 等强碳化物形成元素结合形成细小的碳化物颗粒。当 WC 添加量较多时，如图 6-21 (c) 所示，WC 分解不完全，所以涂层中存在未溶解的 WC、脱碳以后形成的 W_2C，以及 C 元素与 Cr 元素结合形成的 Cr_7C_3 等碳化物，使得涂层中碳化物第二相的含量显著增加。同时，随着 WC 含量的增加，涂层中 C 元素含量增加，C 原子相对于涂层中的其他元素具有较小的原子半径，当 C 原子进入 BCC 晶格时引起晶格畸变，从而稳定 BCC 相。美国耶鲁大学的 Kube 等[133]研究发现，高熵合金的原子尺寸差异越大，相对于 FCC 来说更倾向于形成 BCC 相。西湖大学的 Cui 等[266]向 $Nb_{37.5}Ta_{25}Mo_{12.5}W_{12.5}Re_{12.5}$ 高熵合金添加 C 元素以后，BCC 相含量也明显增加。

图 6-22 是不同 WC 添加量的 AlCoCrFeNiCu 高熵合金涂层的核平均取向差（*KAM*）图及 *KAM* 值分布情况。从图 6-22 中可以看出，随着 WC 添加量的增加，图中绿色区域在增加，而蓝色区域在减少，局部取向差在逐渐增大。从柱状图数据可知，WC 添加量为 20%、50% 和 70% 的涂层的 *KAM* 平均值分别为 0.842°、1.617° 和 3.149°，涂层的 *KAM* 平均值随着 WC 含量的增加而增加。将各涂层的 *KAM* 平均

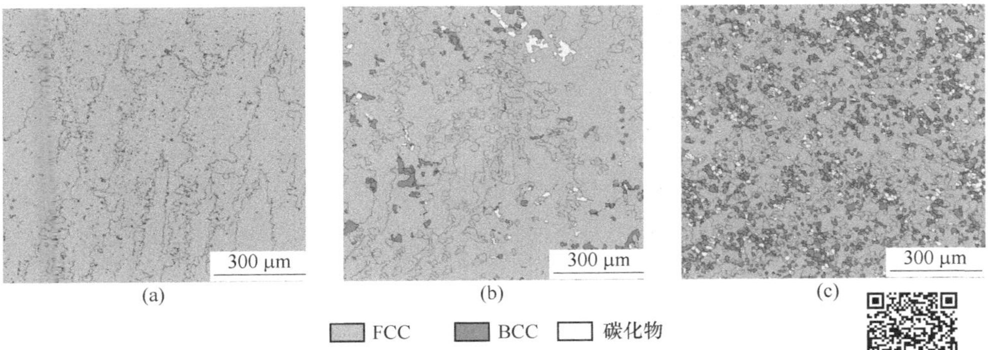

图 6-21 不同 WC 添加量的 AlCoCrFeNiCu 高熵合金涂层相分布图
（a）20%；（b）50%；（c）70%

值代入公式（3-2）进行计算，可以得到它们的几何必要位错密度（ρ^{GND}）分别是 $6.38\times10^{13}\ m^{-2}$、$1.22\times10^{14}\ m^{-2}$、$2.38\times10^{14}\ m^{-2}$。对比图 3-11中零添加涂层的几何必要位错密度 $4.07\times10^{13}\ m^{-2}$ 可知，添加 WC 以后，高熵合金涂层的几何必要位错密度明显增加，且随着 WC 添加量的增加，涂层的几何必要位错密度值越来越大。从前面的分析可知，涂层添加 WC 以后晶粒得到了细化，晶界增多，对位错运动的阻碍作用增大，从而导致涂层几何必要位错密度增加[267]。另外，从图 6-21 也可以看出，随着 WC 添加量的增加，涂层中碳化物第二相的数量也逐渐增加，坚硬的碳化物第二相弥散分布在涂层中，与高熵合金基体呈非共格关系，位错运动时通过 Orowan 循环机制绕过碳化物粒子，在碳化物第二相粒子周围形成位错环，从而增加涂层的位错密度[268]。同时，当涂层中添加 WC 以后，WC 在高温下发生分解，分解出来的 C 原子进入晶格中引起晶格畸变，晶格扭曲变形促进了位错缺陷形成，并阻碍位错的运动，这也是引起涂层位错密度增加的原因之一[269]。

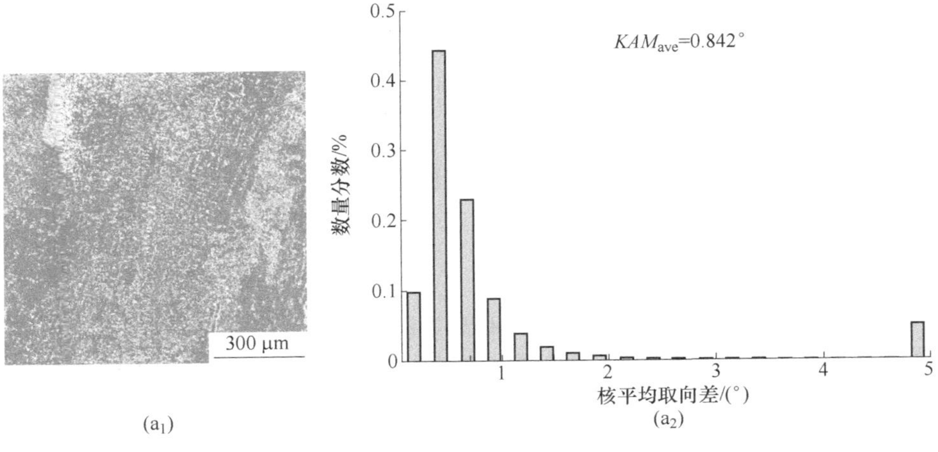

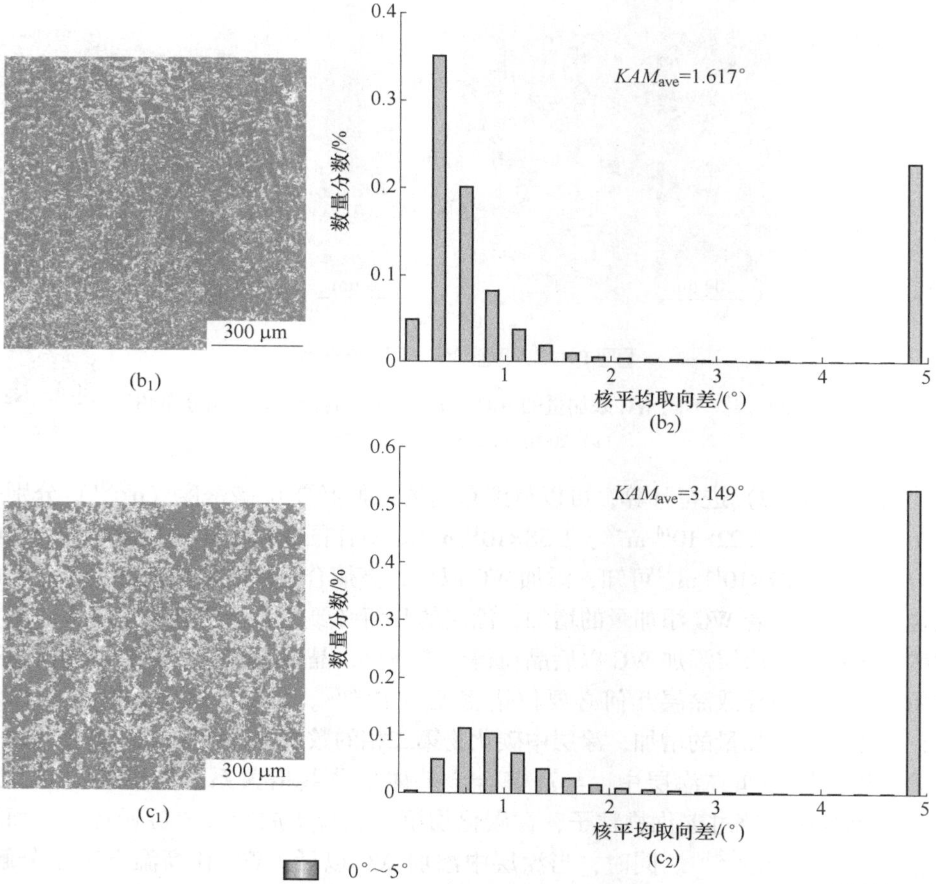

图 6-22　不同 WC 添加量的 AlCoCrFeNiCu 高熵合金涂层 *KAM* 图及 *KAM* 值分布

（a_1）20% WC 涂层 *KAM* 图；（a_2）20% WC 涂层 *KAM* 值分布统计图；（b_1）50% WC 涂层 *KAM* 图；（b_2）50% WC 涂层 *KAM* 值分布统计图；（c_1）70% WC 涂层 *KAM* 图；（c_2）70% WC 涂层 *KAM* 值分布统计图

彩图

6.3　涂层性能分析

6.3.1　显微硬度

图 6-23 是不同 WC 添加量的 AlCoCrFeNiCu 高熵合金涂层横截面从表层向基体方向的显微硬度分布情况。从图 6-23 中可以看出，各涂层的硬度均高于 35CrMo 钢基体，WC 添加量从 0%到 70%，涂层的平均硬度值分别为 367 $HV_{0.5}$、393 $HV_{0.5}$、454 $HV_{0.5}$、511 $HV_{0.5}$、564 $HV_{0.5}$、818 $HV_{0.5}$，而 35CrMo 钢基体的

平均硬度约为 272 $HV_{0.5}$。导致各涂层的硬度显著高于 35CrMo 钢基体的主要原因如下：一方面高熵合金涂层中的固溶体相由 Al、Co、Cr、Fe、Ni、Cu 等多种主元构成，各元素的原子随机占据晶格的点阵位置，每个原子周围都可能分布着与其尺寸、性质不同的其他原子，从而产生严重的晶格畸变，导致涂层硬度增加[153]；另一方面，等离子熔覆快速加热熔化，快速冷却的特点使得涂层熔池在冷却过程中具有较大的过冷度，从而使得涂层的晶粒较基体更加细小，起到了一定细晶强化的作用；同时，当向涂层中添加 WC 以后，在等离子熔覆的作用下，涂层中形成了大量的碳化物颗粒，它们对涂层起到了第二相强化的作用，所以各涂层的硬度显著高于 35CrMo 钢基体。通过对各涂层的平均硬度对比可以发现，涂层的硬度随着 WC 添加量的增加有逐渐增加的趋势，当 WC 添加量为 70%时，涂层的硬度最高，达到了 818 $HV_{0.5}$，约为 35CrMo 钢基体硬度的 3.01 倍。结合前面 EBSD 分析结果可知，涂层中碳化物第二相的含量随着 WC 添加量的增加而逐渐增加，碳化物第二相强化作用越来越明显，同时，随着 WC 添加量的增加，各涂层的平均晶粒尺寸在逐渐减小，细晶强化作用也越来越明显，有利于硬度的提高[251]。另外，WC 添加量越多，在等离子熔覆过程中分解产生了更多的 C、W 原子进入涂层，对涂层引起了更加严重的晶格畸变，增强了固溶强化的效果。所以，随着 WC 添加量的增加，AlCoCrFeNiCu 高熵合金涂层中的第二相强化、细晶强化和固溶强化效应不断增强，进而使得涂层的显微硬度逐渐提高。

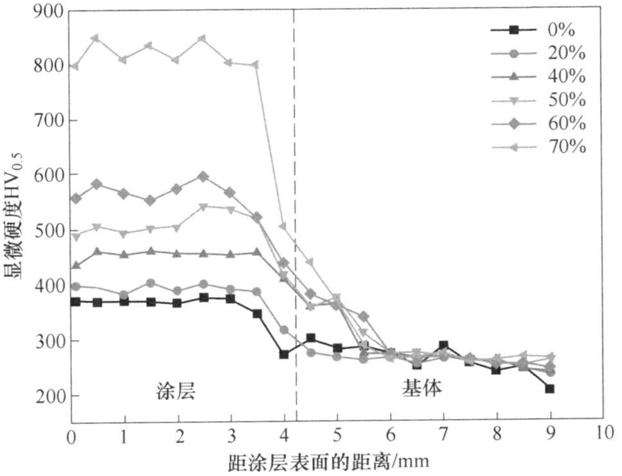

图 6-23 不同 WC 添加量 AlCoCrFeNiCu 高熵合金等离子熔覆层显微硬度曲线

6.3.2 纳米压痕

如图 6-24 所示，对 WC 添加量为 70%（质量分数）的 AlCoCrFeNiCu 高熵合金等离子熔覆层进行了纳米压痕测试，图 6-24（a）中圆圈区域为纳米压痕测试区域，图 6-24（b）为对应的载荷-位移曲线。根据前面的分析可知，图 6-24（a）中 1、2、3 号区域分别对应的是未分解完全的 WC、WC 分解以后的 W 原子和 C 原子重新结合形成的 W_2C，以及高熵合金（HEAs）区域，WC 区域由于在等离子熔覆过程中分解不彻底，还保留着 WC 颗粒的球状外形。从图 6-24（b）中可以看出，W_2C 区域曲线围成的面积最小，而高熵合金区域曲线围成的面积最大，说明 W_2C 区域具有最好的抵抗塑性变形的能力，而高熵合金区域抵抗塑性变形的能力最差。三条曲线在保压阶段都出现了平台，W_2C 区域平台长度最短而高熵合金区域的平台长度最长，说明三个区域在保压阶段均发生了蠕变，且 W_2C 区域抗蠕变性能最佳，而高熵合金区域抗蠕变性能相对更差。表 6-2 是三个区域的纳米压痕测试结果数据，从表中数据可知，WC、W_2C 和高熵合金区域的最大压痕深度 h_{max} 分别为 27. 34 nm、25. 81 nm 和 60. 88 nm，W_2C 区域的 h_{max} 值最小，说明在相同载荷条件下该区域的变形抗力优于另外两个区域。对几个区域的弹性模量和纳米硬度进行对比可知，WC 区域和 W_2C 区域的弹性模量和纳米硬度都远大于高熵合金区域，所以，在制备 WC 增强的 AlCoCrFeNiCu 高熵合金等离子熔覆层的过程中，随着 WC 颗粒添加量的增加，涂层中高弹性模量和高硬度的 WC、W_2C 等第二相的含量增加，从而导致涂层的显微硬度、耐磨性等性能得到提升。从表 6-2 中的数据还可以看出，W_2C 区域的纳米硬度高于 WC 区域，这和它们的晶体结构有关，W_2C 具有密排六方结构，而 WC 则具有简单六方结构，密排六方晶格通常能提供更强的键合和更高的硬度，所以 W_2C 的纳米硬度高于 WC，这与 Dash 等[270] 和 Mukhopadhyay 等[271] 在文献中的报道一致。

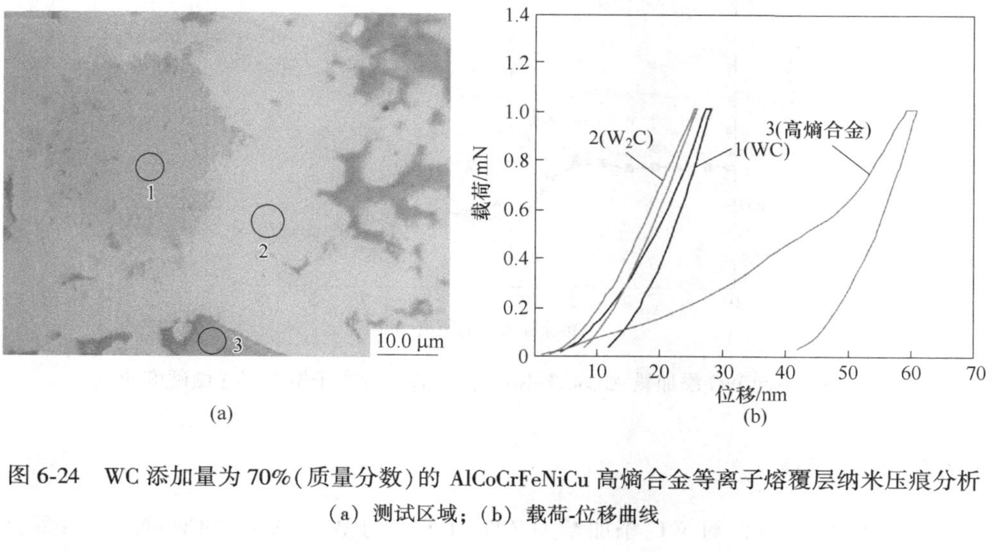

图 6-24　WC 添加量为 70%（质量分数）的 AlCoCrFeNiCu 高熵合金等离子熔覆层纳米压痕分析
（a）测试区域；（b）载荷-位移曲线

表 6-2 WC 添加量为 70%(质量分数)的 AlCoCrFeNiCu 高熵合金等离子熔覆层纳米压痕测试结果

区 域	弹性模量 E/GPa	纳米硬度 H/GPa	最大压痕深度 h_{max}/nm
1 (WC)	606.598	19.459	27.34
2 (W_2C)	442.931	30.007	25.81
3 (高熵合金)	170.160	5.257	60.88

6.3.3 耐磨性

图 6-25 是不同 WC 添加量（质量分数）的 AlCoCrFeNiCu 高熵合金等离子熔覆层的摩擦系数图。从图 6-25 中可以看出，各涂层的摩擦系数都可分为磨合阶段和稳定摩擦阶段，摩擦系数在摩擦初期的磨合阶段急剧上升，然后趋于稳定，进入到稳定摩擦阶段。WC 添加量从 0%增加到 70%时，各涂层的平均摩擦系数分别为 0.5953、0.5687、0.4586、0.4527、0.4239、0.3679。可以看出，随着 WC 添加量的逐渐增加，涂层的摩擦系数逐渐降低，这与涂层平均硬度变化趋势相反。从图 6-25 中也可以看出，当 WC 添加量为 70%时，摩擦系数最低且最稳定，也反映出该涂层具有最好的耐磨性能。

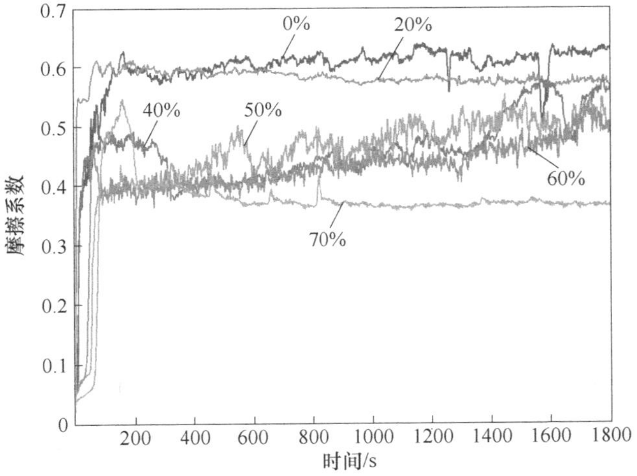

图 6-25 不同 WC 添加量的 AlCoCrFeNiCu 涂层摩擦系数

图 6-26 是不同 WC 添加量的 AlCoCrFeNiCu 高熵合金等离子熔覆层的磨痕 3D 形貌及磨痕横截面轮廓。图 6-26 (a)~(f) 是各涂层的磨痕 3D 形貌，磨痕颜色由橙色、黄色、绿色、蓝色到黑色表示磨痕深度逐渐增加，从图中可以看出，未添加 WC 的涂层 [图 6-26 (a)] 底部出现了黑色区域且颜色较深，说明其磨痕较深，随着 WC 添加量的增加，磨痕底部黑色区域逐渐减小且颜色逐渐变浅直至消失，WC 添加量为 70%的涂层磨痕区域以黄色和绿色为主，未出现深蓝色和黑色

区域，表示磨痕深度很小。图 6-26（g）为各涂层磨痕的横截面轮廓。经测量计算，0% WC、20% WC、40% WC、50% WC、60% WC 和 70% WC 涂层的平均磨痕宽度分别为 1639. 516 μm、1037. 390 μm、873. 859 μm、825. 541 μm、697. 468 μm 和 580. 619 μm；最大磨痕深度分别为 116. 342 μm、30. 871 μm、17. 596 μm、11. 347 μm、10. 411 μm 和 9. 862 μm。由此可见，随着 WC 添加量的增多，各涂层磨痕的磨痕宽度和磨痕深度均逐渐减小，涂层的抗磨损能力逐渐增大。由前面的分析可知，随着 WC 含量的增加，涂层的晶粒逐渐细化，涂层中 BCC 相和碳化物占比也在增加，同时，涂层中的几何必要位错密度也随 WC 添加量的增加而增大，这些都是提高涂层硬度和耐磨性的重要因素。

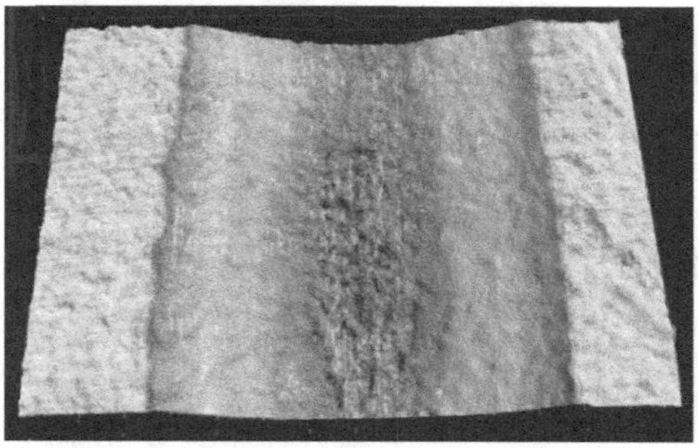
(a)

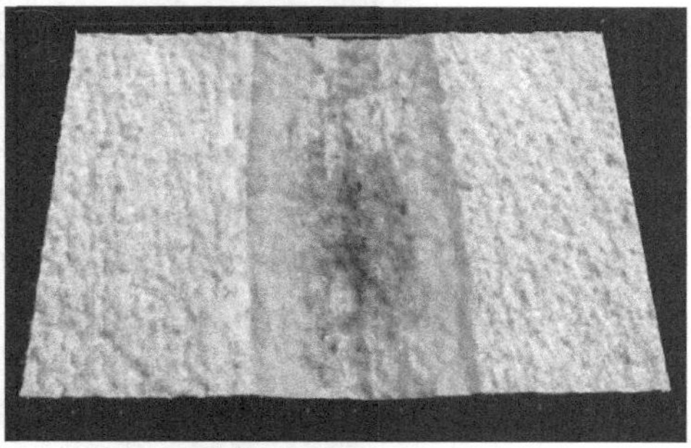
(b)

(c)

(d)

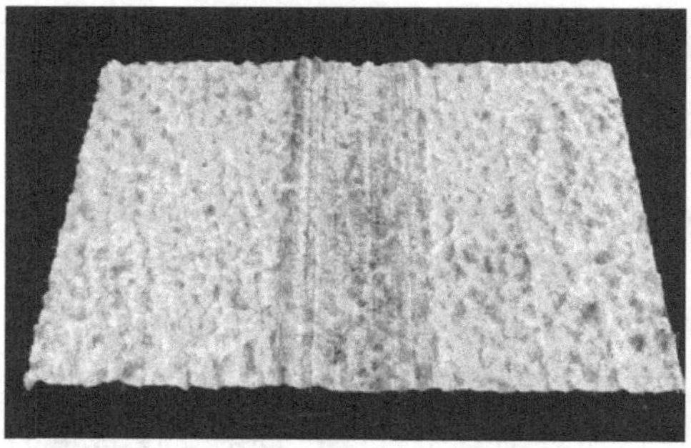
(e)

(f)

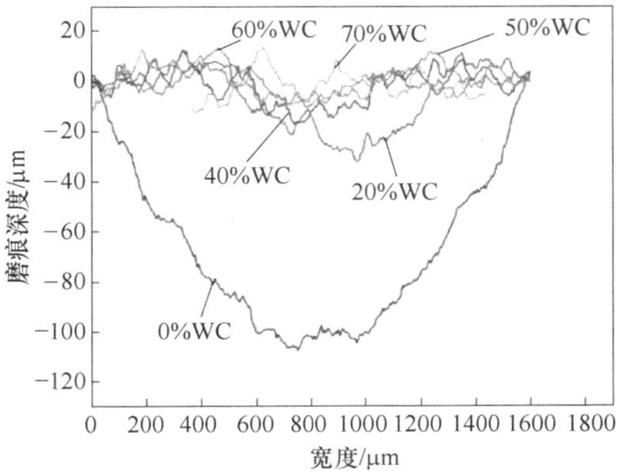

(g)

彩图

图 6-26　不同 WC 添加量的 AlCoCrFeNiCu 涂层磨痕 3D 形貌及磨痕横截面轮廓
(a) 0%；(b) 20%；(c) 40%；(d) 50%；(e) 60%；(f) 70%；(g) 磨痕横截面轮廓

不同 WC 添加量（质量分数）的 AlCoCrFeNiCu 高熵合金等离子熔覆层的磨损表面形貌如图 6-27 所示。从图 6-27（a）和（b）可以看出，当涂层中 WC 添加量不超过 20%时，涂层磨损表面分层现象很明显，同时还伴随着沟槽和凹坑的出现，涂层有严重的塑性变形，表明当涂层中 WC 含量较低时，涂层的磨损机制主要以黏着磨损为主，并伴随着磨料磨损。这是因为 AlCoCrFeNiCu 涂层的主相为 FCC 相，当 WC 含量较低时，涂层具有良好的塑性，涂层与摩擦球在摩擦过程中发生黏附变形，黏附区域在剪切力的作用下撕裂剥落，导致黏着磨损[248]。随着 WC 含量的增加，如图 6-27（c）和（d）所示，WC 添加量为 40%和 50%的涂层虽然也存在分层现象，但是已经不太明显，同时沟槽和凹坑的数量也相对较少，磨损表面塑性变形情况有所改善，这是由于 WC 含量的增加，涂层晶粒逐渐细化，同时碳化物对涂层第二相强化的效果也更加明显，涂层抵抗摩擦球引起的塑性剪切的能力增加，此时涂层的磨损机制以磨料磨损为主[272]。当涂层中的 WC 含量增加到 60%和 70%时，如图 6-27（e）和（f）所示，试样表面可以明显地观察到弥散分布的第二相，涂层强化效果显著，抗磨损能力得到很大提高，60% WC 涂层的磨损表面仅存在轻微的塑性变形现象和少量由于碳化物破碎而脱落引起的凹坑，以及少量由于疲劳磨损而产生的微裂纹，未观察到明显的分层现象和犁形沟槽的存在，整个磨面相对比较光滑，涂层具有优异的耐磨性能；而 70% WC 涂层磨损表面非常光滑，涂层中的 HEA 和碳化物相均保存良好，几乎观察不到分层、塑性变形和沟槽的存在，只有轻微的碳化物破碎现象，磨损痕迹不明显，涂层具有最佳的抗磨损性能。

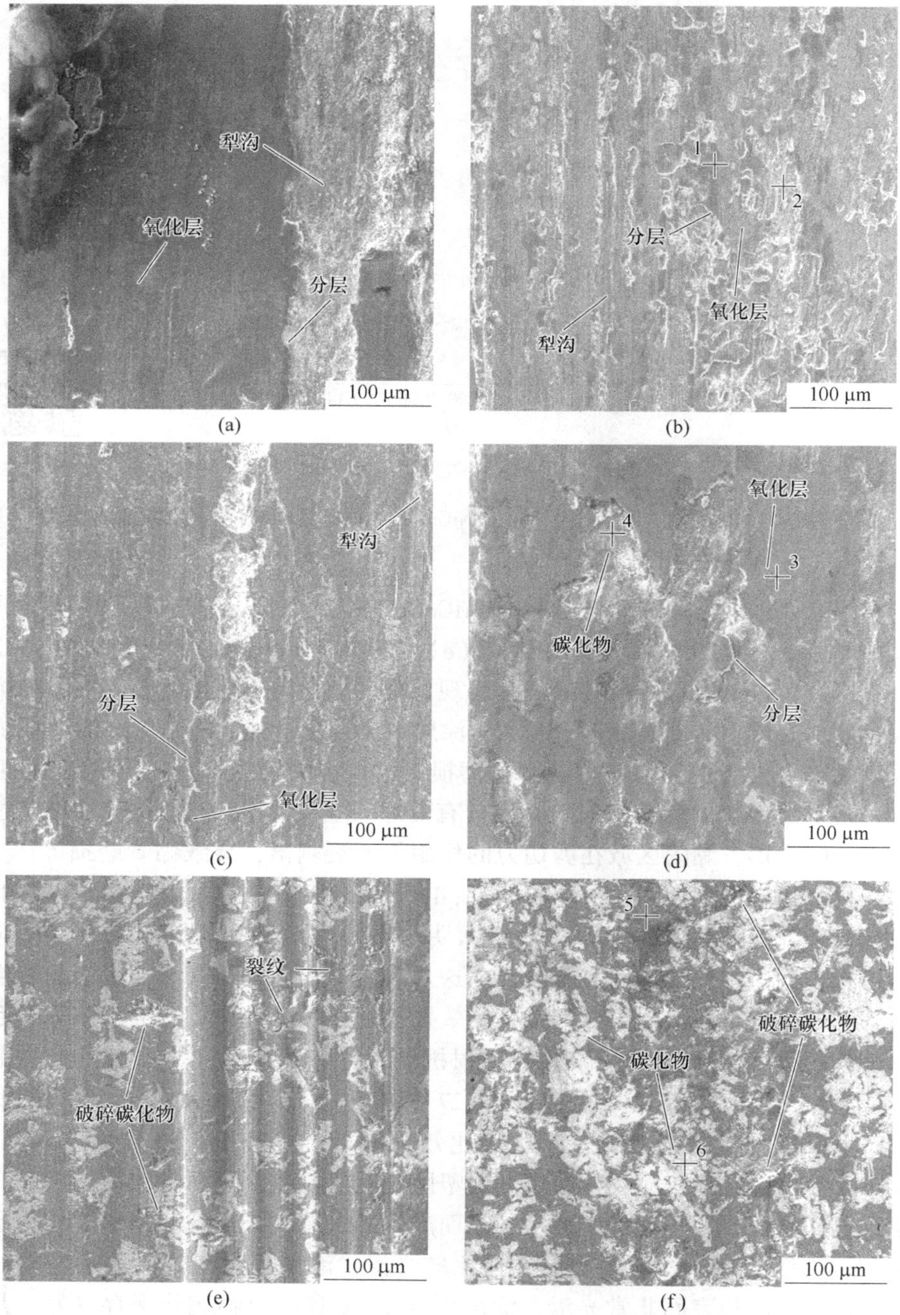

图 6-27 不同 WC 添加量的 AlCoCrFeNiCu 涂层磨损表面形貌

（a）0%；（b）20%；（c）40%；（d）50%；（e）60%；（f）70%

表6-3为图6-27（b）（d）和（f）中1~6点位置的EDS点扫描分析结果，展示了20% WC、50% WC和70% WC涂层磨损表面不同位置成分分布情况。分析表6-3中数据可以发现，各涂层均含有较多的氧元素，说明各涂层均存在明显的氧化磨损现象，对比可以发现，涂层中氧元素的含量随着WC添加量的增多而减小，当WC添加量为70%时，涂层中测试点氧元素含量最低，氧化磨损程度最低。这是因为涂层中WC添加量越多，试样表面的碳化物颗粒分布就越密集，这有助于降低氧化产物在涂层表面的迁移率，从而降低了涂层的氧化磨损程度[273-274]。

表6-3 不同WC添加量的AlCoCrFeNiCu涂层磨损表面EDS点扫描分析（原子数分数）（%）

试样	测试点	Al	Co	Cr	Fe	Ni	Cu	W	C	O	Si
20% WC	1	3.36	3.38	3.59	15.77	2.97	4.34	1.35	0.71	61.17	3.36
	2	7.48	9.25	7.42	35.09	7.51	9.85	2.98	1.15	20.72	—
50% WC	3	2.60	2.58	3.37	16.20	2.93	3.45	1.65	1.44	59.87	2.92
	4	3.40	4.93	5.70	28.48	4.26	5.26	12.78	1.94	33.25	—
70% WC	5	2.51	3.14	4.48	26.15	2.54	2.29	5.10	0.95	46.53	2.46
	6	3.46	3.72	5.96	25.60	3.28	4.52	36.76	3.17	13.52	—

综上所述，在AlCoCrFeNiCu高熵合金涂层中添加WC颗粒，可以有效提高涂层的耐磨性能，且WC添加量越多，涂层的耐磨性能越好。各涂层主要存在黏着磨损、磨粒磨损、氧化磨损以及疲劳磨损几种磨损机制，当WC添加量为0~20%时，涂层以黏着磨损和氧化磨损为主，随着涂层中WC含量的增加，涂层黏着磨损程度降低，而磨料磨损的程度增加，当WC含量为40%~50%时，涂层的磨损机制主要包括磨料磨损、氧化磨损以及轻微的黏着磨损，当涂层中WC添加量为60%~70%时，涂层的耐磨性能优异，仅存在轻微的磨料磨损、疲劳磨损以及氧化磨损。

6.3.4 耐腐蚀性

为了研究WC含量对AlCoCrFeNiCu高熵合金涂层耐腐蚀性能的影响，在3.5%NaCl溶液中对试样进行电化学测试。图6-28为涂层和35CrMo钢基体在3.5%（质量分数）NaCl溶液中的动电位极化曲线，通过软件对曲线进行拟合，计算出相应的电化学参数，见表6-4。从图6-28中可以看出，各涂层均出现了明显的钝化区和过钝化区。研究表明，在3.5%NaCl溶液中，含有Al、Cr元素的高熵合金表面可形成由Al_2O_3和Cr_2O_3组成的钝化膜，使合金进入钝化状态[275]。但是在Cl^-的作用下，钝化膜被局部破坏，从而诱发了点腐蚀，从曲线上可以看

出自腐蚀电流密度 i_{corr} 陡然增加，进入了过钝化区域[275]。电位极化曲线中自腐蚀电位 E_{corr} 和自腐蚀电流密度 i_{corr} 的大小可以用来判断腐蚀发生的难易程度[249]。一般来说，E_{corr} 越高，表明涂层的腐蚀倾向越小；i_{corr} 越小，则涂层的腐蚀速度越低，反之亦然。对图 6-28 和表 6-4 进行分析可知，高熵合金涂层的自腐蚀电位均高于 35CrMo 钢基体，且添加 WC 以后涂层的自腐蚀电位整体上高于未添加 WC 的涂层，WC 的添加有助于降低 AlCoCrFeNiCu 高熵合金涂层的腐蚀倾向，随着 WC 添加量的增加，涂层的自腐蚀电位呈先增加后减小的趋势，40% WC 的涂层具有最高的自腐蚀电位，达到−0.441V；各涂层的自腐蚀电流密度显著低于 35CrMo 钢基体，且添加 WC 以后，涂层的自腐蚀电流密度均有所降低，随着 WC 添加量的增加，涂层的自腐蚀电流密度呈先减小后增加的趋势，当 WC 添加量为 40%时，涂层具有最小的自腐蚀电流密度 2.468×10^{-6} A/cm^2。由此可以看出，各涂层的耐腐蚀性能均显著高于 35CrMo 钢基体，添加 WC 可以有效提高涂层的耐腐蚀性能，且涂层的耐腐蚀性能随着 WC 添加量的增加先增大后减小，40% WC 添加量的 AlCoCrFeNiCu 高熵合金涂层具有最高的自腐蚀电位和最小的自腐蚀电流密度，耐腐蚀性能最佳。

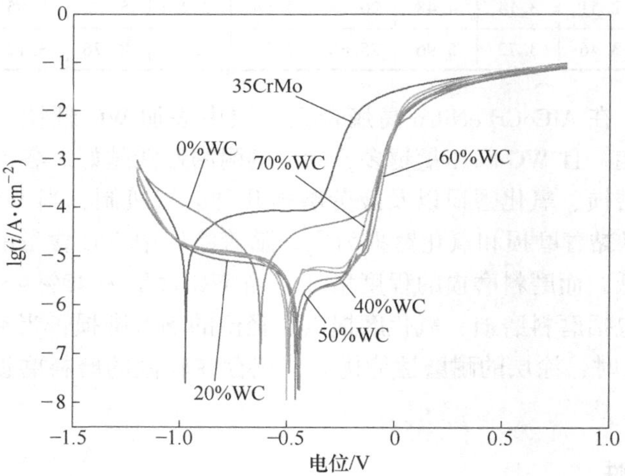

图 6-28 高熵合金涂层及 35CrMo 钢基体在 3.5%NaCl 溶液中动电位极化曲线

表 6-4 不同 WC 添加量的 AlCoCrFeNiCu 高熵合金涂层及 35CrMo 钢基体的电化学参数

试 样	E_{corr}(vs. SCE)/V	i_{corr}/A · cm^{-2}
35CrMo 钢基体	−0.972	1.907×10^{-5}
0% WC	−0.622	7.492×10^{-6}
20% WC	−0.460	3.897×10^{-6}

续表 6-4

试　样	E_{corr}(vs. SCE)/V	i_{corr}/A · cm^{-2}
40% WC	−0.441	2.468×10^{-6}
50% WC	−0.446	2.599×10^{-6}
60% WC	−0.490	4.958×10^{-6}
70% WC	−0.500	8.116×10^{-6}

通过电化学交流阻抗试验，进一步探究涂层表面钝化膜生成情况。图 6-29 为不同 WC 添加量（质量分数）的 AlCoCrFeNiCu 高熵合金涂层和 35CrMo 钢基体在 3.5%（质量分数）NaCl 溶液中测得的 Nyquist 图和 Bode 图。从图 6-29 中可以看出，各涂层样品的 Nyquist 曲线都呈现半圆弧形，均为单一的容抗弧，容抗弧半径越大，表明电荷转移电阻越高，涂层的耐腐蚀性更好。对比图 6-28 中各涂层样品的曲线可以发现，各涂层的容抗弧半径显著大于基体，且随着 WC 添加量

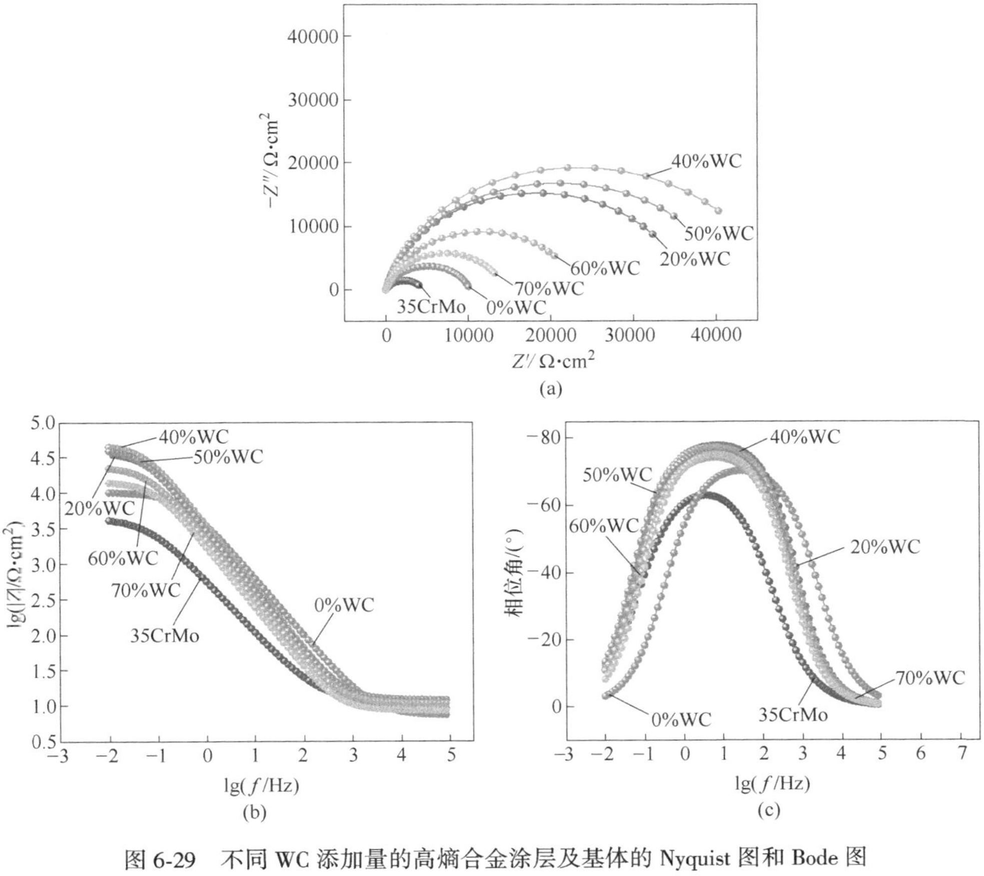

图 6-29　不同 WC 添加量的高熵合金涂层及基体的 Nyquist 图和 Bode 图

（a）Nyquist 图；（b）频率-阻抗图；（c）频率-相位角图

的增加呈先增大后减小的趋势，40% WC 涂层具有最大容抗弧半径。这表明 WC 添加量为 40%时，涂层的耐腐蚀性能最好，与动电位极化曲线分析结果相一致。图 6-29（b）和（c）分别为涂层的频率-阻抗和频率-相位角图。频率为 10^{-1} Hz 时，阻抗 $|Z|$ 代表涂层的电荷转移电阻，$|Z|$ 值越大，涂层耐腐蚀性能越好；在中频区相位角越宽，负相位角越大，代表涂层钝化膜稳定且致密。由图 6-29（b）和（c）可知，基体的阻抗和负相位角最小，耐腐蚀性能最差，40% WC 涂层的阻抗和负相位角最大，耐腐蚀性能最好，这与前面分析的结论一致。

图 6-30 为不同 WC 添加量的 AlCoCrFeNiCu 高熵合金涂层在 3.5%（质量分数）NaCl 溶液中的等效电路模拟图。利用 Zview 软件对涂层阻抗数据进行拟合分析，得到的拟合参数见表 6-5。由表 6-5 中数据可以看出，溶液阻抗（R_s）相对较小，这意味着极化阻抗主要受到电荷转移电阻（R_{ct}）的影响。基体电荷转移电阻为 2.609 kΩ · cm²，远小于各涂层的电荷转移电阻。随着 WC 添加量从 0%增加到 70%，涂层电荷转移电阻分别为 10.234 kΩ · cm²、36.491 kΩ · cm²、46.792 kΩ · cm²、41.732 kΩ · cm²、23.292 kΩ · cm²、14.351 kΩ · cm²，呈先增大后减小的趋势，40% WC 的涂层具有最高的电荷转移电阻，这与前面容抗弧的变化趋势一致。因此，在相同的腐蚀环境下，涂层耐腐蚀性能均高于基体，且 WC 添加量为 40%时，涂层的耐腐蚀性能最佳。

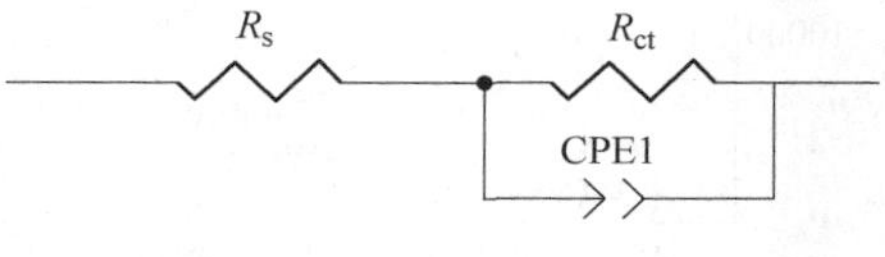

图 6-30　不同 WC 添加量的高熵合金涂层等效电路图

表 6-5　等效电路图拟合参数

试　样	$R_s/\Omega \cdot cm^2$	$R_{ct}/k\Omega \cdot cm^2$	$Q/\Omega^{-1} \cdot cm^{-2} \cdot s^n$	α
35CrMo 基体	8.439	2.609	6.17×10^{-4}	0.807
0% WC	7.149	10.234	5.51×10^{-5}	0.812
20% WC	8.789	36.491	6.51×10^{-5}	0.883
40% WC	11.430	46.792	5.70×10^{-5}	0.877
50% WC	11.910	41.732	6.79×10^{-5}	0.861
60% WC	10.500	23.292	9.36×10^{-5}	0.850
70% WC	8.401	14.351	1.17×10^{-4}	0.864

通过以上分析可以看出，不同 WC 添加量的 AlCoCrFeNiCu 高熵合金等离子熔覆层在 3.5%（质量分数）NaCl 溶液中的耐腐蚀性能显著优于 35CrMo 钢基体，添加 WC 可以进一步提升 AlCoCrFeNiCu 涂层的耐腐蚀性能，且随着 WC 添加量

的增多，涂层的耐腐蚀性能呈先增加后减小的趋势，WC 添加量为 40%的涂层具有最佳的耐腐蚀性能。研究表明，当向高熵合金涂层中添加 WC 时，WC 颗粒均匀分布在涂层腐蚀表面，使其腐蚀面积减小，导致涂层耐腐蚀能力提高[276]。但 WC 含量过高时，涂层的耐腐蚀性能降低。一方面，随着 WC 含量增加，促使涂层晶粒细化，增加了界面的总面积，并促使微电偶的形成。另一方面，随着 WC 含量的增加，会导致枝晶间碳化铬的形成，从而降低涂层晶粒内部铬含量，导致涂层中形成的 Cr_2O_3耐腐蚀性钝化膜较少，涂层耐腐蚀性降低[4, 277]。所以高熵合金涂层的耐腐蚀性能随着 WC 添加量的增多呈先增大后减小的趋势，适量的 WC 添加量可以有效提高 AlCoCrFeNiCu 高熵合金等离子熔覆层的耐腐蚀性能。

6.4 本 章 小 结

本章采用等离子熔覆技术在 35CrMo 钢表面制备了 WC 添加量分别为 0%、20%、40%、50%、60%和 70%（质量分数）的 AlCoCrFeNiCu 高熵合金涂层，研究了球形 WC 颗粒添加对涂层的相结构、微观组织、显微硬度、耐磨性能以及耐腐蚀性能等的影响，主要得到以下结论：

（1）各涂层均包含了 FCC 相和 BCC 相。随着 WC 的添加，涂层中出现了未分解完全的 WC 颗粒相，以及 WC 分解以后的 W、C 元素与涂层中其他元素重新组合而形成的 W_2C、Cr_7C_3等碳化物相。此外，WC 的加入使得涂层 FCC 相晶格常数增加，衍射峰向左偏移。随着 WC 添加量的增加，WC 颗粒被分解的程度逐渐降低，涂层中碳化物颗粒尺寸逐渐增大，涂层中先后出现了鱼骨状、块状以及球状碳化物相。TEM 分析表明，涂层中形成的典型的碳化物相 W_2C 和 Cr_7C_3均为 HCP 结构，它们与 FCC 结构的 Fe-Co-Cr-Ni 相呈半共格或非共格界面关系，同时在 FCC 相基础之上还共格析出了富 Cu 的 $L1_2$相，它们呈纳米颗粒状弥散分布在 FCC 相中。

（2）EBSD 分析表明不同 WC 添加量的涂层均没有明显的晶粒取向，未形成织构，随着 WC 添加量的增多，涂层的平均晶粒尺寸逐渐减小、大角度晶界占比增加、几何必要位错密度增加，涂层中的 BCC 相和各种碳化物相也随 WC 含量的增加而增加。

（3）各涂层的显微硬度均高于 35CrMo 钢基体，且涂层平均硬度随着 WC 添加量的增加而显著升高，70% WC 涂层的平均显微硬度达到了 818 $HV_{0.5}$；纳米压痕试验结果表明，涂层中各碳化物的弹性模量和纳米硬度均显著高于高熵合金基础相，其中 WC 相的弹性模量高达 606.598 GPa，而 W_2C 的纳米硬度高达 30.007 GPa，WC 的添加可明显提高涂层的变形抗力。

（4）WC 的添加可显著提升 AlCoCrFeNiCu 高熵合金等离子熔覆层的耐磨性

能，且涂层的耐磨性能随着 WC 添加量的增多而逐渐提升，当 WC 添加量为 70% 时，涂层具有最佳耐磨性能。涂层在摩擦磨损过程中，主要存在黏着磨损、磨粒磨损、氧化磨损以及疲劳磨损几种磨损机制，当 WC 添加量较少时，涂层主要表现为黏着磨损和氧化磨损；当 WC 添加量较多时，涂层的磨损机制主要包括磨料磨损、氧化磨损以及疲劳磨损。

（5）各涂层的耐腐蚀性能均显著优于 35CrMo 钢基体，添加 WC 有利于提高 AlCoCrFeNiCu 高熵合金等离子熔覆层的耐腐蚀性能，涂层的耐腐蚀性能随着 WC 含量的增加呈现先增加后降低的趋势，当 WC 添加量为 40%时，涂层具有最佳的耐腐蚀性能。

7 结论与展望

7.1 结　　论

采用等离子熔覆技术在井下工具用钢 35CrMo 钢表面成功制备了 AlCoCrFeNiCu 高熵合金涂层，并分别研究了 CeO_2、Si 元素、Sn 元素以及 WC 添加对涂层相结构、微观组织、显微硬度、纳米压痕、摩擦磨损性能以及耐腐蚀性能等的影响，讨论了 CeO_2、Si 元素、Sn 元素及 WC 对 AlCoCrFeNiCu 高熵合金涂层组织和性能的影响规律。主要得到以下结论：

（1）采用等离子熔覆技术可在 35CrMo 钢表面制备无明显裂纹、气孔等缺陷且与基体形成良好冶金结合的 AlCoCrFeNiCu 涂层。涂层制备的最优化工艺参数为：熔覆电流 160 A，喷枪移动速度 100 mm/min，送粉速度 14 g/min。涂层中包含了 FCC 相和 BCC 相，其中 FCC 相为主相，占比高达 99.6%。涂层底部到顶部依次由平面晶、柱状晶、树枝晶和等轴晶构成，晶内为 FCC 结构的 Fe-Co-Cr-Ni 相及少量 BCC 相，晶间区域主要是 FCC 结构的 Al-Cu-Ni 相。EBSD 分析表明涂层晶粒取向存在较大的随机性，未发现织构的存在；涂层中小角度晶界（2°～5°）的占比和大角度晶界（>15°）的占比分别为 48.60%和 45.57%，小角度晶界的占比略高于大角度晶界；涂层的几何必要位错密度为 $4.07\times10^{13}\ m^{-2}$。AlCoCrFeNiCu 涂层平均硬度约为 367 $HV_{0.5}$，是 35CrMo 基体的 1.35 倍，涂层晶内区域（DR）的弹性模量和纳米硬度均高于晶间区域（DR），表现出更好的变形抗力。AlCoCrFeNiCu 涂层的摩擦系数低于 35CrMo 基体，磨痕尺寸也小于 35CrMo 基体，表现出更好的耐磨性能，其磨损机制以黏着磨损和磨料磨损为主。

（2）制备了 CeO_2添加量分别为 0.3%、0.6%、0.9%、1.2%（质量分数）的 AlCoCrFeNiCu 高熵合金涂层，探究了 CeO_2对 AlCoCrFeNiCu 高熵合金等离子熔覆层组织和性能的影响规律及作用机理。结果表明：CeO_2 的添加没有改变 AlCoCrFeNiCu 高熵合金涂层的相构成，各涂层均主要由树枝晶构成，晶内区域为 FCC 结构的 Fe-Co-Cr-Ni 相及少量 BCC 相，晶间区域主要是 FCC 结构的 Al-Cu-Ni 相及少量 $L1_2$ 相纳米颗粒。随着 CeO_2 添加量的增加，涂层的晶粒逐渐细化，0.9% CeO_2涂层的平均晶粒直径仅为 9.808 μm，远小于未添加 CeO_2涂层的平均晶粒直径（89.459 μm），CeO_2添加对涂层晶粒细化作用效果显著。涂层晶粒细化以后，小角度晶界比例逐渐减少，大角度晶界比例逐渐增加。添加 CeO_2以后，涂层中 BCC 相含量增加且分布更加弥散，0.6% CeO_2涂层中 BCC 相的占比达到了 19.7%，远大于未添加的涂层。同时，CeO_2添加还增加了涂层的几何必要位错密度，0.3% CeO_2、0.6% CeO_2和 0.9% CeO_2涂层的几何必要位错密度分别为 5.58×10^{13} m^{-2}、5.51×10^{13} m^{-2}和 4.95×10^{13} m^{-2}，均大于未添加涂层。各涂层的平均显微硬度随着 CeO_2添加量的增加而逐渐升高，1.2% CeO_2涂层平均显微硬度达到了 419 $HV_{0.5}$。纳米压痕测试结果表明 0.9% CeO_2涂层晶内区域和晶间区域的弹性模量分别为 219.220 GPa 和 166.256 GPa，纳米硬度分别为 5.085 GPa 和 2.596 GPa，最大压痕深度 h_{max}分别为 60.39 nm 和 91.99 nm，晶内区域的弹性模量和纳米硬度均高于晶间区域，最大压痕深度小于晶间区域，对比未添加涂层的纳米压痕数据可知，添加 CeO_2以后，AlCoCrFeNiCu 等离子熔覆层晶内区域和晶间区域的弹性模量和纳米硬度均高于未添加 CeO_2的涂层，而最大压痕深度小于未添加 CeO_2的涂层。CeO_2的添加使得涂层各区域的变形抗力得到了提升。涂层的耐磨性能随着 CeO_2添加量的增加而逐渐提升，CeO_2添加量为 1.2%的涂层具有最低的摩擦系数和最小的磨痕轮廓尺寸，耐磨性能最佳。在 3.5%（质量分数）NaCl 溶液中的电化学测试表明，不同 CeO_2添加量的 AlCoCrFeNiCu 涂层的耐腐蚀性能均显著优于 35CrMo 基体，且随着 CeO_2含量的增加呈现先增加后降低的趋势，当 CeO_2添加量为 0.3%时，涂层的自腐蚀电位和自腐蚀电流密度分别为 −0.235 V和 2.410×10^{-6} A/cm^2，同时具有最大容抗弧半径和最大的电荷转移电阻（34.469 $k\Omega\cdot cm^2$），涂层具有最佳的耐腐蚀性能。

（3）制备了 $AlCoCrFeNiCuSi_x$ 和 $AlCoCrFeNiCuSn_x$ 涂层高熵合金等离子熔覆层，分别研究了 Si 和 Sn 元素对 AlCoCrFeNiCu 涂层组织和性能的影响。结果表明：随着 Si 元素含量的增加，涂层的晶格常数逐渐减小，涂层中的 FCC 相向 BCC/B2 相转变，$Si_{0.4}$和 $Si_{0.5}$涂层以 BCC/B2 相为主相。BCC/B2 相包含了 BCC 结构的 Al-Co-Cr-Fe 相和 B2 结构的 Al-Ni 相，它们呈片层相间分布在晶内区域，两相之间存在明显的界面关系：$(110)_{B2}//(110)_{BCC}$，$(001)_{B2}//(002)_{BCC}$，$[1\bar{1}0]_{B2}//[1\bar{1}0]_{BCC}$，同时，B2 相内有富 Cu 纳米颗粒析出。FCC 相主要由晶内区域的 Fe-Co-Cr-Ni 相和晶间区域的 Al-Cu-Ni 相构成，两种 FCC 相内均析出了颗粒状的 $L1_2$ 相，$L1_2$ 相与 FCC 相之间存在如下的位向关系：$(001)_{L12}//(002)_{FCC}$，$(111)_{L1_2}//(111)_{FCC}$，$[\bar{1}10]_{L1_2}//[\bar{1}10]_{FCC}$。$AlCoCrFeNiCuSi_x$ 高熵合金涂层内未发现织构的存在，添加 Si 元素有细化涂层晶粒的作用，同时使得涂层大角度晶界占比和几何必要位错密度也显著增加，$Si_{0.2}$、$Si_{0.3}$和 $Si_{0.4}$的几何必要位错密度分别是 8.04×10^{13} m^{-2}、6.07×10^{13} m^{-2}和 6.60×10^{13} m^{-2}，显著高于未添加涂层的 4.07×10^{13} m^{-2}，这主要归因于 Si 元素添加造成的晶格收缩，导致了涂层晶格扭

曲和失配。涂层的平均显微硬度随着 Si 元素含量的增加而逐渐增加，$Si_{0.5}$涂层的平均显微硬度达到了 467 $HV_{0.5}$。添加 Si 元素可显著提高涂层的平均显微硬度和各区域的纳米硬度，$Si_{0.4}$涂层晶内区域和晶间区域的弹性模量分别为 146.836 GPa 和 169.853 GPa，纳米硬度分别为 5.067 GPa 和 2.671 GPa，最大压痕深度 h_{max}分别为 66.78 nm 和 90.39 nm，纳米压痕测试结果优于未添加涂层。涂层的耐磨性能随着 Si 元素含量的增加而逐渐提高，磨损机制由黏着磨损向磨料磨损转变，相较于其他 Si 含量涂层，$Si_{0.4}$和 $Si_{0.5}$涂层的摩擦系数较低且磨痕尺寸较小，磨损机制以磨料磨损和氧化磨损为主，表现出更加优异的耐磨性能。涂层的耐腐蚀性能随着 Si 元素含量的增加而呈现先增加后减小的非线性趋势，$Si_{0.2}$涂层的自腐蚀电位为-0.312 V，自腐蚀电流密度为 4.921×10^{-7} A/cm^2，比其他 Si 含量涂层具有更加优异的耐腐蚀性能。$AlCoCrFeNiCuSn_x$ 涂层主要由树枝晶构成，晶内主要含有 Fe、Co、Cr 等高熔点元素构成的 BCC 相，晶间主要含有 Cu、Sn 等元素构成的 FCC 相，并含有少量的 AlN 析出相；涂层的显微硬度随着 Sn 含量的增加逐渐升高；涂层的耐磨性能随着 Sn 含量的增加而先升高后降低，$Sn_{0.1}$涂层中各相形成较好的强韧配合组织，有利于提高其耐磨性，具有优异的耐磨性能。

（4）制备了 WC 添加量分别为 0%、20%、40%、50%和 70%（质量分数）的 AlCoCrFeNiCu 高熵合金涂层，研究了 WC 对 AlCoCrFeNiCu 高熵合金等离子熔覆层组织和性能的影响规律及作用机理。结果表明：添加 WC 以后，涂层中主要包含 FCC 相、BCC 相以及 WC、W_2C、Cr_7C_3等碳化物相，随着 WC 添加量的增加，WC 颗粒被分解的程度逐渐降低，涂层中碳化物颗粒尺寸逐渐增大，涂层中先后出现了鱼骨状、块状以及球状颗粒碳化物结构。TEM 分析表明，涂层中形成的典型的碳化物相 W_2C 和 Cr_7C_3均为 HCP 结构，它们与 FCC 结构的 Fe-Co-Cr-Ni 相呈半共格或非共格界面关系，同时，在 FCC 相基础之上还共格析出了富 Cu 的 $L1_2$相，$L1_2$析出相与 FCC 母相存在如下的晶体学取向关系：$(001)_{L1_2}//(002)_{FCC}$，$(111)_{L1_2}//(111)_{FCC}$，$[\bar{1}10]_{L1_2}//[\bar{1}10]_{FCC}$。随着 WC 添加量的增加，涂层的平均晶粒尺寸逐渐减小、大角度晶界占比和几何必要位错密度增加，涂层中的 BCC 相和各种碳化物相也随 WC 含量的增加而增加，70% WC 涂层的平均晶粒尺寸为 11.846 μm，大角度晶界占 71.08%，几何必要位错密度为 2.38×10^{14} m^{-2}，BCC 相和各种碳化物相占比分别为 19.2%和 6.7%。涂层平均显微硬度随着 WC 添加量的增加而显著升高，70% WC 涂层的平均显微硬度达到了 818 $HV_{0.5}$。70% WC 涂层中 WC 和 W_2C 相的弹性模量分别为 606.598 GPa 和 442.931 GPa，纳米硬度分别为 19.459 GPa 和 30.007 GPa，最大压痕深度分别为 27.34 nm 和 25.81 nm，添加 WC 以后涂层中碳化物的弹性模量和纳米硬度均显著高于高熵合金基础相，最大纳米压痕深度远小于高熵合金基础相，WC 的添加可显著提高涂层的变形抗力。涂层的耐磨性能随着 WC 添加量的增加而增加，70% WC 涂层摩擦系数为 0.3679，平均磨痕宽度和最大磨痕深度分别为 580.619 μm和 9.862 μm，具有最佳耐磨性能，其磨损机制主要包括磨料磨损、疲劳磨损以及氧化磨损。涂层的耐腐蚀性能随着 WC 添加量的增加呈现先增加后降低的趋势，相较于其他 WC 添加量的涂层，40% WC 涂层具有最高的自腐蚀电位和最小的自腐蚀电流密度，分别为−0.441 V 和 2.468×10^{-6} A/cm^2，耐腐蚀性能最佳。

（5）在井下工具用钢 35CrMo 钢表面制备的 AlCoCrFeNiCu-(CeO_2，Si，Sn，WC)$_x$ 高熵合金等离子熔覆涂层，在硬度、耐磨性以及耐腐蚀性等方面均优于基体。由于 WC 的添加形成了第二相强化、细晶强化和固溶强化等多种强化效应，使得添加 70% WC 的涂层具有高的硬度和最佳的耐磨性能。Si 元素有助于在涂层表面形成致密的氧化膜，$Si_{0.2}$涂层在 3.5%（质量分数）的 NaCl 溶液中表现出具有最好的耐腐蚀性能。综合来看，针对井下工具的实际情况，若以提高涂层硬度和耐磨性能为主要目标，例如钻头、钻杆等部件可优先考虑 WC 掺杂提升耐磨性，其多种强化效应和硬质相的存在显著提升了涂层的硬度和耐磨性能；若以提高涂层耐腐蚀性能为主要需求，如油管、套管等则推荐 Si 掺杂以增强涂层的耐腐蚀性，Si 元素在特定含量下表现最佳，其形成的氧化膜对腐蚀介质起到良好的阻隔作用。

7.2　展　　望

本书针对井下工具用钢 35CrMo 钢表面 AlCoCrFeNiCu 高熵合金等离子熔覆层的制备及其组织性能调控进行了研究并取得了一定成果，为高熵合金等离子熔覆层在石油天然气工程领域的应用做出了新的探索，但是在以下几个方面仍需要进行进一步的研究：

（1）本书分别研究了 CeO_2、Si、Sn 以及 WC 添加对 AlCoCrFeNiCu 高熵合金等离子熔覆层组织和性能的影响规律。但是，未对 CeO_2、Si 元素、Sn 元素和 WC 共同添加于涂层时它们之间的交互作用展开分析，因而未能明晰这种交互作用对涂层组织和性能所产生的影响。后续可开展进一步的系统且深入的探究，剖析各掺杂物交互作用下涂层组织和性能的变化机制，从而为该涂层的优化设计和应用提供更坚实的理论支撑。

（2）研究表明，$L1_2$析出相不仅可以提高高熵合金的强度，还可以保证良好的塑性，有利于调控涂层的力学性能。本书制备的高熵合金涂层中析出的 $L1_2$ 相虽然对涂层的力学性能也带来了一定的积极影响，但是由于其数量有限，效果并不显著。在后续的研究工作中，可考虑通过进一步优化合金成分设计，精准调整元素种类和配比，同时结合热机械处理等有效手段，来诱导 $L1_2$ 析出相的生成，并调控其形貌、尺寸大小及空间分布，以此进一步提升高熵合金涂层的综合力学性能。

（3）向涂层中添加 WC 以后，WC 会与高熵合金的组成元素发生一系列的相互作用而形成多种碳化物相，本书受 FIB 取样范围的影响，只针对 FIB 样品上存在的 W_2C 和 Cr_7C_3 相进行了表征和分析。实际上，根据相关理论推测，涂层中极有可能还存在诸如 Fe_3W_3C、$Cr_{23}C_6$ 等其他碳化物相，但这些相在本书中未得到深入分析，后续有待进一步的研究。

参 考 文 献

[1] LU L, YU W, KAI Z, et al. Uneven wear behavior of downhole tool clearance material under slurry erosion [J]. Alexandria Engineering Journal, 2023, 73: 47-68.

[2] XIE Y, JIANG W, TANG J, et al. Microstructure and performance of AlCoCrFeNiCu(CeO_2)$_x$ high-entropy alloy coatings by plasma cladding [J]. Journal of Alloys and Compounds, 2024, 1003: 175623.

[3] GANG L, GUO J, XIUFANG C, et al. The directional array TiN-reinforced AlCoCrFeNiTi high-entropy alloy synthesized in situ via magnetic field-assisted laser cladding [J]. Applied Surface Science, 2022, 572: 151407.

[4] VYAS A, MENGHANI J, NATU H. Influence of WC particle on the metallurgical, mechanical, and corrosion behavior of AlFeCuCrCoNi-WC_x high-entropy alloy coatings [J]. Journal of Materials Engineering and Performance, 2021, 30 (4): 1-13.

[5] PENG Y B, ZHANG W, LI T C, et al. Microstructures and mechanical properties of FeCoCrNi high entropy alloy/WC reinforcing particles composite coatings prepared by laser cladding and plasma cladding [J]. International Journal of Refractory Metals and Hard Materials, 2019, 84: 105044.

[6] QIU X W, ZHANG Y P, LIU C G. Effect of Ti content on structure and properties of $Al_2CrFeNiCoCuTi_x$ high-entropy alloy coatings [J]. Journal of Alloys and Compounds, 2014, 585: 282-286.

[7] FU Y, LI J, LUO H, et al. Recent advances on environmental corrosion behavior and mechanism of high-entropy alloys [J]. Journal of Materials Science & Technology, 2021, 80 (21): 217-233.

[8] SABARINATH S, RAJ V, NAIR V L, et al. High entropy alloy (HEA) coatings for tribological applications—A review [J]. Results in Engineering, 2025, 27: 105695.

[9] DING L, WANG H, QUAN X. Microstructure and abrasion resistance of laser cladding $CoCrFeNiTiNbB_{1.25}$ high-entropy alloys coatings treated by aging [J]. Science of Advanced Materials, 2021 (13): 1479-1487.

[10] ZHANG J, LI Z, MA Y, et al. Refractory high-entropy alloys: A focused review of high-temperature properties and deformation mechanisms [J]. Materials Characterization, 2025, 227: 115250.

[11] 程永贺，付俊伟，赵茂密，等. 高熵合金耐蚀性研究进展 [J]. 中国腐蚀与防护学报，2024，44 (5): 1100-1116.

[12] MAHARANA S, SABAT M, PRASAD D K V D, et al. Development of single-phase Ni-rich high entropy alloy with excellent strength-ductility synergy from blended elemental powder synthesized via spark plasma sintering [J]. Materials Science and Engineering: A, 2024, 913: 147081.

[13] ZIRARI T, TRABADELO V. A review on wear, corrosion, and wear-corrosion synergy of high

entropy alloys [J]. Heliyon, 2024, 10 (4): e25867.

[14] ARUN S, RADHIKA N, SALEH B. Effect of additional alloying elements on microstructure and properties of AlCoCrFeNi high entropy alloy system: A comprehensive review [J]. Metals and Materials International, 2025, 31: 285-324.

[15] 夏兴川，张恩宽，丁俭，等. 激光熔覆难熔高熵合金涂层研究进展 [J]. 金属学报，2025，61 (1)：59-76.

[16] ZHUO L, XIE Y, CHEN B. A review on recent progress of refractory high entropy alloys: From fundamental research to engineering applications [J]. Journal of Materials Research and Technology, 2024, 33: 1097-1129.

[17] XIANG K, CHEN L, CHAI L, et al. Microstructural characteristics and properties of $CoCrFeNiNb_x$ high-entropy alloy coatings on pure titanium substrate by pulsed laser cladding [J]. Applied Surface Science, 2020, 517: 146214.

[18] LUO D W, ZHOU Q, HUANG Z B, et al. Tribological behavior of high entropy alloy coatings: a review [J]. Coatings, 2022, 12 (10): 1428.

[19] NI J, WEN M, JAYALAKSHMI S, et al. Investigation on microstructure, wear and friction properties of $CoCrFeNiMo_x$ high-entropy alloy coatings deposited by powder plasma arc cladding [J]. Materials Today Communications, 2024, 39: 108807.

[20] DING H, DAI J W, DAI T, et al. Effect of preheating/post-isothermal treatment temperature on microstructures and properties of cladding on U75V rail prepared by plasma cladding method [J]. Surface & Coatings Technology, 2020, 399: 126122.

[21] CHEN B Y, GAO P H, ZHANG B, et al. Wear properties of iron-based alloy coatings prepared by plasma transfer arc cladding [J]. Coatings, 2022, 12 (2): 243.

[22] XIA T, FENG Y H, LING Z Z, et al. Influence of WC particle content of Fe-based powder-cored wire on microstructure and properties of plasma cladding reinforced layers [J]. Journal of Alloys and Compounds, 2022, 922: 166148.

[23] 王兴涛，吴一凡，孙金峰，等. 等离子熔覆制备 AlCrFeMnNi 高熵合金涂层的微观组织与性能 [J]. 中国表面工程，2023，36 (4)：107-117.

[24] YONG W S, MIN W C, YI P W, et al. Effects of process parameters and annealing on microstructure and properties of CoCrFeMnNi high-entropy alloy coating prepared by plasma cladding [J]. China Foundry, 2023, 20 (6): 491-502.

[25] 蒋成成，宋庆雷，张平，等. 等离子熔覆 $FeCoCrNiAl_{0.5}Ti_{0.5}$ 高熵合金涂层的组织及耐磨性能 [J]. 机械工程材料，2024，48 (10)：1-8.

[26] 周永宽，康嘉杰，岳文，等. 超音速火焰喷涂金属陶瓷复合涂层的耐磨性能研究 [J]. 探矿工程（岩土钻掘工程），2020，47 (4)：72-79.

[27] 崔良，朱魏巍，顾小龙，等. 等离子喷涂制备镍基自润滑复合涂层的研究 [J]. 机械设计与制造，2019 (9)：197-200.

[28] LI X, ZHANG C H, ZHANG S, et al. Manufacturing of Ti_3SiC_2 lubricated Co-based alloy coatings using laser cladding technology [J]. Optics and Laser Technology, 2019, 114:

209-215.

[29] HAN B, LI M, WANG Y. Microstructure and wear resistance of laser clad Fe-Cr_3C_2 composite coating on 35CrMo steel [J]. Journal of Materials Engineering and Performance, 2013, 22 (12): 3749-3754.

[30] WU J, LIU D, ZHANG L L, et al. Study on Microstructure and Property of Hot-dip 55% Al-Zn Alloy Coating on 35CrMo Sucker Rod Surface [J]. IOP Conference Series: Earth and Environmental Science, 2019, 267 (4): 42080-42087.

[31] 田鹿岩，李新梅，路国闯. 42CrMo 钢表面激光熔覆 Stellite6 复合熔覆层组织及性能 [J]. 应用激光，2024，44 (12)：29-37.

[32] LV Y, XU P, LIANG R, et al. Corrosion resistance of VC-reinforced Fe-based SMA coatings by laser cladding [J]. Surface & Coatings Technology, 2024, 478: 130457.

[33] ZHENG X, ZHENG K, CHANG J N, et al. Microstructure, mechanical properties and reciprocating wear properties of diamond grits-reinforced NiCrBSi composite coatings on 42CrMo [J]. Surface & Coatings Technology, 2022, 445: 128703.

[34] LV G J, YANG X F, GAO Y L, et al. Investigation on fretting wear performance of laser cladding WC/Co06 coating on 42CrMo steel for hydraulic damper [J]. International Journal of Refractory Metals and Hard Materials, 2023, 111: 106068.

[35] 刘珊珊. 镍基球形碳化铬涂层的摩擦磨损和腐蚀性能研究 [D]. 上海：上海应用技术大学，2018.

[36] CAO Q Z, FAN L, CHEN H Y, et al. Wear and corrosion mechanisms of Ni-WC coatings modified with different Y_2O_3 by laser cladding on AISI 4145H steel [J]. Science and Engineering of Composite Materials, 2022, 29 (1): 364-377.

[37] CHENG Q, CHEN H Y, HOU Y, et al. Microstructure and wear behavior of spherical NbC hardmetals with nickel-based binders on AISI 4145H steel [J]. International Journal of Refractory Metals and Hard Materials, 2021 (195): 105414.

[38] MURTY B S, YEH J W, RANGANATHAN S, et al. High-entropy alloys [M]. Elsevier, 2019.

[39] YEH J. Alloy design strategies and future trends in high-entropy alloys [J]. JOM, 2013 (12): 1759-1771.

[40] ZHANG Y, ZHOU Y J, LIN J P, et al. Solid-solution phase formation rules for multi-component alloys. [J]. Advanced Engineering Materials, 2009 (10): 534-538.

[41] 张勇著. 非晶和高熵合金 [M]. 北京：科学出版社，2010：82.

[42] GAO M C. Progress in High Entropy Alloys [J]. JOM, 2015, 67 (10): 2251-2253.

[43] 张勇，陈明彪，杨潇，等. 先进高熵合金技术 [M]. 北京：化学工业出版社，2019：229.

[44] 张蔚冉，LIAW P K，张勇. 高熵合金材料研究进展（英文）[J]. Science China Materials, 2018, 61 (1): 2-22.

[45] MIRACLE D B, SENKOV O N. A critical review of high entropy alloys and related concepts

[J]. Acta Materialia, 2017, 122: 448-511.

[46] 倪兵莹. 熵调控对多组元合金性能的影响 [D]. 长春: 长春工业大学, 2023.

[47] KUANG F L, ZHANG L, LI H, et al. Recent progress in high-entropy nanocatalysts [J]. cMat, 2024, 1 (2): e26.

[48] 孟爽, 国栋, 赵冬风, 等. CoCrFeNi 系高熵合金研究进展 [J]. 精密成形工程, 2023, 15 (8): 156-168.

[49] 高宽. ZrNbTiAl 高熵合金有序-无序化转变及其力学行为 [D]. 北京: 北京科技大学, 2023.

[50] BEHERA M, PANIG RAHI A, BÖNISCH M, et al. Structural stability and thermal expansion of TiTaNbMoZr refractory high entropy alloy [J]. Journal of Alloys and Compounds, 2022, 892: 162154.

[51] WANG W L, HU L, LUO S B, et al. Liquid phase separation and rapid dendritic growth of high-entropy CoCrCuFeNi alloy [J]. Intermetallics, 2016, 77: 41-45.

[52] OLORUNDAISI E, BABALOLA B J, TEFFO M L, et al. Phase prediction, microstructure, and mechanical properties of spark plasma sintered Ni-Al-Ti-Mn-Co-Fe-Cr high entropy alloys [J]. Discover Nano, 2023, 18 (1): 117.

[53] ANAND G, GOODALL R, FREEMAN C L. Role of configurational entropy in body-centred cubic or face-centred cubic phase formation in high entropy alloys [J]. Scripta Materialia, 2016, 124: 90-94.

[54] ZHANG Y, LU Z P, MA S G, et al. Guidelines in predicting phase formation of high-entropy alloys [J]. MRS Communications, 2014, 4 (2): 57-62.

[55] CHOU H P, CHANG Y S, CHEN S K, et al. Microstructure, thermophysical and electrical properties in $Al_xCoCrFeNi$ ($0 \leqslant x \leqslant 2$) high-entropy alloys [J]. Materials Science and Engineering, 2009, 163: 184-189.

[56] TSAI K Y, TSAI M H, YEH J W. Sluggish diffusion in Co-Cr-Fe-Mn-Ni high-entropy alloys [J]. Acta Materialia, 2013 (61): 4887-4897.

[57] TSAI C W, CHEN Y, TSAI M, et al. Deformation and annealing behaviors of high-entropy alloy $Al_{0.5}CoCrCuFeNi$ [J]. Journal of Alloys and Compounds, 2009, 486: 427-435.

[58] JUN J, WEIFU S, NING L. Atomic insights into effects of temperature and grain diameter on the micro-deformation mechanism, mechanical properties and sluggish diffusion of nanocrystalline high-entropy alloys [J]. Materials Today Communications, 2022, 33: 104224.

[59] RANGANATHAN S. Alloyed pleasures: multimetallic cocktails [J]. Current Science, 2003 (10): 1404-1406.

[60] TAHERINIYA S, SONKUSARE R, BOLL T, et al. Ferromagnetism in High Entropy Cantor alloy triggered and tuned by severe plastic deformation [J]. Acta Materialia, 2024, 281: 120421.

[61] ZHOU Y J, ZHANG Y, WANG Y L, et al. Solid solution alloys of $AlCoCrFeNiTi_x$ with excellent room-temperature mechanical properties [J]. Applied Physics Letters, 2007, 90 (18): 181904.

[62] GLUDOVATZ B, HOHENWARTER A, CATOOR D, et al. A fracture-resistant high-entropy alloy for cryogenic applications [J]. Science, 2014, 345 (6201): 1153-1158.

[63] ZHANG Y, ZUO T T, TANG Z, et al. Microstructures and properties of high-entropy alloys [J]. Progress in Materials Science, 2014, 61: 1-93.

[64] CHEN Q, HE Z, ZHAO Y, et al. Stacking ensemble learning assisted design of Al-Nb-Ti-V-Zr lightweight high-entropy alloys with high hardness [J]. Materials & Design, 2024, 246: 113363.

[65] HEMPHILL M A, YUAN T, WANG G Y, et al. Fatigue behavior of $Al_{0.5}$CoCrCuFeNi high entropy alloys [J]. Acta Materialia, 2012 (60): 5723-5734.

[66] WANG X, BAI W, ZHANG Z, et al. Enhancing fatigue resistance of high-entropy alloy by designing a hierarchically heterogeneous microstructure [J]. Journal of Materials Research and Technology, 2024, 33: 673-682.

[67] 盛剑，李大赵，闫志杰，等. FeMnCoCrNi 高熵合金高温力学性能及变形机制研究现状 [J]. 金属热处理，2024，49 (10): 211-220.

[68] RAMAN L, KARTHICK G, GURUVIDYATHRI K, et al. Influence of processing route on the alloying behavior, microstructural evolution and thermal stability of CrMoNbTiW refractory high-entropy alloy [J]. Journal of Materials Research, 2020 (35): 1556-1571.

[69] 郝晨帆，孟君晟，丁皓，等. 氩弧熔覆 Al_xCoCrFeCuNi 高熵合金涂层组织与耐磨性 [J]. 表面技术，2023，52 (12): 360-368.

[70] LI L, WANG Z, DU W, et al. Microstructure and wear resistance of laser cladding AlCoCrFeNiSiB high-entropy alloy with high boron content [J]. Surface & Coatings Technology, 2024, 494: 131431.

[71] MARIA Z A, MOREIRA J J A, de LIMA A G F, et al. Corrosion behavior of $AlCoCrFeNi_x$ high entropy alloys [J]. Electrochimica Acta, 2023, 441.

[72] BOGDANOV R I, VORKEL V A, IGNATENKO V E, et al. Corrosion and electrochemical behavior of CoCrFeNiMo high-entropy alloy in acidic oxidizing and neutral chloride solutions [J]. Materials Chemistry and Physics, 2023, 295: 127123.

[73] SHUAI L, XIAOTONG H, XINGXING W, et al. Weldability of high entropy alloys: Microstructure, mechanical property, and corrosion resistance [J]. Journal of Manufacturing Processes, 2023, 99: 209-229.

[74] SHI G, LIN S, YAO Y, et al. Construction of hard BCC phases $FeCrVMnTi_x$ wear-resistant high-entropy alloy coatings enhanced by solid solution of Ti elements [J]. Surface & Coatings Technology, 2024, 493: 131245.

[75] 霍文燚，时海芳，张竞元. 高熵合金熔覆涂层的研究进展 [J]. 材料导报，2014，28 (23): 76-79.

[76] RASHIDY A A, EKHLASI A, NOURI A, et al. High entropy alloy coatings for biomedical applications: A review [J]. Smart Materials in Manufacturing, 2023, 1: 100009.

[77] JI Y, ZHOU D, JIANG D, et al. Wear and wear-corrosion performance of CoCrNi-based high-

entropy alloys modified by Mo and C under ultrasonic-assisted laser cladding [J]. Surface & Coatings Technology, 2025, 513: 132446.

[78] 韩云飞, 王小荣. 原位合成碳化物增强高熵合金微观结构和耐磨损行为研究 [J]. 材料科学, 2024 (5): 614-623.

[79] FANG C, ZHANG C, ZHU S, et al. The influence of Y additions on the microstructure and mechanical properties of MoTaWNb refractory high entropy alloy films by magnetron sputtering [J]. Surface & Coatings Technology, 2024, 484: 130792.

[80] 孙福臻. 蠕铁件激光熔覆一体化成形技术研究 [D]. 北京: 北京科技大学, 2022.

[81] 李浩, 李恺伦, 杜宝瑞, 等. 激光熔覆成形过程中变形控制的研究现状及发展趋势 [J]. 热加工工艺, 2024, 53 (12): 1-13.

[82] LIU H, LI X, HUA P, et al. Microstructure and properties of laser-cladded $Fe_{50}Mn_{30}Co_{10}Cr_{10}$ high entropy alloy coatings [J]. Journal of Thermal Spray Technology, 2022, 31 (4): 1-9.

[83] HOFMAN J T, De LANGE D F, PATHIRAJ B, et al. FEM modeling and experimental verification for dilution control in laser cladding [J]. Journal of Materials Processing Technology, 2011, 211: 187-196.

[84] MERBIN J, BHAT K U, L. M P. Laser cladding-based surface modification of carbon steel and high-alloy steel for extreme condition applications [J]. Coatings, 2022, 12 (10): 1444.

[85] 王永东, 宫书林, 汤明日, 等. 激光熔覆工艺对高熵合金组织与性能影响 [J]. 焊接学报, 2023, 44 (8): 116-122.

[86] 杨超敏, 刘秀波, 刘一帆, 等. 激光熔覆 $FeCoCrNiCu_x$ 高熵合金涂层的显微组织和摩擦性能 [J]. 中国有色金属学报, 2023, 33 (5): 1514-1530.

[87] HE R, WU M P, JIE D D, et al. A novel approach to regulate the microstructure of laser-clad FeCrNiMnAl high entropy alloy via CeO_2 nanoparticles [J]. Surface & Coatings Technology, 2023, 473: 130026.

[88] VERMA A, CHAUHAN L, KUMAR T S, et al. Laser Cladding of CoCrCuFeNi and CoCrFeNi High-Entropy Alloys on DMR 249A Steel: Corrosion, Wear and Antibacterial Behaviour [J]. JOM, 2023, 75 (7): 2701-2713.

[89] NAM S, LEE H W, JUNG I H, et al. Microstructural Characterization of TiC-Reinforced Metal Matrix Composites Fabricated by Laser Cladding Using FeCrCoNiAlTiC High Entropy Alloy Powder [J]. Applied Sciences, 2021, 11 (14): 6580.

[90] 唐永祥. 磁控溅射和渗碳相结合制备钼表面 Mo_2C/W_2C 多层膜的研究 [D]. 西安: 西安理工大学, 2023.

[91] 黄卓斌, 周青, 罗大微, 等. 高熵合金薄膜微观结构与摩擦学性能的研究综述 [J]. 表面技术, 2022, 51 (9): 30-42.

[92] VELASCO S C, CAVALEIRO A, CARVALHO S. Functional properties of ceramic-Ag nanocomposite coatings produced by magnetron sputtering [J]. Progress in Materials Science, 2016, 84: 158-191.

[93] YAN X H, LI J S, ZHANG W R, et al. A brief review of high-entropy films [J]. Materials Chemistry and Physics, 2018, 210: 12-19.

[94] JIE L, KUN R G, JIAHUI C, et al. Facilitating complex thin film deposition by using magnetron sputtering: A review [J]. JOM, 2022, 74 (8): 3069-3081.

[95] 范军，蒲吉斌. VAlTiCrM (M=Mo, W, Si) 高熵合金涂层的结构及高温摩擦学性能研究 [J]. 材料保护，2023，56 (8): 8-17.

[96] 李岩，张伟强. 磁控溅射工艺对 FeCrCoNiMn 氧化物薄膜质量的影响 [J]. 表面技术，2023，52 (1): 56-62.

[97] SCHWARZ H, UHLIG T, RÖSCH N, et al. CoCrFeNi High-Entropy Alloy Thin Films Synthesised by Magnetron Sputter Deposition from Spark Plasma Sintered Targets [J]. Coatings, 2021, 11 (4): 468.

[98] GRUBER G C, LASSNIG A, ZAK S, et al. Synthesis and structure of refractory high entropy alloy thin films based on the MoNbTaW system [J]. Surface & Coatings Technology, 2022, 439: 128446.

[99] ZHAO Y M, ZHANG X M, QUAN H, et al. Effect of Mo addition on structures and properties of FeCoNiCrMn high entropy alloy film by direct current magnetron sputtering [J]. Journal of Alloys and Compounds, 2022, 895: 162709.

[100] 杨宏欢. 高锰钢表面等离子熔覆 Fe-Cr-Ni 合金涂层的组织与性能研究 [D]. 广州：广东工业大学，2016.

[101] 李殿凯，李明喜，洪海峰. Y_2O_3 对等离子喷焊高铬铁基涂层组织和性能的影响 [J]. 材料热处理学报，2013，34 (6): 153-157.

[102] 李洋. 热力作用下钴基熔覆层表面/界面失效行为及机理研究 [D]. 哈尔滨：哈尔滨工程大学，2018.

[103] 狄鹏. 铜表面等离子熔覆 Ni/Ni-Al 金属间化合物涂层制备及性能研究 [D]. 南京：东南大学，2015.

[104] WU C S, WANG L, REN W J, et al. Plasma arc welding: process, sensing, control and modeling [J]. Journal of Manufacturing Processes, 2014, 16 (1): 74-85.

[105] 时运，杜晓东，庄鹏程，等. 等离子熔覆技术的研究现状及展望 [J]. 表面技术，2019，48 (12): 23-33.

[106] WANG M, LU Y, ZHANG G, et al. A novel high-entropy alloy composite coating with core-shell structures prepared by plasma cladding [J]. Vacuum, 2021, 184: 109905.

[107] 王虎，王智慧. 等离子熔覆法制备 Al_xCoCrFeNi 高熵合金微观组织与性能研究 [J]. 材料导报，2018，32 (4): 589-592.

[108] 柴廷玺，徐宏彤，晏丽琴，等. 等离子熔覆制备高熵合金涂层耐腐蚀性能的研究进展 [J]. 材料热处理学报，2022，43 (3): 11-20.

[109] 毛建军，许启民，赵禹，等. FeCoCrNiAl 高熵合金涂层的等离子熔覆工艺研究 [J]. 热加工工艺，2024，53 (4): 46-50.

[110] 凌宗佑. CoFeNiCrNb$_{0.5}$ 高熵合金熔覆层的组织及耐磨性研究 [J]. 粉末冶金工业，2024，34 (3): 91-96.

[111] YE F, JIAO Z, YAN S, et al. Microbeam plasma arc remanufacturing: Effects of Al on

microstructure, wear resistance, corrosion resistance and high temperature oxidation resistance of Al_x CoCrFeMnNi high-entropy alloy cladding layer [J]. Vacuum, 2020, 174: 109178.

[112] WANG J, ZHANG B, YU Y, et al. Ti content effect on microstructure and mechanical properties of plasma-cladded $CoCrFeMnNiTi_x$ high-entropy alloy coatings [J]. Surface Topography: Metrology and Properties, 2020, 8 (1): 15004.

[113] PENG Y, ZHANG W, LI T, et al. Effect of WC content on microstructures and mechanical properties of FeCoCrNi high-entropy alloy/WC composite coatings by plasma cladding [J]. Surface & Coatings Technology, 2020, 385: 125326.

[114] LIU N, ZHANG N N, SHI M H, et al. Microstructure and tribological properties of plasma cladding FeCoNiCr-x(TiC) composite coatings [J]. Journal of Thermal Spray Technology, 2022, 31 (5): 1649-1661.

[115] 田斌，侯媛媛，岳文. 表面预处理和润滑条件对硫氮共渗 35CrMo 磨损性能的影响 [J]. 表面技术，2017，46 (1): 125-132.

[116] 刘玉栋，袁少锋，王明元，等. 35CrMo 卡瓦连接器断裂原因分析 [J]. 石油管材与仪器，2024，10 (5): 85-88.

[117] TAKEUCHI A, INOUE A. Classification of bulk metallic glasses by atomic size difference, heat of mixing and period of constituent elements and its application to characterization of the main alloying element [J]. Materials Transactions, 2005, 46 (12): 2817-2829.

[118] 李彦洲. 铝合金表面激光沉积 AlCrFeCoNiCu 系高熵合金涂层研究 [D]. 长春：长春理工大学，2020.

[119] ZHANG Y. Brief introduction of high-entropy materials [J]. High-Entropy Materials, 2023: 1-14.

[120] 高炜，余竹焕，阎亚雯，等. Cr 对 $FeCoNiAlCr_x$ 高熵合金组织与力学性能的影响 [J]. 材料工程，2023，51 (2): 91-97.

[121] YANG H O, SHANG X L, WANG L L, et al. Effect of constituent elements on the corrosion resistance of single-phase CoCrFeNi high-entropy alloys in NaCl Solution (Article) [J]. Acta Metallurgica Sinica, 2018 (54): 905-910.

[122] ABREU C M, CRISTÓBAL M J, LOSADA R, et al. The effect of Ni in the electrochemical properties of oxide layers grown on stainless steels [J]. Electrochimica Acta, 2005, 51 (15): 2991-3000.

[123] 吴昊，陈刚，唐啸天，等. Cu 含量对 $CoCrFeNiMnAlCu_x$ 高熵合金微观组织及性能的影响 [J]. 有色金属工程，2022，12 (7): 1-10.

[124] YU J H, WEN C C, WU J K. Corrosion behavior of $FeCoNiCrCu_x$ high-entropy alloys in 3.5% sodium chloride solution [J]. Materials Chemistry and Physics, 2005 (92): 112-117.

[125] ZHU J, MENG J, LIANG J. Microstructure and mechanical properties of multi-principal component $AlCoCrFeNiCu_x$ alloy [J]. Rare Metals, 2016, 35 (5): 385-389.

[126] WAGH H Q, YU T, HAN K, et al. Effect of Al content on the microstructure, properties,

and oxidation behaviors at 900 ℃ of ($MoNbCoCrAl_xSi_{0.2}$)$_{70}Ti_{30}$ refractory high-entropy alloys coatings fabricated by electron beam cladding [J]. Corrosion Science, 2023, 224: 111481.

[127] 冒爱琴，陈诗洁，贾洋刚，等. Al 含量对粉末冶金 CoCrFeMnNi 高熵合金组织结构与性能的影响 [J]. 机械工程学报，2024，60（20）：134-143.

[128] 郝文俊，孙荣禄，牛伟，等. 激光熔覆 $CoCrFeNiSi_x$ 高熵合金涂层组织及耐蚀性能研究 [J]. 表面技术，2021，50（8）：343-348.

[129] 林应征，杨洪宇，陈芳，等. Si 含量对 WMoNbCrTi 高熵合金微观组织和力学性能的影响 [J]. 材料热处理学报，2023，44（9）：69-78.

[130] YEH J W, CHEN S K, LIN S T, et al. Nanostructured high-entropy alloys with multiple principal elements: Tovel alloy design concepts and outcomes. [J]. Advanced Engineering Materials, 2004 (5): 299-303.

[131] CUI C, WU M, MIAO X, et al. Microstructure and corrosion behavior of CeO_2/FeCoNiCrMo high-entropy alloy coating prepared by laser cladding. [J]. Journal of Alloys & Compounds, 2022, 890: 161826.

[132] GUO S, LIU C T. Phase stability in high entropy alloys: Formation of solid-solution phase or amorphous phase [J]. Progress in Natural Science: Materials International, 2011, 21 (6): 433-446.

[133] KUBE S A, SOHN S, UHL D, et al. Phase selection motifs in high entropy alloys revealed through combinatorial methods: large atomic size difference favors BCC over FCC [J]. Acta Materialia, 2019, 166: 677-686.

[134] SHENG G, CHUN N, JIAN L, et al. Effect of valence electron concentration on stability of fcc or bcc phase in high entropy alloys [J]. Journal of Applied Physics, 2011, 109 (10): 103505.

[135] 李亚江，王娟. 特种焊接技术及应用 [M]. 5 版. 北京：化学工业出版社，2018：265.

[136] BAI X, COLEGROVE P, DING J, et al. Numerical analysis of heat transfer and fluid flow in multilayer deposition of PAW-based wire and arc additive manufacturing [J]. International Journal of Heat and Mass Transfer, 2018, 124: 504-516.

[137] MOMIN A G, KHATRI B C, CHAUDHARI M, et al. Parameters for cladding using plasma transfer arc welding-a critical [J]. Materials Today: Proceedings, 2023, 77: 614-618.

[138] 吴金文，谌江波，石尚，等. 正交设计法优化等离子弧熔覆镍基碳化钨涂层工艺 [J]. 焊接技术，2022，51（5）：74-78.

[139] 魏仕勇. 成分掺杂 CoCrFeMnNi 系高熵合金涂层的制备及其组织和性能研究 [D]. 南昌：南昌大学，2021.

[140] CHEN S, XU P, LIU Y. Design and multi-objective optimization of hairpin motor cooling system based on orthogonal design method and composite algorithm [J]. Applied Thermal Engineering, 2025, 259: 124971.

[141] 张源，董鸿晔. 均匀设计与正交设计联用方法在药学实验中的应用 [J]. 中国医药指南，2013，11（18）：787-788.

[142] LI M, WANG Y, LI P, et al. Investigation on microstucutres and properties of ion nitriding layer of $Al_{0.5}CoCrFeNiTi_{0.25}$ HEAs cladding coating [J]. Intermetallics, 2024, 175: 108508.

[143] WANG J L, HAN B, CHEN Z B, et al. Investigation on the tribological properties of FeS, Cu_2S, MoS_2, and WS_2 sulfide films under water lubrication [J]. Tribology Transactions, 2023, 66 (3): 551-564.

[144] TUSHAR S, MIKHAIL I, EVGENY T, et al. A comprehensive review on fusion welding of high entropy alloys-processing, microstructural evolution and mechanical properties of joints [J]. International Journal of Lightweight Materials and Manufacture, 2024, 7 (1): 122-183.

[145] DADA M, POPOOLA P, MATHE N, et al. The comparative study of the microstructural and corrosion behaviour of laser-deposited high entropy alloys [J]. Journal of Alloys and Compounds, 2021, 866: 158777.

[146] KUAN Z Y, JIE K J, GUO J, et al. Effect of vacuum heat treatment on microstructure and corrosion behavior of HVOF sprayed AlCoCrFeNiCu high entropy alloy coatings [J]. Journal of Iron and Steel Research International, 2023, 30 (8): 1550-1561.

[147] MUNITZ A, KAUFMAN M J, NAHMANY M, et al. Microstructure and mechanical properties of heat treated $Al_{1.25}CoCrCuFeNi$ high entropy alloys. [J]. Materials Science and Engineering: A, 2018, 174: 146-159.

[148] LI J, LI H, LIANG Y, et al. The microstructure and mechanical properties of multi-strand, composite welding-wire welded joints of high nitrogen austenitic stainless steel [J]. Materials, 2019, 12 (18): 2944.

[149] KAMAYA M. Plastic strain measurement by EBSD [J]. Journal of Solid Mechanics and Materials Engineering, 2012, 6 (6): 493-503.

[150] YAN Z, WANG D, HE X, et al. Deformation behaviors and cyclic strength assessment of AZ31B magnesium alloy based on steady ratcheting effect [J]. Materials Science and Engineering: A, 2018, 723: 212-220.

[151] CALCAGNOTTO M, PONGE D, DEMIR E, et al. Orientation gradients and geometrically necessary dislocations in ultrafine grained dual-phase steels studied by 2D and 3D EBSD [J]. Materials Science and Engineering: A, 2010, 527 (10): 2738-2746.

[152] CAI Y C, ZHU L S, CUI Y, et al. Fracture and wear mechanisms of FeMnCrNiCo+x (TiC) composite high-entropy alloy cladding layers [J]. Applied Surface Science, 2021, 543: 148794.

[153] XIE Y J, WEN X, YAN J K, et al. Microstructure and wear resistance of $AlCoCrFeNiCuSn_x$ high-entropy alloy coatings by plasma cladding [J]. Vacuum, 2023, 214: 112176.

[154] ODÉRIZ E G, ARCE J C. High-Entropy Alloys [M]. SwitzerLand: Scientific. net (TTP), 2021: 370.

[155] 魏仕勇，彭文屹，赵文超，等. 等离子熔覆 CoCrFeMnNi 高熵合金涂层参数优化及组织

与性能研究［J］. 材料导报，2020，34（17）：17052-17057.

［156］邓操，李瑞迪，袁铁锤，等. Al 含量对选区激光熔化 $Al_xCoCrFeNi$（x=0.3，0.5，0.7，1.0）的显微组织及纳米压痕的影响［J］. 材料工程，2022，50（6）：27-35.

［157］马占山. 铝合金轮毂表面高性能涂层制备及其性能研究［D］. 秦皇岛：燕山大学，2022.

［158］牛雪莲. 钢基体腐蚀防护的高熵合金 $Al_xFeCrCoNiCu$ 涂层研究［D］. 大连：大连理工大学，2014.

［159］LIU M J，XU L J，ZHU C H，et al. Research progress of high entropy alloy：Surface treatment improves friction and wear properties［J］. Journal of Materials Research and Technology，2024，28：752-773.

［160］张帆，郭益平，周伟敏. 材料性能学［M］. 3 版. 上海：上海交通大学出版社，2021：458.

［161］SUN Y W，WANG Z Y，WANG W W，et al. Wear and corrosion resistance of $Al_{1.2}CoCrFeNiSc_x$ high entropy alloys with scandium addition［J］. Journal of Materials Research and Technology，2023，27：8023-8036.

［162］ZENG Y，GUO Y，YANG Q，et al. Effect of Ti，Mn and Mo on the microstructure and properties of CoCrFeNi high entropy alloy coatings prepared by laser cladding［J］. Materials Today Communications，2024，41：110509.

［163］LI M Y，YANG J，HAN B，et al. Comparative investigation on microstructures and properties of WC/Cr_3C_2 reinforced laser cladding Ni-based composite coatings subjected to ultrasonic impact treatment［J］. Materials Today Communications，2023，34：105219.

［164］XIE F，ZHANG X，ZHAI C，et al. Microstructure evolution and electrochemical corrosion behavior of $FeCrCoNiMoB_{1.1}Si_{1.2}$ high-entropy alloy coating via laser cladding［J］. Electrochimica Acta，2024，507：145153.

［165］MAHATO P，MISHRA S K，MURMU M，et al. A prolonged exposure of Ti-Si-B-C nanocomposite coating in 3.5wt% NaCl solution：electrochemical and morphological analysis［J］. Surface & Coatings Technology，2019，375：477-488.

［166］ZHANG Z C，LAN A D，ZHANG M，et al. Effect of Ce on the pitting corrosion resistance of non-equiatomic high-entropy alloy $Fe_{40}Mn_{20}Cr_{20}Ni_{20}$ in 3.5wt% NaCl solution［J］. Journal of Alloys and Compounds，2022，909：164641.

［167］HAO X P，BAI Y，REN C H，et al. Self-healing effect of damaged coatings via biomineralization by Shewanella putrefaciens［J］. Corrosion Science，2022，196：110067.

［168］DONG M，LIU P，WANG C，et al. Microstructure and properties of FeCoNiCr and FeCoNiCrW high entropy alloy coatings by electro-deposition［J］. Intermetallics，2024，175：108492.

［169］ROVERE C A D，ALANO J H，SILVA R，et al. Characterization of passive films on shape memory stainless steels［J］. Corrosion Science，2012，57：154-161.

［170］ZHANG C L，HUANG L F，LI S X，et al. Improved corrosion resistance of laser melting deposited CoCrFeNi-series high-entropy alloys by Al addition [J]. Corrosion Science, 2023, 225: 111599.

[171] LU K J, LEI Z R, DENG S, et al. Synergistic effects of grain sizes on the corrosion behavior and mechanical properties in a metastable high-entropy alloy [J]. Corrosion Science, 2023, 225: 111588.

[172] LIANG J Q, WANG W, CAO Z H, et al. Corrosion resistance and mechanism of high-entropy alloys: A review [J]. Materials and Corrosion, 2024, 75 (4): 424-432.

[173] 唐定骧，刘余九. 稀土金属材料 [M]. 北京：冶金工业出版社，2011：852.

[174] 罗迪，邢国华，邹惠良，等. S，P 在高速钢晶界上的偏聚与稀土元素的净化作用 [J]. 金属学报，1983 (4)：121-126.

[175] 崔秀芳，金国，杨雨云. 等离子熔覆金属涂层 [M]. 北京：化学工业出版社，2020：236.

[176] REN X Y, SUN W L, SHENG Z F, et al. Effects of Nano-CeO_2 on Microstructure and properties of WC/$FeCoNiCrMo_{0.2}$ composite high entropy alloy coatings by laser cladding [J]. Nanomaterials, 2023 (13): 1104.

[177] ZHOU F, HOU Q Y. Microstructure and wear resistance of plasma arc cladding Y_2O_3/cobalt-based alloy coating [J]. Rare Metal Materials and Engineering, 2008 (37): 294-298.

[178] ZHANG Z Q, YANG F, ZHANG H W, et al. Influence of CeO_2 addition on forming quality and microstructure of TiC_x-reinforced $CrTi_4$-based laser cladding composite coating [J]. Materials Characterization, 2020, 171: 110732.

[179] GU Z H, NONG Z S, SU K, et al. Effects of rare earth elements on $AlCoCrFeNi_{2.1}$ eutectic high-entropy alloy [J]. Materials Science and Technology, 2023, 39 (16): 2230-2239.

[180] CUI C, WU M P, MIAO X J, et al. Microstructure and corrosion behavior of CeO_2/FeCoNiCrMo high-entropy alloy coating prepared by laser cladding [J]. Journal of Alloys and Compounds, 2022, 890: 161826.

[181] SAVINOV R, WANG Y, SHI J. Microstructure and properties of CeO_2-doped CoCrFeMnNi high entropy alloy fabricated by laser metal deposition [J]. Journal of Manufacturing Processes, 2020 (56): 1245-1251.

[182] LIU Y A, SUN R L, NIU W, et al. Effects of CeO_2 on microstructure and properties of TiC/Ti_2Ni reinforced Ti-based laser cladding composite coatings [J]. Optics and Lasers in Engineering, 2019, 120: 84-94.

[183] FANG Y, CUI X, CAI Z, et al. Influence of La_2O_3 addition on nano indentation hardness and residual stress of Stellite 6 coating prepared by plasma cladding [J]. Journal of Rare Earths, 2018, 36 (8): 873-878.

[184] LIU Y N, YANG L J, YANG X J, et al. Optimization of microstructure and properties of composite coatings by laser cladding on titanium alloy [J]. Ceramics International, 2020, 47 (2): 2230-2243.

[185] WANG H Y, ZUO D W, LI X F, et al. Effects of CeO_2 nanoparticles on microstructure and

properties of laser cladded NiCoCrAlY coatings [J]. Journal of Rare Earths, 2010 (28): 246-250.

[186] YANG C, JING C N, FU T L, et al. Effect of CeO_2 on the microstructure and properties of $AlCoCrFeNi_{2.1}$ laser cladding coatings [J]. Journal of Alloys and Compounds, 2024, 976: 172948.

[187] MA M X, WANG Z X, ZHOU J C, et al. Effect of CeO_2 doping on phase structure and microstructure of AlCoCuFeMnNi alloy coating [J]. Materials Research, 2019, 22 (1): e20180327.

[188] 马明星，王志新，卢金斌，等. CeO_2 掺杂对 CoCrCuFeMn 高熵合金组织结构与耐磨性的影响 [J]. 材料热处理学报，2019，40 (9): 50-56.

[189] 王志新，赵量，周家臣，等. CeO_2 对 AlCoCrFeMn 高熵合金组织与性能的影响 [J]. 热加工工艺，2020，49 (8): 37-40.

[190] SHEN Q, HUANG D, LI F, et al. Microstructures and mechanical properties of the precipitation strengthened $Al_{0.4}Cr_{0.7}Fe_xNi_2V_{0.2}$ high entropy alloys [J]. Materials Science and Engineering: A, 2023, 864: 144606.

[191] PENG H, HU L, LI L, et al. On the correlation between $L1_2$ nanoparticles and mechanical properties of $(NiCo)_{52+2x}(AlTi)_{4+2x}Fe_{29-4x}Cr_{15}$ ($x=0\sim4$) high-entropy alloys [J]. Journal of Alloys and Compounds, 2020, 817: 152750.

[192] SAUZA D J, DUNAND D C, SEIDMAN D N. Microstructural evolution and high-temperature strength of a γ(f. c. c.)/γ'($L1_2$) Co-Al-W-Ti-B superalloy [J]. Acta Materialia, 2019, 174: 427-438.

[193] XU Z, ZHANG H, DU X, et al. Corrosion resistance enhancement of CoCrFeMnNi high-entropy alloy fabricated by additive manufacturing [J]. Corrosion Science, 2020, 177: 108954.

[194] 胡赓祥，蔡珣，戚咏华. 材料科学基础 [M]. 3 版. 上海：上海交通大学出版社，2009: 438.

[195] YANG L, JIANG X S, SUN H L, et al. Microstructure and properties of Cu-Al-Ni-Mn-Y alloy with precipitation and effective strengthening by aging treatment. [J]. Journal of Alloys & Compounds, 2023, 938: 168658.

[196] WU Z Y, LI B, CHEN M Y, et al. Tailoring magnetic property and corrosion resistance of FeCoNiCuAl high-entropy alloy with Ce additive. [J]. Journal of Alloys & Compounds, 2022, 901: 163665.

[197] LIU C, WANG C, ZHANG Z, et al. Effect of Ce addition on microstructure and hardness of $(Ni_2CoFe)_{86}Ti_8Al_6$ high entropy alloy [J]. Journal of Physics: Conference Series, 2022, 2338: 1742-6588.

[198] CUI Y, SHEN J Q, MANLADAN S M, et al. Strengthening mechanism in two-phase FeCoCrNiMnAl high entropy alloy coating [J]. Applied Surface Science, 2020, 530: 147205.

[199] FAN Q K, CHEN C, FAN C L, et al. Ultrasonic induces grain refinement in gas tungsten arc

cladding AlCoCrFeNi high-entropy alloy coatings [J]. Materials Science and Engineering: A, 2021, 821: 141607.

[200] 张咪娜. 增材制造 CoCrMoNbTi 与 AlCoCuFeNi 高熵合金及其组织性能研究 [D]. 北京: 北京科技大学, 2019.

[201] NGUYEN C, TIEU A K, DENG G, et al. Tribological performance of a cost-effective $CrFeNiAl_{0.3}Ti_{0.3}$ high entropy alloy based self-lubricating composite in a wide temperature range [J]. Tribology International, 2022, 174: 107743.

[202] DUAN X A, WANG S R, WANG G Q, et al. Microstructure evolution and frictional wear behavior of laser cladding $FeCrCoNiMo_{0.5}W_x$ high-entropy alloy coatings [J]. Intermetallics, 2023, 158: 107888.

[203] WANG X W, HUANG B S, TANG J L, et al. Microstructure and properties of argon arc cladded $CoCr_xFeMoNiAl$ high entropy alloy coatings on Q235 steel [J]. Materials Testing, 2023 (65): 1465-1473.

[204] VO T D, TIEU A K, WEXLER D, et al. High temperature tribological performance of a cost-effective eutectic high entropy alloy $Al_{0.8}CrFeNi_{2.2}$: Comparison with $AlCoCrFeNi_{2.1}$ [J]. Tribology International, 2023, 184: 108445.

[205] 靳玲. 铜基零件表面激光熔覆修复与 CoCrCuFeNiMo 高熵合金涂层强化研究 [D]. 泉州: 华侨大学, 2022.

[206] PARAKH A, VAIDYA M, KUMAR N, et al. Effect of crystal structure and grain size on corrosion properties of AlCoCrFeNi high entropy alloy [J]. Journal of Alloys and Compounds, 2021, 863: 158056.

[207] GUO K T, SUN Y N, CHENG W J, et al. Effect of rare earth La_2O_3 on the microstructure and corrosion resistance of CoCrFeNiMoSi high entropy alloys [J]. Surfaces and Interfaces, 2024, 44: 103683.

[208] LIU Y, YAO Z, ZHANG P, et al. Tailoring high-temperature oxidation resistance of $FeCrMnVSi_x$ high entropy alloy coatings via building Si-rich dendrite microstructure [J]. Applied Surface Science, 2022, 606: 154862.

[209] KUMAR J, LINDA A, SADHASIVAM M, et al. The effect of Si addition on the structure and mechanical properties of equiatomic CoCrFeMnNi high entropy alloy by experiment and simulation [J]. Materialia, 2023 (27): 101707.

[210] LI X, LIANG H, ZHAO Y, et al. Microstructure and wear resistance of $AlCrFeNiMo_{0.5}Si_x$ high-entropy alloy coatings prepared by laser cladding [J]. China Foundry, 2022, 19 (6): 473-480.

[211] LIU B B, LI J, PETERLECHNER M, et al. Microstructure and mechanical properties of Si micro-alloyed $(Ti_{28}Zr_{40}Al_{20}Nb_{12})_{100-x}Si_x$ ($x=0$, 0.1, 0.2, 0.5) high entropy alloys [J]. Intermetallics, 2023, 161: 107959.

[212] WANG Y, LI G, QI H, et al. Effect of non-metallic silicon content on the microstructure and corrosion behaviour of AlCoCrFeNi high-entropy alloys [J]. Materials Chemistry and Physics,

2024, 315: 128974.

[213] JIN B Q, ZHANG N N, GUAN S, et al. Microstructure and properties of laser re-melting $FeCoCrNiAl_{0.5}Si_x$ high-entropy alloy coatings [J]. Surface and Coatings Technology, 2018, 349: 867-873.

[214] LIU H, SUN S F, ZHANG T, et al. Effect of Si addition on microstructure and wear behavior of AlCoCrFeNi high-entropy alloy coatings prepared by laser cladding [J]. Surface and Coatings Technology, 2021, 405: 126522.

[215] MASSALSKI T B. Comments concerning some features of phase diagrams and phase transformations [J]. Materials Transactions, 2010, 51 (4): 583-596.

[216] WANG S A, ZHAO Y A Z N, XU X A, et al. Evolution of mechanical properties and corrosion resistance of $Al_{0.6}CoFeNiCr_{0.4}$ high-entropy alloys at different heat treatment temperature[J]. Materials Chemistry and Physics, 2020, 244: 122700.

[217] XIANG C, ZHANG Z M, FU H M, et al. Microstructure and corrosion behavior of $AlCoCrFeNiSi_{0.1}$ high-entropy alloy [J]. Intermetallics, 2019, 114: 106599.

[218] YANG H, LIU X S, LI A X, et al. Effect of silicon addition on the corrosion resistance of $Al_{0.2}CoCrFe_{1.5}Ni$ high-entropy alloy in saline solution [J]. Journal of Alloys and Compounds, 2023, 964: 171226.

[219] LUAN H W, HUANG L F, KANG J Y, et al. Spinodal decomposition and the pseudo-binary decomposition in high-entropy alloys [J]. Acta Materialia, 2023, 248: 118775.

[220] CHEN W, YAN A, MENG X, et al. Microstructural change and phase transformation in each individual layer of a nano-multilayered AlCrTiSiN high-entropy alloy nitride coating upon annealing [J]. Applied Surface Science, 2018, 462: 1017-1028.

[221] YANG J J, WANG C L, ZHANG L C, et al. Microstructure evolution and properties of Fe-Ni-Cr-Co-Mo-W high-entropy alloy coatings by plasma surface alloying technology [J]. Surface and Coatings Technology, 2023, 467: 129732.

[222] HUANG L, WANG X, JIA F, et al. Effect of Si element on phase transformation and mechanical properties for $FeCoCrNiSi_x$ high entropy alloys [J]. Materials Letters, 2020, 282: 128809.

[223] SUN J F, LIN Z Q, QIN B H, et al. Effect of Si content on the microstructure and high temperature oxidation resistance of TiAlCrNiSi high-entropy alloy films synthesized by multi-target magnetron co-sputtering [J]. Journal of Alloys and Compounds, 2024, 970: 172674.

[224] XI R, LI Y. Influence of Si content on the microstructure, wear Resistance, and corrosion resistance of $FeCoNiCrAl_{0.7}Cu_{0.3}Si_x$ high entropy alloy [J]. Coatings, 2024, 14 (10): 1309.

[225] ARAVINDH S A, KISTANOV A A, ALATALO M, et al. Incorporation of Si atoms into CrCoNiFe high-entropy alloy: A DFT study [J]. Journal of Physics: Condensed Matter, 2021, 33 (13): 135703.

[226] MARSHAL A, PRADEEP K G, MUSIC D, et al. Combinatorial evaluation of phase formation and magnetic properties of FeMnCoCrAl high entropy alloy thin film library [J]. Scientific

Reports, 2019, 9 (1): 1-11.

[227] LIN T, FENG M, LIAN G, et al. Effects of Si content on the microstructure and properties of $CoCrFeMnNiSi_x$ high-entropy alloy coatings by laser cladding [J]. Materials Characterization, 2024, 216: 114246.

[228] LIU J, WANG Y T, WAN A H, et al. Unveiling the Effect of Si on the Microstructure and Properties of AlFeCoCrNi High Entropy Alloy Coating [J]. Journal of Thermal Spray Technology, 2023, 32 (7): 2250-2261.

[229] GAO W, FENG M, CHEN C, et al. Microstructure evolution, wear resistance and corrosion resistance of $CoCrCu_{0.5}FeNiSi_x$ high-entropy alloy coatings fabricated by laser cladding [J]. Journal of Materials Research and Technology, 2025, 36: 5539-5558.

[230] LIU H, ZHANG T, SUN S, et al. Microstructure and dislocation density of $AlCoCrFeNiSi_x$ high entropy alloy coatings by laser cladding [J]. Materials Letters, 2021, 283: 128746.

[231] ZHU Z X, LIU X B, LIU Y F, et al. Effects of Cu/Si on the microstructure and tribological properties of FeCoCrNi high entropy alloy coating by laser cladding [J]. Wear, 2023, 512: 204533.

[232] GU X Y, ZHUANG Y X, HUANG D. Corrosion behaviors related to the microstructural evolutions of as-cast $Al_{0.3}CoCrFeNi$ high entropy alloy with addition of Si and Ti elements [J]. Intermetallics, 2022, 147: 107600.

[233] LI F, CHEN X, WANG Y, et al. Measurement of creep stress exponent of TC17 titanium alloy by nanoindentation method at room temperature [J]. Materials, 2023, 16 (16): 5702.

[234] ZHENG H, CHEN R, QIN G, et al. Transition of solid-liquid interface and tensile properties of CoCrFeNi high-entropy alloys during directional solidification [J]. Journal of Alloys and Compounds, 2019, 787: 1023-1031.

[235] BASU I, OCELIK V, DEHOSSON J T. BCC-FCC interfacial effects on plasticity and strengthening mechanisms in high entropy alloys [J]. Acta Materialia, 2018, 157: 83-95.

[236] ERDOGAN A, SUNBUI S E, ICIN K, et al. Microstructure, wear and oxidation behavior of $AlCrFeNi_x$ (x = Cu, Si, Co) high entropy alloys produced by powder metallurgy [J]. Vacuum, 2021, 187: 110143.

[237] LIU Y Y, YAO Z P, ZHANG P, et al. Enhanced strength without sacrificing ductility in $FeCrMnVSi_x$ high entropy alloys via controlling the ratio of metallic to covalent bonding [J]. Materials & Design, 2023, 225: 10565.

[238] ZHAO W, ZHU Y, HE H, et al. Effect of Si addition on the microstructure and tribological properties of FeCrNi medium entropy alloy [J]. Journal of Materials Research and Technology, 2024, 30: 1450-1457.

[239] XIA X, LIU J, DUAN Y, et al. Effect of Si on the microstructure and corrosion behavior of $AlCrFeNiNbSi_x$ HEA coating fabricated by laser cladding [J]. Intermetallics, 2025, 185: 108882.

[240] SUN Z Y, ZHANG J, ZHU J B, et al. Microstructure and the properties of $AlFeCoNiCrSn_x$

high-entropy alloys [J]. Arabian Journal for Science and Engineering, 2014, 39 (11): 8247-8251.

[241] GU X Y, DONG Y N, ZHUANG Y X. Microstructure and mechanical properties of CoCrFeMnNiSn$_x$ high-entropy alloys [J]. Metals and Materials International, 2020 (3): 292-301.

[242] XIE Y J, WEN X, HUANG B S, et al. Microstructure, hardness and corrosion properties of AlCoCrFeNi$_{2.1}$YHf high-entropy alloy coating prepared by plasma cladding [J]. Materials Letters, 2023, 330: 13356.

[243] LIU J B, HUO Y L, XIONG J, et al. Growth and properties of multi-layer nano CrAlN/TiAlN composite coating on the cermets with CrFeCoNiMo, CrFeCoNiAl high entropy alloy phase [J]. Applied Surface Science, 2022, 572: 151309.

[244] 王明亮. CoCrFeMnNi 基高熵合金涂层组织演化机制及耐磨耐蚀性能研究 [D]. 青岛: 山东科技大学, 2019.

[245] MA Q S, LI Y J, WANG J, et al. Microstructure evolution and growth control of ceramic particles in wide-band laser clad Ni60/WC composite coatings [J]. Materials & Design, 2016, 92: 897-905.

[246] LUO W Y, LIU Y Z, TU C, et al. Wetting behaviors and interfacial characteristics of molten AlxCoCrCuFeNi high-entropy alloys on a WC substrate [J]. Journal of Materials Science & Technology, 2021, 78: 192-201.

[247] LUO W Y, LIU Y Z, DONG B W, et al. Corrosion resistance of WC-based cemented carbides with 10wt% AlxCrCoCuFeNi high-entropy alloy binders [J]. Intermetallics, 2022, 151: 107738.

[248] LI Z S, XIE D Q, LIU Y, et al. Effect of WC on the microstructure and mechanical properties of laser-clad AlCoCrFeNi$_{2.1}$ eutectic high-entropy alloy composite coatings [J]. Journal of Alloys and Compounds, 2024, 976: 173219.

[249] XU B, ZHOU Y, LIU Y, et al. Effect of different contents of WC on microstructure and properties of CrMnFeCoNi high-entropy alloy-deposited layers prepared by PTA [J]. Journal of Materials Research, 2022, 37 (3): 1-9.

[250] BELLO Z A, KANG M, NDUMIA J N, et al. Microstructure and wear behavior of WC-reinforced AlCoCrFeNiSi high entropy alloy coatings prepared by high-velocity arc spraying [J]. Surface & Coatings Technology, 2024, 494 (P2): 131421.

[251] KHALLAF A H, BHLOL M, DAWOOD O M, et al. Effect of tungsten carbide (WC) on electrochemical corrosion behavior, hardness, and microstructure of CrFeCoNi high entropy alloy [J]. Journal of Engineering and Applied Science, 2022, 69 (1): 1-17.

[252] WU T, CHEN Y X, SHI S Q, et al. Effects of W Alloying on the Lattice Distortion and Wear Behavior of Laser Cladding AlCoCrFeNiW$_x$ High-Entropy Alloy Coatings [J]. Materials, 2021, 14 (18): 5450.

[253] BAO Y F, GUO L P, ZHONG C H, et al. The Effects of WC on the Microstructures and

Wear Resistance of $FeCoCrNiB_{0.2}$ High Entropy Alloy [J]. Journal of Wuhan University of Technology-Mater. Sci. Ed., 2023, 38 (2): 416-422.

[254] PENG Y B, ZHANG W, LI T C, et al. Microstructures and wear-resistance of WC-reinforced high entropy alloy composite coatings by plasma cladding: effect of WC morphology [J]. Surface Engineering, 2021, 37 (5): 678-687.

[255] 蔡召兵. NiCo(CrTiV, FeAlCu) 系高熵合金及涂层的制备与性能研究 [D]. 哈尔滨: 哈尔滨工程大学, 2018.

[256] LI B, RENGEN D, YUKUN L, et al. Effect of carbon on microstructure and mechanical properties of FeMnNiCrAl high entropy alloy [J]. Materials Characterization, 2023, 202: 113020.

[257] ZHAO Y F, WANG Y Q, WU K, et al. Interface-affected mechanical properties and strengthening mechanisms in heterogeneous high entropy alloy nanolaminates [J]. Journal of Alloys and Compounds, 2022, 903: 163915.

[258] ZHANG J, MA S H, XIONG Y X, et al. Elemental partitions and deformation mechanisms of $L1_2$-type multicomponent intermetallics [J]. Acta Materialia, 2021, 219: 117238.

[259] ZHANG J Y, ZHAO Z K, LI Q, et al. Unveiling the unique bifunctionality of $L1_2$-structured nanoprecipitates in a FeCoNiAlTi-type high-entropy alloy [J]. Advanced Powder Materials, 2023, 2: 100113.

[260] XU S, HONG L, WU S, et al. Effect of transition-metals (Fe, Co and Ni) on the $L1_2$-phase strengthening in the $Al_{0.3}CrFeCoNi$ high-entropy alloy [J]. Intermetallics, 2024, 166: 108206.

[261] CAO B X, XU W W, YU C Y, et al. $L1_2$-strengthened multicomponent Co-Al-Nb-based alloys with high strength and matrix-confined stacking-fault-mediated plasticity [J]. Acta Materialia, 2022, 229: 117763.

[262] GWALANI B, CHOUDHURI D, SONI V, et al. Cu assisted stabilization and nucleation of L12 precipitates in $Al_{0.3}CuFeCrNi_2$ fcc-based high entropy alloy [J]. Acta Materialia, 2017, 129: 170-182.

[263] LIU H C, KUO C M, SHEN P K, et al. Disordering of $L1_2$ phase in high-entropy alloy deformed at cryogenic temperature [J]. Advanced Engineering Materials, 2021, 23: 2100564.

[264] WU H, ZHANG S, WANG Z Y, et al. Phase evolution, microstructure, microhardness and corrosion performance of $CoCrFeNiNb_x$ high entropy alloy coatings on 316 stainless steel fabricated by laser cladding [J]. Corrosion Engineering, Science and Technology, 2022, 57 (4): 301-310.

[265] WU H, ZHANG S, ZHANG H Y, et al. Exploration of wear and slurry erosion mechanisms of laser clad $CoCrFeNi_x$(NbC) high entropy alloys composite coatings [J]. Tribology International, 2024, 193: 109405.

[266] CUI Y, ZHU Q, XIAO G, et al. Interstitially carbon-alloyed refractory high-entropy alloys with a body-centered cubic structure [J]. Science China Materials, 2021, 65: 494-500.

[267] PENG J, LI Z Y, FU L M, et al. Carbide precipitation strengthening in fine-grained carbon-doped FeCoCrNiMn high entropy alloy [J]. Journal of Alloys and Compounds, 2019, 803: 491-498.

[268] LIU L Y, ZHANG Y, HAN J H, et al. Nanoprecipitate-strengthened high-entropy alloys [J]. Advanced science, 2021, 8 (23): 2100870.

[269] QIU Z R, LIU X Y, YANG T Y, et al. Synergistic enhancement of electromagnetic wave absorption and corrosion resistance properties of high entropy alloy through lattice distortion engineering [J]. Advanced Functional Materials, 2024, 34 (33): 2400220.

[270] DASH T, NAYAK B B. Preparation of WC - W_2C composites by arc plasma melting and their characterisations [J]. Ceramics International, 2013, 39 (3): 3279-3292.

[271] MUKHOPADHYAY A, BASU B. Recent developments on WC-based bulk composites [J]. Journal of Materials Science, 2011, 46 (3): 571-589.

[272] XIE Z X, ZHANG C, WANG R D, et al. Microstructure and wear resistance of WC/Co-based coating on copper by plasma cladding [J]. Journal of Materials Research and Technology, 2021, 15: 821-833.

[273] WANG Z, WANG G, SONG Z, et al. Microstructure evolution, wear and corrosion behavior of WC reinforced CoCrFeNiMn high-entropy alloy composite coatings by induction cladding [J]. Surface & Coatings Technology, 2024, 486: 130938.

[274] XIAO Q, SUN W L, YANG K X, et al. Wear mechanisms and micro-evaluation on WC particles investigation of WC-Fe composite coatings fabricated by laser cladding [J]. Surface & Coatings Technology, 2021, 420: 127341.

[275] DUAN X T, HAN T Z, GUAN X, et al. Cooperative effect of Cr and Al elements on passivation enhancement of eutectic high-entropy alloy $AlCoCrFeNi_{2.1}$ with precipitates [J]. Journal of Materials Science & Technology, 2023, 136: 97-108.

[276] LI D, CHEN K, FU X Q, et al. Effect of WC content on microstructure and properties of $CrFeMoNiTi(WC)_x$ high-entropy alloys composite coatings prepared by selective laser melting [J]. Materials and Corrosion, 2022, 73 (10): 1676-1686.

[277] PARAKH A, VAIDYA M, KUMAR N, et al. Effect of crystal structure and grain size on corrosion properties of AlCoCrFeNi high entropy alloy [J]. Journal of Alloys and Compounds, 2021, 863: 158056.